Web 前端技术丛书

Vue.js+Node.js
全栈开发实战 （第2版）

王金柱 编著

清华大学出版社
北京

内 容 简 介

本书以掌握 Web 全栈开发技术为目标，以 Node.js 和 Vue.js 原生开发和项目实战为主线，详细介绍 Node.js + Vue.js 全栈开发技术。本书内容丰富、实例典型、实用性强，配套示例源码、PPT 课件。

本书共分 14 章，内容包括 Node.js 基础与环境搭建、Vue.js 基础介绍与环境搭建、Node.js 语法基础、Node.js 中的包管理、Node.js 文件操作、Node.js 网络开发、Node.js 数据库开发、Vue.js 数据、方法与生命周期、Vue.js 模板语法、Vue.js 样式绑定、Vue.js 组件基础、Vue.js 路由、基于 Vue.js+Node.js+MySQL 实现学生成绩管理系统开发、基于 Vue.js+Node.js+jsonp 实现城市信息查询系统开发。

本书适合 Node.js+Vue.js 全栈开发的初学者、Node.js 后端开发人员、Vue 前端开发人员、Web 应用后端开发人员、Web 全栈开发人员，也适合作为高等院校或高职高专 Web 全栈开发课程的教材和教学参考书。

本书封面贴有清华大学出版社防伪标签，无标签者不得销售。
版权所有，侵权必究。举报：010-62782989，beiqinquan@tup.tsinghua.edu.cn。

图书在版编目（CIP）数据

Vue.js+Node.js 全栈开发实战 / 王金柱编著. —2 版. —北京：清华大学出版社，2024.3
（Web 前端技术丛书）
ISBN 978-7-302-65835-1

Ⅰ．①V… Ⅱ．①王… Ⅲ．①网页制作工具—JAVA 语言—程序设计 Ⅳ．①TP393.092.2②TP312.8

中国国家版本馆 CIP 数据核字（2024）第 059338 号

责任编辑：夏毓彦
封面设计：王　翔
责任校对：闫秀华
责任印制：刘海龙

出版发行：清华大学出版社
　　　　　网　　址：https://www.tup.com.cn，https://www.wqxuetang.com
　　　　　地　　址：北京清华大学学研大厦 A 座　　邮　　编：100084
　　　　　社 总 机：010-83470000　　　　　　　　　邮　　购：010-62786544
　　　　　投稿与读者服务：010-62776969，c-service@tup.tsinghua.edu.cn
　　　　　质 量 反 馈：010-62772015，zhiliang@tup.tsinghua.edu.cn

印 装 者：河北鹏润印刷有限公司
经　　销：全国新华书店
开　　本：190mm×260mm　　　印　　张：17.75　　　字　　数：479 千字
版　　次：2021 年 1 月第 1 版　　2024 年 4 月第 2 版　　印　　次：2024 年 4 月第 1 次印刷
定　　价：79.00 元

产品编号：103771-01

前　　言

Node.js 框架和 Vue.js 框架自发布伊始，就迅速掀起了一阵 Web 全栈开发的热潮。随着最新的 Node.js 和 Vue.js 在功能上的日臻完善，它们在 Web 开发领域已经拥有了属于自己的一方天地。一方面，由于 Node.js 使用 JavaScript 语法，使得服务器和客户端使用同一种语言进行开发成为可能；另一方面，Vue.js 通过"自底向上、增量开发"的渐进式高效开发方式的加持，使得基于 Node.js+Vue.js 的全栈应用开发具有独特的优势。Node.js 和 Vue.js 框架目前还非常"年轻"，正处于高速发展时期，无数的开发者正准备或者已经进入这个领域，只有具有扎实的开发基础知识和丰富的实战开发经验，才能在这个快速发展的领域立足。

本书以实战为主旨，通过介绍 Node.js 和 Vue.js 应用开发中常用的原生模块和典型的项目案例，使读者系统地掌握 Node.js+Vue.js+MySQL 开发的主流框架、热门技术及其整合使用，并提高实际开发水平和项目实战能力。

本书特色

1．内容全面、系统，结构合理

为了便于读者了解 Node.js 和 Vue.js 结合的全栈开发，本书系统地介绍入门级的原生模块技术，同时涵盖 Node.js 和 Vue.js 的实战案例。

2．叙述完整，图文并茂

为了更好地帮助读者进行编程学习，书中附有大量的示例代码分析和运行效果图，方便读者读懂代码、运行并对照结果。

3．结合实际，案例丰富

本书提供大量的实际开发案例，便于读者在了解 Node.js 和 Vue.js 知识的同时进行案例实践，同时书中所有的案例都给出了完整的代码，并在代码中给出详细的注释。

4．涵盖基础和前沿知识

本书既介绍简单的网络开发、数据库开发等入门知识，也穿插基于 Node.js + Vue.js 框架开发的前沿知识，使读者在了解前端开发基础知识的同时，紧跟 Web 全栈技术的发展步伐。

5．提供大量的源代码

本书所涉及的全部示例源代码都开放，以便于读者学习。读者也可以手动在 IDE 中输入源代码，通过实践提高动手能力。

本书内容

第1、2章介绍Node.js和Vue.js的主要特点、发展历史和开发环境的搭建，主要包括基于Node.js和Vue.js框架的开发工具选择、开发环境搭建以及构建项目框架的过程。

第3～7章介绍Node.js常用原生模块的开发基础，主要包括Node.js的包管理、模块机制，以及Node.js开发中常用的文件模块、网络开发模块、数据库开发模块等知识。

第8～12章介绍Vue.js在实际开发中的运用，主要包括Vue.js的数据、方法与生命周期、模板语法、指令系统、样式绑定和路由等知识。

第13、14章分别实战两个基于Vue.js + Node.js框架的项目开发，包括学生成绩管理系统和全国城市信息查询系统的设计与实现。

配套资源下载

本书配套示例源码、PPT课件，读者需要使用自己的微信扫描下面二维码获取。

如果阅读过程中发现任何问题或对本书有任何建议，请联系 booksaga@163.com，邮件主题写"Vue.js+Node.js全栈开发实战（第2版）"。

本书读者

- Node.js+Vue.js全栈开发初学者
- Vue.js前端开发人员
- Node.js后端开发人员
- Web应用全栈开发人员
- 高等院校或高职高专的学生

作者
2024年1月

目　　录

第 1 章　Node.js 基础与环境搭建 ··· 1

　1.1　Node.js 基础 ··· 1

　　　1.1.1　Node.js 简介 ··· 1

　　　1.1.2　Node.js 的发展历史 ··· 2

　　　1.1.3　Node.js 组织架构 ··· 3

　　　1.1.4　Node.js 的特点 ··· 4

　　　1.1.5　Node.js 应用场景 ··· 6

　　　1.1.6　Node.js 在国内的发展 ··· 6

　1.2　搭建 Node.js 开发环境 ··· 7

　　　1.2.1　Windows 10 系统下安装部署 Node.js 开发环境 ··· 7

　　　1.2.2　测试 Node.js 开发环境 ·· 10

　　　1.2.3　通过 Node.js 运行 JavaScript 文件 ··· 12

　1.3　通过 Visual Studio Code 开发 Node 应用 ··· 12

　　　1.3.1　通过 Visual Studio Code 开发和管理代码 ·· 13

　　　1.3.2　通过 Webpack 构建 Node 应用程序架构 ·· 18

　　　1.3.3　通过 Visual Studio Code 开发调试 Node 应用 ··· 20

第 2 章　Vue.js 基础介绍与环境搭建 ·· 33

　2.1　Vue.js 基础 ·· 33

　　　2.1.1　Vue.js 简介 ··· 33

　　　2.1.2　Vue.js 发展历史 ··· 34

　　　2.1.3　Vue.js 与 MVVM 架构模型 ·· 34

　　　2.1.4　双向数据绑定 ··· 35

　　　2.1.5　Vue.js 特点 ··· 35

　2.2　Vue.js 快速开发环境 ·· 35

　　　2.2.1　直接通过<script>引入本地 Vue.js ·· 36

　　　2.2.2　通过 CDN 方式引入 Vue.js ·· 37

　　　2.2.3　兼容 ES Module 的方式 ·· 38

　2.3　Vue.js 脚手架开发环境 ·· 40

　　　2.3.1　安装 Vue.js 脚手架并创建 Vue 项目 ·· 40

        2.3.2　通过 Vue.js 脚手架启动开发服务器 ··· 41
        2.3.3　Vue.js 脚手架项目初探 ·· 42
        2.3.4　通过 Vue.js 脚手架进行发布 ·· 44
        2.3.5　通过 Visual Studio Code 开发调试 Vue.js 项目 ································ 46

第 3 章　Node.js 语法基础 ·· 52
    3.1　JavaScript 语法 ··· 52
        3.1.1　变量 ·· 52
        3.1.2　注释 ·· 54
        3.1.3　数据类型 ·· 55
        3.1.4　函数 ·· 56
        3.1.5　闭包 ·· 58
    3.2　命名规范与编程规范 ··· 59
        3.2.1　命名规范 ·· 59
        3.2.2　编程规范 ·· 60
    3.3　Node.js 的控制台 console ·· 61
        3.3.1　console 对象下的各种方法 ·· 61
        3.3.2　console.log()方法 ··· 62
        3.3.3　console.info()、console.warn()和 console.error()方法 ·················· 63
        3.3.4　console.dir()方法 ·· 63
        3.3.5　console.time()和 console.timeEnd()方法 ·· 64
        3.3.6　console.trace()方法 ·· 65

第 4 章　Node.js 中的包管理 ·· 66
    4.1　npm 介绍 ·· 66
        4.1.1　npm 常用命令 ··· 66
        4.1.2　package.json 文件 ·· 69
    4.2　模块加载原理与加载方式 ··· 70
        4.2.1　require 导入模块 ·· 70
        4.2.2　exports 导出模块 ··· 71
    4.3　Node.js 核心模块 ··· 72
        4.3.1　http 模块——创建 HTTP 服务器、客户端 ···································· 72
        4.3.2　url 模块——URL 地址处理 ·· 76
        4.3.3　querystring 模块——查询字符串处理 ·· 77
    4.4　Node.js 常用模块 ··· 78
        4.4.1　util 模块——实用工具 ·· 78

		4.4.2 path 模块——路径处理	79
		4.4.3 dns 模块	80

第 5 章 Node.js 文件操作 82

5.1 Node.js 文件系统介绍 82
- 5.1.1 同步和异步 82
- 5.1.2 fs 模块中的类和文件的基本信息 84
- 5.1.3 文件路径 85

5.2 基本文件操作 86
- 5.2.1 打开文件 86
- 5.2.2 关闭文件 87
- 5.2.3 读取文件 88
- 5.2.4 写入文件 89

5.3 其他文件操作 90

第 6 章 Node.js 网络开发 93

6.1 构建 TCP 服务器 93
- 6.1.1 使用 Node.js 创建 TCP 服务器 93
- 6.1.2 监听客户端的连接 94
- 6.1.3 查看服务器监听的地址 96
- 6.1.4 连接服务器的客户端数量 97
- 6.1.5 获取客户端发送的数据 97
- 6.1.6 发送数据给客户端 98

6.2 构建 TCP 客户端 100
- 6.2.1 使用 Node.js 创建 TCP 客户端 100
- 6.2.2 连接 TCP 服务器 101
- 6.2.3 获取从 TCP 服务器发送的数据 101
- 6.2.4 向 TCP 服务器发送数据 102

6.3 构建 HTTP 服务器 103
- 6.3.1 创建 HTTP 服务器 103
- 6.3.2 HTTP 服务器的路由控制 104

6.4 利用 UDP 协议传输数据与发送消息 106
- 6.4.1 创建 UDP 服务器 106
- 6.4.2 创建 UDP 客户端 109

第 7 章 Node.js 数据库开发 ... 111

7.1 使用 mongoose 连接 MongoDB ... 111
7.1.1 MongoDB 介绍 ... 111
7.1.2 连接 MongoDB ... 113
7.1.3 操作 MongoDB ... 114

7.2 直接连接 MongoDB ... 119
7.2.1 使用 node-mongodb-native 连接 MongoDB ... 119
7.2.2 使用 node-mongodb-native 操作 MongoDB ... 120

7.3 连接 MySQL ... 127
7.3.1 MySQL 介绍 ... 127
7.3.2 Node.js 连接 MySQL ... 130
7.3.3 Node.js 操作 MySQL ... 131

第 8 章 Vue.js 数据、方法与生命周期 ... 134

8.1 Vue.js 数据 ... 134
8.1.1 Vue.js 数据同步 ... 134
8.1.2 Vue.js 数据冻结 ... 138
8.1.3 Vue.js 实例 property 属性 ... 141

8.2 Vue.js 方法 ... 143
8.2.1 观察属性方法 ... 144
8.2.2 事件触发方法 ... 150
8.2.3 自定义事件方法 ... 151

8.3 Vue.js 生命周期 ... 155
8.3.1 Vue.js 生命周期图示 ... 155
8.3.2 Vue.js 生命周期钩子 ... 157

第 9 章 Vue.js 模板语法 ... 166

9.1 Vue.js 模板语法介绍 ... 166
9.2 Vue.js 插值 ... 166
9.2.1 文本插值 ... 167
9.2.2 原始 HTML 插值 ... 168
9.2.3 使用 JavaScript 表达式 ... 169

9.3 Vue.js 指令 ... 171
9.3.1 Vue 指令概述 ... 171
9.3.2 v-if 条件表达式指令 ... 172

		9.3.3 v-show 显示指令	175
		9.3.4 使用<template>元素渲染分组	177
		9.3.5 v-for 循环指令	180
	9.4	Vue.js 指令参数	183
		9.4.1 Vue.js 指令接收参数	183
		9.4.2 Vue.js 指令接收动态参数	184
		9.4.3 通过 Vue.js 指令动态参数改变元素类型	187
	9.5	Vue.js 指令修饰符	189
		9.5.1 Vue.js 指令 prevent 修饰符	189
		9.5.2 Vue.js 指令 stop 修饰符	193
		9.5.3 Vue.js 指令 once 修饰符	195
	9.6	Vue.js 指令缩写	197
	9.7	Vue.js 数据双向绑定	201
		9.7.1 v-model 指令原理	201
		9.7.2 .lazy 修饰符	205
		9.7.3 .number 修饰符	207
		9.7.4 .trim 修饰符	210
	9.8	Vue.js 计算属性	212

第 10 章 Vue.js 样式绑定 · 215

	10.1	Vue.js 绑定 HTML Class	215
		10.1.1 绑定静态 Class	215
		10.1.2 绑定动态 Class	217
		10.1.3 绑定多个 Class	220
	10.2	通过数组语法绑定 Class	222
	10.3	Vue.js 绑定 HTML Style	224
		10.3.1 绑定静态 Style	224
		10.3.2 绑定 Style 对象	226
		10.3.3 绑定多重值的 Style	227
	10.4	通过计算属性绑定样式	227

第 11 章 Vue.js 组件基础 · 230

	11.1	Vue.js 全局组件	230
	11.2	Vue.js 局部组件	232
	11.3	通过 Prop 向子组件传递数据	234

第 12 章　Vue.js 路由 …… 238
12.1　安装 vue-router 库的方法 …… 238
12.2　基于 vue-router 库开发单页面应用 …… 239
12.3　基于 vue-router 库实现动态路由 …… 240

第 13 章　项目实战：基于 Vue.js+Node.js+MySQL 实现学生成绩管理系统 …… 243
13.1　学生成绩管理系统组织架构设计 …… 243
13.2　构建项目应用框架 …… 244
13.3　后台数据结构 …… 245
13.4　功能模块组件设计 …… 246
13.5　功能模块路由设计 …… 256
13.6　功能模块后台服务设计 …… 257
13.7　测试学生信息管理系统 …… 261

第 14 章　项目实战：基于 Vue.js+Node.js+jsonp 实现城市信息查询系统 …… 264
14.1　全国城市信息查询系统组织架构设计 …… 264
14.2　构建项目应用框架 …… 265
14.3　后台数据获取方式 …… 265
14.4　功能模块组件设计 …… 266
14.5　功能模块路由设计 …… 270
14.6　测试全国城市信息查询系统 …… 271

第 1 章
Node.js 基础与环境搭建

Node.js 是 JavaScript 运行时环境，是一个基于 Google Chrome V8 引擎设计实现的跨平台兼容的、可以运行在服务器端的脚本开发语言。如今，随着全栈开发技术的日益盛行与不断深入，Node.js 逐渐成为前短和后端设计开发的通用标准框架。例如，大多数读者耳熟能详的 Angular、React 和 Vue.js 这三大渐进式前端开发框架，均与 Node.js 有着密不可分的关联关系。本书的重点就是介绍关于 Node.js 与 Vue.js 前端全栈开发的相关技术。

本章主要对 Node.js 框架进行整体介绍，并对其发展历史和相关版本进行详细说明，同时也介绍后续开发中所涉及的基础知识。

通过本章的学习可以：

- 了解Node.js的发展历史和特点。
- 了解V8引擎与Node.js的关系。
- 掌握Node.js的一些应用场景。

1.1 Node.js 基础

本节将讲解 Node.js 简介、发展历史、组织架构、特点以及具体应用等方面的内容。

1.1.1 Node.js 简介

Node.js 是基于 Google Chrome 浏览器内置的 V8 引擎所开发的 JavaScript 运行时环境。它充分利用了 V8 引擎的强大性能，借鉴了其很多的前沿技术（例如：GC 机制、事件驱动、非阻塞的 I/O 模型，等等），保证了 Node.js 的轻量与高效，进而受到了众多开发者的追捧。

Node.js 最显著的特点就是能够运行在服务器端（区别于其他脚本语言），以及良好的多平台兼容性（支持 Windows、Linux、Mac OS X、SunOS 和 FreeBSD 等多种系统平台），使其成为最重要的脚本程序设计语言。

我们都知道，JavaScript 脚本语言需要在浏览器环境下才可以解释执行。而 Node.js 是服务器端的脚本语言，可以直接在后端进行解释执行。下面就是最基本的 Node.js 命令执行方法。

```
node filename.js      //node 命令直接解释执行 filename.js 脚本文件，得到结果
```

由于 Chrome V8 引擎执行 JavaScript 脚本的速度非常快，因此 Node.js 所开发出来的应用程序性能非常好。Node.js 已经成为全栈开发的首选语言之一，并且从它衍生出众多出色的全栈开发框架。Node.js 在全球已经被众多公司使用，包括创业公司 Voxer、Uber，以及知名公司沃尔玛、微软等。它们每天通过 Node.js 处理的请求数以亿计，可以说对于要求苛刻的服务器系统来说，Node.js 也可以轻松胜任。

Node.js 还包括一个完善的社区。在 Node.js 的官方网站 https://nodejs.org/可以找到大量的帮助文档和示例程序，并且 Node.js 还有一个强大的 npm 包管理器。由于其强大的服务端功能，越来越多的人参与到本项目中来，可用的第三方模块和扩展增长迅猛，而且质量也在不断提升，Node 已是全球较大的开源库生态系统之一。

提示：Node.js 并不是一个 JavaScript 应用，而是一个 JavaScript 的运行时环境，其底层由 C++ 语言编写而成。

1.1.2 Node.js 的发展历史

任何语言或框架都不是一天形成的，而是经过漫长的测试、发布、再测试、再发布的迭代过程，本节将重点介绍一下 Node.js 的发展历史。

Node.js 的创始人就是大名鼎鼎的 Ryan Dahl。Ryan Dahl 其实是学数学的，在 2008 年年末，一个偶然的机会让他知道了 Google 推出的全新的 Chrome 浏览器及其 V8 引擎。而当他了解到，Chrome V8 是一个为了实现更快的 Web 体验而专门制作的 JavaScript 引擎时，非常希望能找到一种语言能够提供先进的推送功能，并集成到自己的网站中去，从而避免采用传统的不断轮询拉取数据的访问方式。

Ryan Dahl 对 C/C++和系统调用非常熟悉，他使用系统调用（用 C）实现消息推送功能。如果只使用非阻塞式 Socket，每个连接的开销都会非常小。在小规模测试中，它能同时处理几千个闲置连接，并可以实现相当大的吞吐量。但是，他并不想使用 C，他希望能采用另外一种漂亮灵活的动态语言。最初他也想使用 Ruby 来写 Node.js，但是发现 Ruby 虚拟机的性能不能满足要求，后来便尝试采用 V8 引擎，所以选择了 C++语言。

2009 年 2 月，Ryan Dahl 首次在自己的博客上宣布准备基于 V8 创建一个轻量级的 Web 服务器并提供一套库。2009 年 5 月，他正式在 GitHub 上发布最初版本的部分 Node.js 包。随后几个月里，有人开始使用 Node.js 开发应用。实践证明，JavaScript 与非阻塞 Socket 配合得相当完美，只需要简单的几行 JavaScript 代码，就可以构建出非常复杂的非阻塞服务器。到了 2010 年年底，Node.js 获得云计算服务商 Joyent 的资助。创始人 Ryan Dahl 加入 Joyent，全职负责 Node.js 的发展。从此以后 Node.js 迅猛发展，并成为一种流行的开发语言。

在官方网站上，Node.js 的版本号是从 0.1.14 开始的，每个发布版本对应不同的 V8 引擎版本和 npm 包管理器版本。截至笔者写作时，最新的 LTS（Long-Term Support，长期支持）版本为 V18.17.1。当然，这期间 Node.js 发生了很曲折的故事，感兴趣的读者可以自行去了解一下。

总结一下，Node.js 的发展大致可以分为如下 4 个阶段。

1. 发展初期

创始人 Ryan Dahl 带着他的团队开发出以 Web 为中心的 Web.js，此时的一切都非常混乱，API 也大多处于试验阶段。

2. 快速发展时期

Node.js 的核心用户 Isaac Z. Schlueter 开发出了奠定 Node.js 如今地位的重要工具——npm 包管理工具。同时，这也是 Schlueter 未来成为 Ryan 接班人的重要条件。之后 Connect、Express、Socket.io 等库的出现，吸引了一大波爱好者加入 Node.js 开发者阵营。CoffeeScript 的出现更是让不少 Ruby 和 Python 开发者找到了学习的理由。期间，以 Node.js 作为运行环境的 CLI 工具涌现出来，其中不乏用于加速前端开发的优秀工具，如 Babel、Less、Sass、UglifyJS、Browserify、Grunt、Gulp 等。在这个阶段，Node.js 的发展势如破竹。

3. 不稳定时期

经过了一大批一线工程师的探索实践后，Node.js 开始进入时代的更迭期，新模式代替旧模式，新技术代替旧技术，新实践代替旧实践。ECMAScript 6（ECMAScript 2015）也开始出现在 Node.js 世界中。ECMAScript 6 的发展越来越明显，V8 也对 ECMAScript 6 中的部分特性实现了支持，如 Generator 等。

4. 稳步发展时期

随着 ECMAScript 6 的发展和最终定稿，出现了大量利用 ECMAScript 6 特性开发的新模块，如原 Express 核心团队开发的 Koa。Node.js 之父 Ryan Dahl 退出 Node.js 的核心开发，转做其他的研究项目。Ryan Dahl 的接任者 Schlueter 负责将 Node.js 一直开发下去并不断进行完善。

1.1.3 Node.js 组织架构

前面介绍了 Node.js 是一个完整的 JavaScript 开发环境，并且是基于 Google 的 Chrome V8 引擎进行代码解释的。它在设计之初就已经被定位用来解决传统 Web 开发语言所遇到的诸多问题，所以 Node.js 有很多其他开发语言所不具备的优点。下面主要介绍 Node.js 的组织架构，如图 1.1 所示。

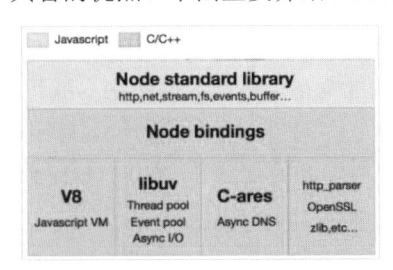

图 1.1 Node.js 系统架构图

从图 1.1 中可以看到，只有最顶层的 Node 标准库（Node standard library）部分是用 JavaScript 语言编写的，其余的底层均是用 C/C++语言编写的。

继续分析图 1.1 中描述的 Node.js 组织架构，关于 Node.js 的结构大致可以分为以下 3 个层次。

1. Node.js标准库

这一层由 JavaScript 编写，是在使用过程中能直接调用的 API。它在 Node.js 源代码中的 lib 目录下可以看到，具体包括 http、net、stream、fs、buffer、events 等模块。

2. Node bindings

这一层是 JavaScript 与底层 C/C++能够沟通的关键，前者通过 bindings 调用后者，相互交换数据。

3. Node基础构件

这一层是支撑 Node.js 运行的基础构件，使用 C/C++语言编写，具体包括以下主要模块。

- V8：Google 推出的 JavaScript VM，也是 Node.js 为什么使用 JavaScript 的关键，它为 JavaScript提供了在非浏览器端运行的环境，它的高性能是Node.js之所以高效的原因之一。
- libuv：为Node.js提供了跨平台、线程池、事件池、异步I/O等能力，是Node.js如此强大的关键。
- C-ares：提供了异步处理DNS相关的能力。
- http_parser、OpenSSL、zlib等：提供了包括HTTP解析、OpenSSL、数据压缩等功能。

1.1.4 Node.js 的特点

Node.js 的强大体现在很多方面，如事件驱动、异步处理、非阻塞 I/O 等。这里将介绍 Node.js 具备的不同于其他框架的特点，包括事件驱动、异步非阻塞 I/O、高性能、单线程等。

1. 事件驱动

在某些传统的网络编程语言中，都会用到回调函数。比如：当 Socket 资源达到某种状态时，注册的回调函数就会执行。在 Node.js 的设计思想中，是以事件驱动为核心的，它提供的绝大多数 API 都是基于事件的、异步的风格。以net模块为例，其中的net.Socket对象就有connect、data、end、timeout、drain、error、close 等事件。使用 Node.js 的开发人员，需要根据自己的业务逻辑注册相应的回调函数。这些回调函数都是异步执行的。这意味着虽然在代码结构中这些函数看起来是依次注册的，但是它们并不依赖于自身出现的顺序，而是等待相应的事件触发。

事件驱动的优势在于充分利用了系统资源，执行代码无须阻塞等待某种操作完成，有限的资源可以用于其他的任务。此类设计非常适合后端的网络服务编程，Node.js 的目标也在于此。在服务器开发中，并发的请求处理是一个大问题，阻塞式的函数会导致资源浪费和时间延迟。通过事件注册、异步函数，开发人员可以提高资源的利用率，性能也会得到改善。

2. 异步非阻塞I/O

从 Node.js 提供的支持模块中可以看到，包括文件操作在内的许多函数都是异步执行的，这和传统语言存在区别。为了方便服务器开发，Node.js的网络模块特别多，包括 http、dsn、net、udp、https、tls 等。开发人员可以在此基础上快速构建 Web 服务器应用。一个异步 I/O 的大致流程如图 1.2 所示。

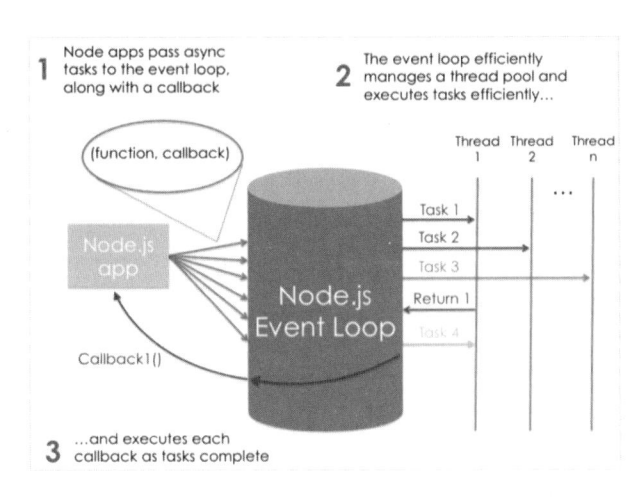

图 1.2　异步 I/O 的流程

异步 I/O 流程主要包括以下过程：

（1）发起 I/O 调用：

① 用户通过 JavaScript 代码调用 Node 核心模块，将参数和回调函数传入核心模块。
② Node 核心模块会将传入的参数和回调函数封装成一个请求对象。
③ 将这个请求对象推入 I/O 线程池等待执行。
④ JavaScript 发起的异步调用结束，JavaScript 线程继续执行后续操作。

（2）执行回调：

① I/O 操作完成后会将结果存储到请求对象的 result 属性上，并发出操作完成的通知。
② 每次事件循环时会检查是否有完成的 I/O 操作，如果有，就将请求对象加入 I/O 观察者队列中，之后当作事件处理。
③ 处理 I/O 观察者事件时，会取出之前封装在请求对象中的回调函数，执行这个回调函数，并将 result 当作参数，以实现 JavaScript 回调的目的。

Node.js 的网络编程非常方便，提供的模块（在这里是 HTTP）开放了容易上手的 API 接口，短短几行代码就可以构建服务器。

3. 性能出众

创始人 Ryan Dahl 在设计的时候就考虑了性能方面的问题，因此选择了 C++和 V8，而不是 Ruby 或者其他的虚拟机。Node.js 在设计上以单进程、单线程模式运行。事件驱动机制是 Node.js 通过内部单线程高效率地维护事件循环队列来实现的，没有多线程的资源占用和上下文切换。这意味着面对大规模的 HTTP 请求，Node.js 是凭借事件驱动来完成的。从大量的测试结果分析来看，Node.js 的处理性能非常出色，在 QPS（每秒查询率）达到 16 700 次时，内存仅占用 30MB（测试环境：RHEL 5.2、CPU 2.2GHz、内存 4GB）。

4. 单线程

Node.js 和大名鼎鼎的 Nginx 一样，都是以单线程为基础的。这正是 Node.js 保持轻量级和高性能的关键，也是Ryan Dahl设计Node.js的初衷。这里的单线程是指主线程为"单线程"，所有阻塞的部分交给一个线程池处理，然后这个主线程通过一个队列跟线程池协作。我们写的JavaScript代码部分不用关心线程问题，代码也主要由一堆回调函数构成，然后主线程在循环过程中适时调用这些代码。

单线程除了保证Node.js高性能之外，还保证了绝对的线程安全，使开发者不用担心因为同一变量同时被多个线程读写，而造成的程序崩溃。

1.1.5　Node.js 应用场景

Node.js可以应用到很多方面，可以说从Node.js开始，开发者就可以使用JavaScript来开发服务器端的程序了。Node.js为前端开发者提供了便利，并在各大网站中承担重要角色，成为开发高并发大型网络应用的关键技术。Web站点早已不局限于内容的呈现，很多交互型和协作型环境也逐渐被搬到了网站上，而且这种需求还在不断增长。这就是所谓的数据密集型实时（data-intensive real-time）应用程序，例如在线协作的白板、多人在线游戏等。这种Web应用程序需要一个能够实时响应大量并发用户请求的平台来支撑它们，而这也正是Node.js擅长的领域。此外，Node.js的跨平台特性也是开发人员选择使用Node.js语言进行开发的另一大原因。

Node.js的主要应用场景如下：

- JSON APIs：构建一个Rest/JSON API服务，Node.js可以充分发挥其非阻塞I/O模型以及JavaScript对JSON的功能支持（如JSON.stringfy函数）。
- 单页面、多Ajax请求应用：如Gmail，前端有大量的异步请求，需要服务后端有极高的响应速度。
- 基于Node.js开发UNIX命令行工具：Node.js可以大量生产子进程，并以流的方式输出，这使得它非常适合用作UNIX命令行工具。
- 流式数据：传统的Web应用通常会将HTTP请求和响应看作原子事件，而Node.js会充分利用流式数据的这个特点，构建非常酷的应用，如实时文件上传系统Transloadit。
- 准实时应用系统：如聊天系统、微博系统，但JavaScript是有垃圾回收（GC）机制的，这就意味着系统的响应时间是不平滑的（垃圾回收会导致系统在这一时刻停止工作）。如果想要构建硬实时应用系统，Erlang是一个不错的选择。

例如，实时互动交互比较多的社交网站，像Twitter这样的公司，它必须接收tweets并将其写入数据库。实际上，几乎每秒就有数千条tweets达到，数据库不可能及时处理高峰时段所需的写入数量。Node.js成为解决这个问题的重要一环。Node.js能处理数万条入站tweets。它能快速而又轻松地将它们写入一个内存排队机制（例如memcached），而另一个单独进程可以在那里将它们写入数据库。Node.js能处理每个连接而不会阻塞通道，从而能够捕获尽可能多的tweets。

虽然看起来Node.js可以做很多事情，并且拥有很高的性能，但是Node.js并不是万能的，有一些类型的应用Node.js处理起来可能会比较吃力。例如，CPU密集型的应用、模板渲染、压缩/解压缩、加/解密等操作都是Node.js的软肋。

1.1.6　Node.js 在国内的发展

在Node.js初期发展的时候，国内就有大量的开发者开始持续关注了。随着Node.js的不断成熟，很多国内的公司都开始采用这一新技术。Node.js 开发者在国内的数量不断增加，并涌现出很多组织和机构来自发地进行推广和技术分享。

国内的各大视频培训网站上都有 Node.js 开发的培训教程，各大门户网站也都或多或少地采用了 Node.js 的开发技术，比如淘宝、网易、百度等有很多项目就运行在 Node.js 之上。阿里云是这方面比较靠前的公司，它们的云平台率先支持 Node.js 的开发。淘宝也为 Node.js 搭建了国内的 NPM 镜像网站，方便国内的开发者下载各种开发包。

以下是关于 Node.js 中文资源的汇总清单：

（1）Node.js 官方网站：该网站是 Node.js 在国内的官方网站，里面有 Node.js 最新版本的下载资源和丰富的文档资料，是 Node.js 开发爱好者不容错过的网站。网址为 https://nodejs.org/en/。

（2）CNode 社区：该社区由一批热爱 Node.js 技术的工程师发起，已经吸引了很多互联网公司的专业技术人员加入，是目前国内非常具有影响力的 Node.js 开源技术社区。它致力于 Node.js 的技术研究，拥有论坛，并定期组织一些技术交流活动。网址为 https://cnodejs.org。

（3）Node.js 中文网：该网站是一个专业的 Node.js 中文知识分享社区，致力于普及 Node.js 知识，分享 Node.js 研究成果，努力推进 Node.js 在中国的应用和发展。网站中有大量的技术博客和文章，各个级别的开发者都能找到适合自己学习的资料。网址为 https://www.nodejs.cn/。

（4）淘宝 NPM 镜像：是一个完整 npmjs.org 镜像，可以用此代替官方版本，同步频率为每 10 分钟一次，以保证尽量与官方服务同步。网址为 https://npm.taobao.org/。

（5）Node.js：这也是一个学习 Node.js 和前端开发技术非常好的网站，每天都有大量原创文章发布，并且技术问题可以很快被回答。当然，如果你愿意为其他人解答技术问题，或者进行技术分享，也是非常受欢迎的。网址为 http://cnodejs.org/。

每年的 JavaScript 中国开发者大会和各种 Node.js 分享沙龙，都是很好的学习 Node.js 开发技术和交流的机会。一个开发者要时刻保持谦虚的心态，并不断学习最新的技术，这对开发者来说是一种基本能力和素养。

1.2 搭建 Node.js 开发环境

学习任何一门编程语言，第一步都是搭建好该语言的开发环境。Node.js 可以在多个不同的平台稳定运行，并且均具有良好的兼容性。本节主要介绍如何在 Windows 系统平台下搭建 Node.js 的开发环境，至于其他操作系统平台，操作方法大同小异，读者可自行学习。

1.2.1 Windows 10 系统下安装部署 Node.js 开发环境

Node.js 可以在多个版本的 Windows 系统平台（Windows 7、Windows 10、Windows 11 以及 Windows Server 系列等）下稳定运行，本书主要介绍在 Windows 10 系统下 Node.js 开发环境的安装部署过程。

在 Windows 10 系统中进行 Node.js 环境部署相对简单。从 Node.js 的官方网站（https://nodejs.org/en/download/）上下载最新的 Node.js 安装包。如果下载网速较慢，国内用户还可以通过 Node.js 官方中文网站（http://nodejs.cn/download/）进行下载。中文站点的下载页面与英文版官方网站的下载页面略有不同，中文网站只提供最新的发布版本，而英文官方网站同时提供最新的长期支持（LTS）版本和最新的发布版本。

Node.js 的安装包在 Windows 平台分为 installer 和 binary 两个版本。installer 是常用的安装包发布版本（.msi），binary 为二进制版本（.exe），可以下载后直接运行。这里建议使用后缀为.msi 的安装版本。此外，Node.js 的安装包分为 32 位和 64 位，在下载的时候要查看一下自己系统的具体信息，并选择正确的安装包进行下载和安装。

提示：Node.js 的其他发布版本可以在 https://nodejs.org/dist/中找到，本书以 v18.17.1（LTS）64-bit 版本在 Windows 10 系统下的安装为例进行介绍。

打开 Node.js 官方网站的下载页面（https://nodejs.org/en/download/），如图 1.3 所示。

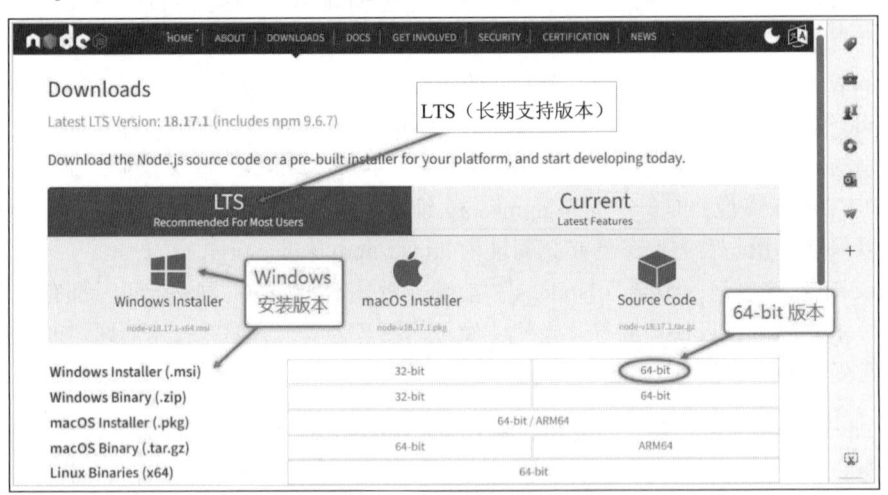

图 1.3　Node.js 官方网站下载页面

如图 1.3 中的标识所示，首先选择 LTS（长期支持版）版本，然后在页面上方选择 Windows Installer 图标，并左边菜单栏上找到 Windows Installer(.msi)菜单项，最后选择 64-bit 版本进行下载。这里具体下载得到的安装包名称为"node-v18.17.1-x64.msi"，之后就可以进行安装了。

Node.js 安装包的具体安装步骤如下：

步骤 01　Node.js 安装包是一个约 31MB 大小的、msi 格式的 Windows 系统安装文件。双击运行该安装包，会弹出如图 1.4 所示的欢迎界面。

步骤 02　如图 1.4 中的箭头所示，通过单击 Next（下一步）按钮进入如图 1.5 所示的 End-User License Agreement（终端用户协议许可）界面。

步骤 03　如图 1.5 中的箭头所示，勾选接受协议许可选项后，Next 按钮会变为如图 1.6 所示的可用状态。

步骤 04　如图 1.6 中的箭头所示，单击 Next 按钮进入下一步，此时会打开选择目标安装目录界面，如图 1.7 所示。默认的安装目录为"C:\Program Files\nodejs\"，可以通过单击 Change…按钮选择自己的目标安装目录，这里建议安装在磁盘（可选任一磁盘，笔者选择的是 D 盘）的根目录下。

步骤 05　单击图 1.7 所示界面中的 Next 按钮，进入如图 1.8 所示的 Custom Setup（自定义安装选项）界面。

图 1.4　Node.js 安装（1）

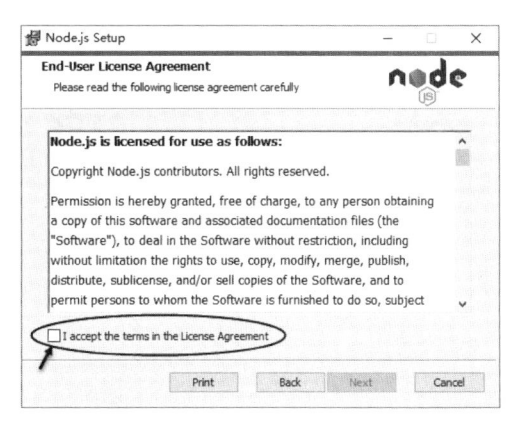

图 1.5　Node.js 安装（2）

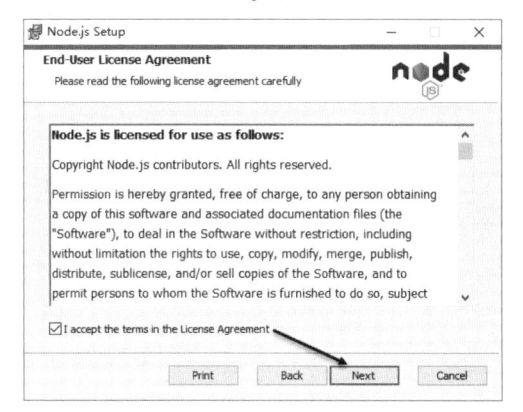

图 1.6　Node.js 安装（3）

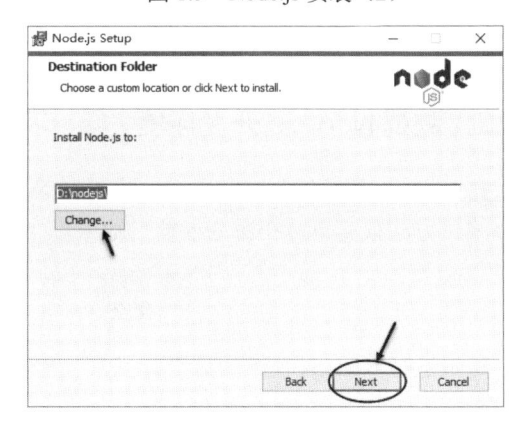

图 1.7　Node.js 安装（4）

步骤 06　如图 1.8 所示，默认会安装全部的"自定义安装选项"。这里，建议读者选择安装全部选项，尤其 Add to PATH 选项是用来设置系统默认的环境变量（PATH）的。另外，在完成安装 Node.js 的时候，也默认安装了 npm（npm package manager），npm 是 Node.js 的包管理工具。

步骤 07　单击图 1.8 中的 Next 按钮，进入如图 1.9 所示的 Ready to install Node.js（准备安装）界面。

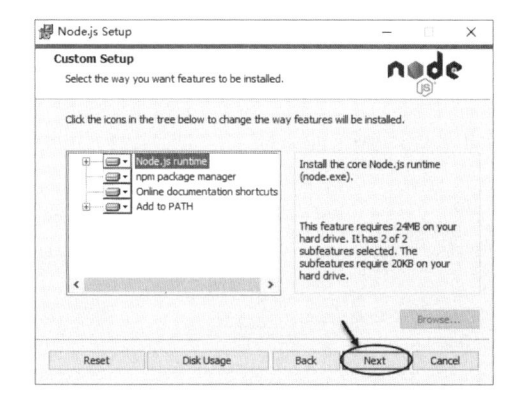

图 1.8　Node.js 安装（5）

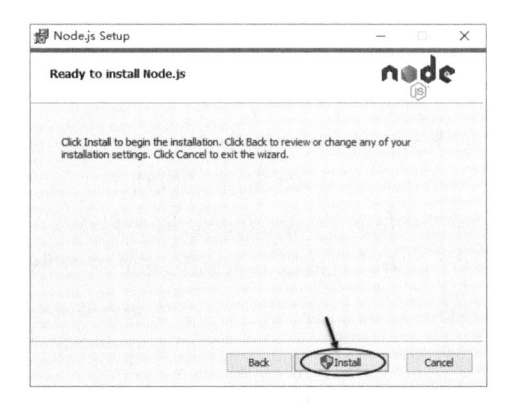

图 1.9　Node.js 安装（6）

步骤08 如图 1.9 中箭头所示，单击 Install 按钮就会开始安装，如图 1.10 所示。

步骤09 安装完毕后，会显示如图 1.11 所示的界面，单击 Finish 按钮完成 Node.js 的安装。

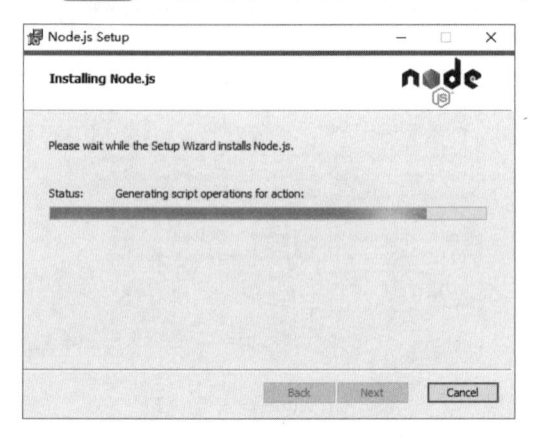

图 1.10　Node.js 安装（7）

图 1.11　Node.js 安装（8）

1.2.2　测试 Node.js 开发环境

在 Node.js 开发包安装完毕后，要测试 Node.js 的开发环境，以验证 Node.js 是否安装成功。测试方法很简单，在命令行窗口输入以下 node 命令查看输出结果就可以得知。

```
node --version        // 完整命令参数，查询 node 版本号
node -v               // 简化命令参数，查询 node 版本号
```

这里选择 Node.js 自带的命令行工具（Node.js command prompt）进行测试，在系统菜单上找到 Node.js command prompt，点击打开，效果如图 1.12 所示。

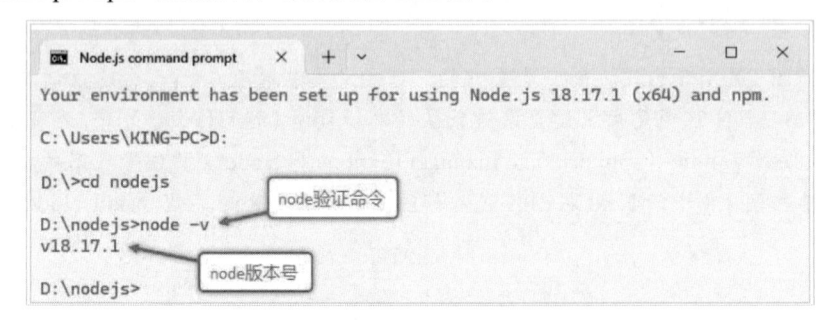

图 1.12　验证 Node.js 环境是否安装成功

如图 1.12 中的箭头和标识所示，通过输入 node -v 命令查询到当前系统安装了 v18.17.1 版本，表明 Node.js 开发环境已经安装成功了。

前文中介绍了安装 Node.js 时会自动安装包管理工具 npm，下面再验证一下 npm 工具是否也安装成功了，方法是通过输入以下 npm 命令来实现。

```
npm --version         // 完整命令参数，查询 npm 版本号
npm -v                // 简化命令参数，查询 npm 版本号
```

效果如图 1.13 所示。

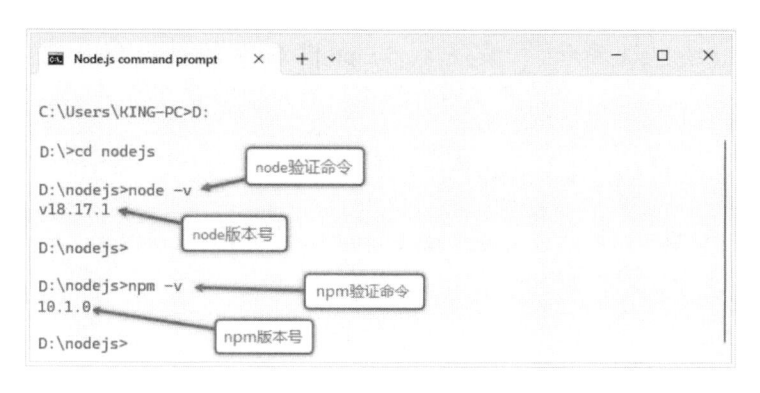

第 1 章　Node.js 基础与环境搭建　11

图 1.13　验证 NPM 包管理工具是否安装成功

如图 1.13 中的箭头和标识所示，通过输入 npm -v 命令查询到当前系统安装了 v9.6.1 版本的 npm，表明 npm 包管理工具也同步安装成功了。

那么，Node.js 开发环境能做什么呢？最简单的一项功能就是可以直接在命令行运行 JavaScript 脚本程序，具体可参看如图 1.14 所示的操作过程。

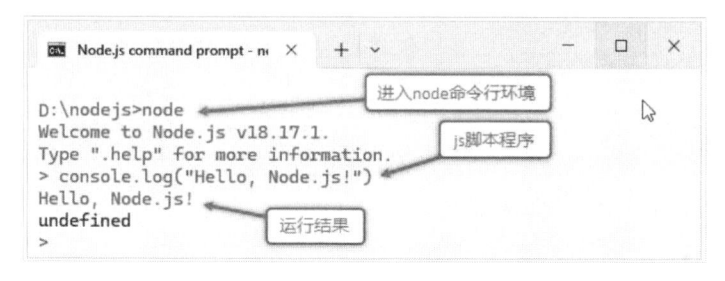

图 1.14　直接在命令行运行 JavaScript 脚本程序（1）

如图 1.14 中的箭头和标识所示，首先要在命令行通过输入 "node" 进入 Node.js 开发环境，然后就可以输入 JavaScript 脚本代码了。由于 Node 命令行开发环境是交互式的 JavaScript 解释器，因此在输入 JavaScript 代码并按回车键后，直接就可以打印出运行结果。

其实，这种输入 JavaScript 代码并按回车键后直接输出结果的方式不够用户友好，如果想实现一些稍微复杂的 JavaScript 代码就会很困难。好在 JavaScript 代码是通过分号（;）断句的，可以将若干句 JavaScript 代码写在一行中来完成。具体可参看如图 1.15 所示的操作过程，将若干句 JavaScript 代码写在一行中，就可以实现一个简单的求和运算了。

图 1.15　直接在命令行运行 JavaScript 脚本程序（2）

不过，这种直接在 Node 命令行中编写 JavaScript 脚本代码的方式，仅限于非常简单的场景。如果想完成复杂的代码功能，就需要通过 Node.js 环境运行 JavaScript 脚本文件来实现了。

1.2.3 通过 Node.js 运行 JavaScript 文件

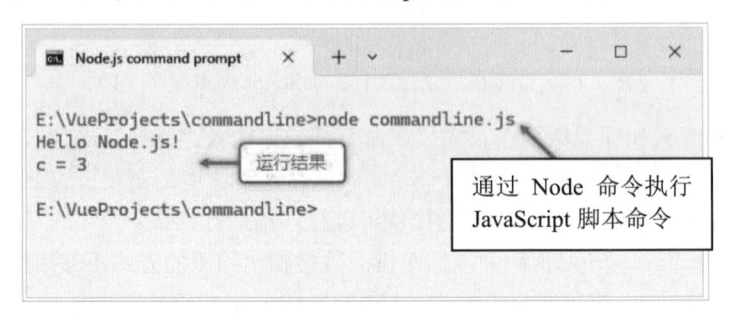

在 Node 命令行环境中，可以直接运行 JavaScript 脚本文件。方法也很简单，通过 Node 命令指定 JavaScript 文件名即可，具体如下：

```
node filename.js           // filename.js 指定具体 JavaScript 脚本文件名
```

下面，我们将 1.2.2 节中测试的两段 JavaScript 脚本代码整合到同一个 JavaScript 脚本文件中，代码如下：

【代码 1-1】（详见源代码 commandline 目录中的 commandline.js 文件）

```
01  console.log("Hello Node.js!");
02  var a = 1;
03  var b = 2;
04  var c = a + b;
05  console.log("c = %d", c);
```

【代码说明】

- 在上面的代码中，将1.2.2节中测试的两段JavaScript脚本代码写在了一个JavaScript脚本文件中，然后通过Node命令行工具运行该JavaScript脚本文件，如图1.16所示。

图 1.16　Node 命令行运行 JavaScript 脚本文件

如图 1.16 中的标识所示，通过 Node 命令行运行 JavaScript 脚本文件（commandline.js），得到了同样的运行结果。

在实际的 Node.js 项目开发中，无论是使用轻量级代码开发工具，还是使用集成式的开发平台工具，且不论项目的 JavaScript 源代码文件有多复杂（数量众多且关系嵌套），在后台均是通过上面的方式运行 JavaScript 脚本文件的。

1.3　通过 Visual Studio Code 开发 Node 应用

本节将介绍如何开发一个完整的 Node 应用程序。这里需要用到 Visual Studio Code（简称 VS

Code）作为 Node 代码开发和管理的工具，同时还需要使用 Webpack 模块打包器作为构建 Node 应用框架的工具。这些都是开发 Web 前端应用的基础工具。

1.3.1　通过 Visual Studio Code 开发和管理代码

Visual Studio Code 可谓是近年来风头日盛的代码开发和管理工具，该工具由微软（Microsoft）公司负责开发与维护，并于 2015 年 4 月 30 日的 Build 开发者大会上第一次正式对外发布。

Visual Studio Code 的设计目标是成为一款能够满足跨平台运行的、轻量级的、可扩展的开发工具，主要用作编写当前流行的 Web 应用和云服务应用的源代码编辑器。虽然，Visual Studio Code 隶属于 Visual Studio 系列开发平台，但与诸如 Visual Studio 2019、Visual Studio 2022 这类重量级的、功能强大的、集成式的开发平台完全不同，其自身仅是一款源代码编辑器，写好的 C 程序无法编译运行，JavaScript 脚本文件也无法解释执行。

不过，如果因此而小看 Visual Studio Code 就大错特错了，Visual Studio Code 的特点就是提供了很强的扩展功能，强大到让设计人员惊叹的程度。Visual Studio Code 的扩展功能是通过安装相应的插件实现的，前面提到的 C 程序和 JavaScript 脚本，甚至包括 Java、Python、Node 程序，以及本书后面将要重点介绍的 Vue.js 程序，都可以通过安装相对应的功能插件而得到支持。因此，Visual Studio Code 在极短的时间内就得到了业内的充分认可，并迅速在源代码编辑器市场占据了一席之地。对此，相信你也只能感叹微软研发能力的强大了。

在 Windows 平台下安装 Visual Studio Code 的操作非常简单，自家的操作系统平台自然会提供最好的支持。首先，进入 Visual Studio Code 官方网址的下载页面（https://code.visualstudio.com/Download），如图 1.17 所示。

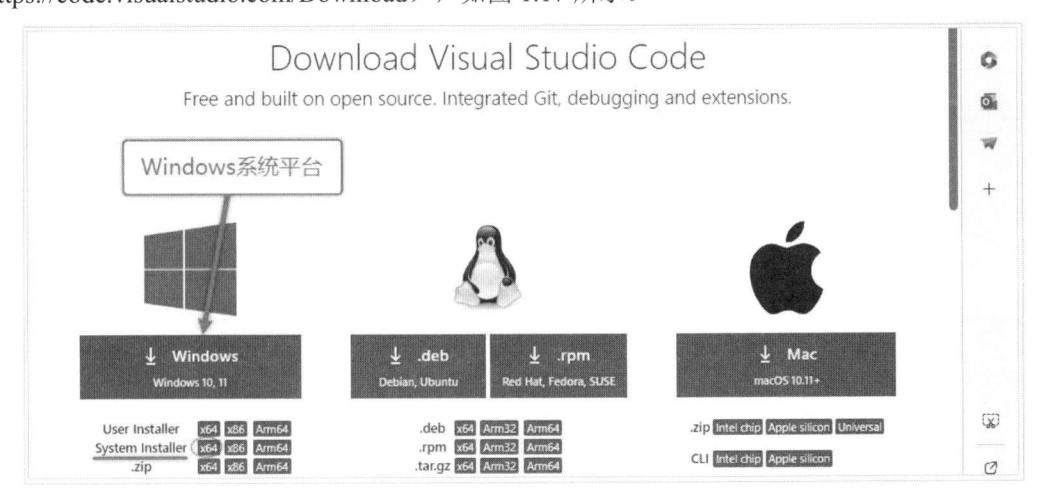

图 1.17　Visual Studio Code 官方下载页面

在 Windows 系统平台区域中的"System Installer"类别中选择 64-bit 版本的安装包（VSCodeSetup-x64-1.81.1.exe）进行下载，该版本是为系统用户配置的。另外，还有一种"User Installer"类别是为个人用户配置的版本。在图 1.17 中还可以看到 Visual Studio Code 的 Linux 版本和 Mac 版本，这表明 Visual Studio Code 是一款跨平台的开发工具。

在 Windows 操作系统中安装 VS Code，直接双击运行安装包，按照安装步骤操作就可以了。

步骤 01 首先会进入安装程序的"许可协议"界面，如图 1.18 所示。

步骤 02 单击"我接受协议"单选按钮，激活"下一步"按钮，然后单击"下一步"按钮进入"选择目标位置"界面，如图 1.19 所示。在这里可以选择用户自定义的 Visual Studio Code 安装路径。

图 1.18　Visual Studio Code 安装过程（1）　　图 1.19　Visual Studio Code 安装过程（2）

步骤 03 继续单击"下一步"按钮进入实际安装过程，直到安装程序执行完毕，如图 1.20 所示。

图 1.20　Visual Studio Code 安装过程（3）

步骤 04 如果勾选了"启动 Visual Studio Code"复选框，在单击"完成"按钮时就会退出安装程序，同时自动运行 Visual Studio Code 开发工具。初次运行 Visual Studio Code 的界面如图 1.21 所示。Visual Studio Code 开发工具的界面非常简洁（轻量级），窗口的顶部是一个主菜单栏，窗口的左侧是一列快捷工具按钮列表（可以安装扩展功能），窗口的主体是文档编辑区域（上面显示的内容包括一些开发功能的快捷方式）。

步骤 05 单击左侧快捷工具按钮列表中最上面的"资源管理器（Ctrl+Shift+E）"按钮，界面效果如图 1.22 所示。

图 1.21　Visual Studio Code 程序初次运行界面

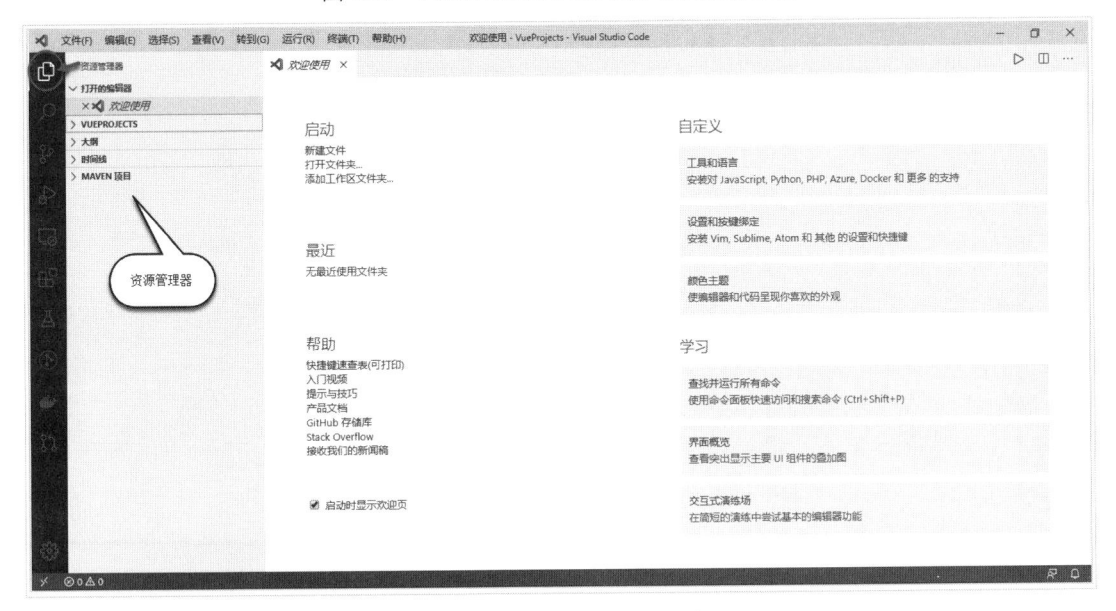

图 1.22　Visual Studio Code 资源管理器

如图 1.22 中的箭头和标识所示，打开"资源管理器"后，会在窗口左侧显示一个区域，里面包括了工程目录、大纲和时间线等项目。

在 VS Code 资源管理器中，设计人员可以新建或引入自己的工程目录进行源代码的有效管理。本书的工程名称为"vueprojects"（注意，VS Code 默认会将工程目录名称全部显示为大写）。

下面尝试通过 Visual Studio Code 测试运行【代码 1-1】所创建的 commandline.js 文件。首先，在 Visual Studio Code 中通过"文件"菜单中的"打开文件夹…"菜单项来打开工程目录，效果如图 1.23 所示。

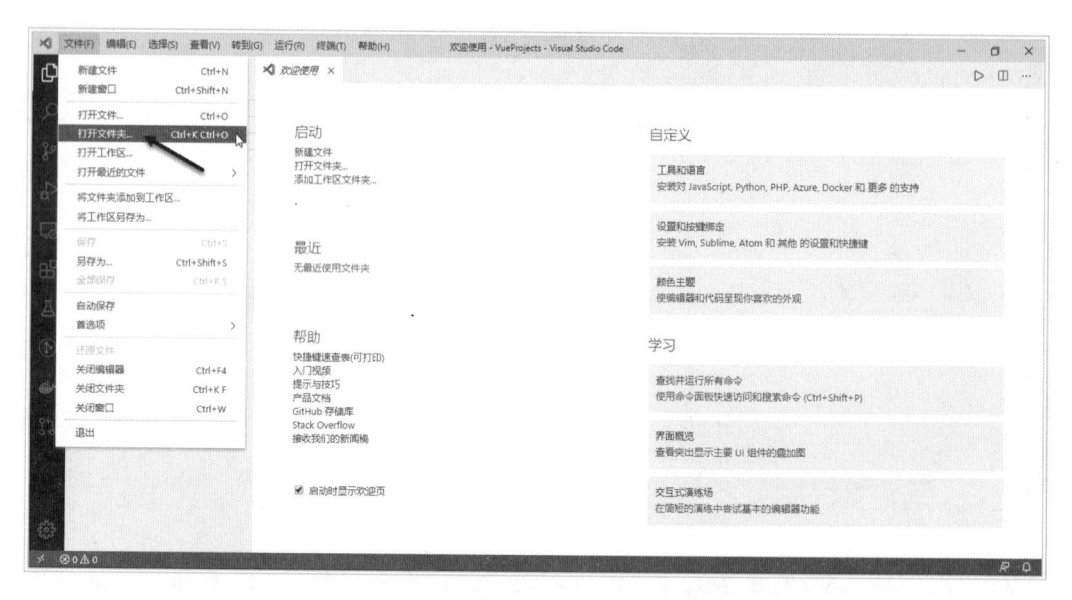

图 1.23　Visual Studio Code 打开工程目录（1）

如图 1.23 中的箭头所示，单击"打开文件…"后会打开一个"文件选择对话框"，选中之前创建好的 vueprojects 工程目录就可以了，效果如图 1.24 所示。

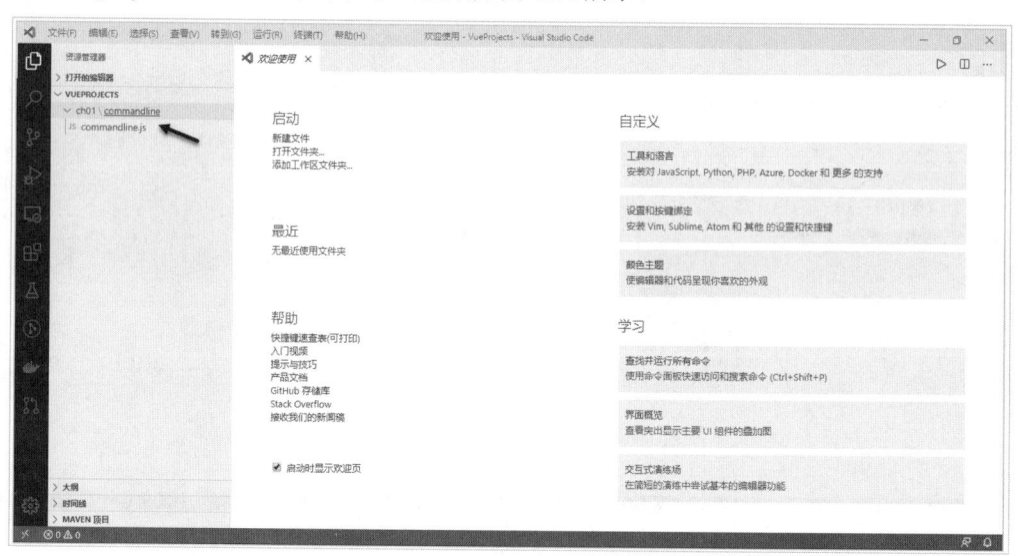

图 1.24　Visual Studio Code 打开工程目录（2）

如图 1.24 中的箭头所示，已经能看到之前【代码 1-1】所创建的 commandline.js 文件。那么，如何通过 Visual Studio Code 工具运行该 JavaScript 脚本文件呢？

这里，需要在 Visual Studio Code 中安装一个名称为"Code Runner"的插件，之后就能运行 JavaScript 脚本文件，具体安装方法如下：

在左侧快捷工具按钮列表中找到"扩展（Ctrl+Shift+X）"按钮，界面效果如图 1.25 所示。

图 1.25　Visual Studio Code 安装扩展

如图 1.25 中的箭头和标识所示，打开"扩展"界面后在搜索栏输入"Code Runner"字符串，下面扩展列表中自动筛选出来的第一项就是 Code Runner 插件，直接单击进行"安装"即可。由于笔者已经安装过该插件，因此图 1.25 中显示的是已安装状态，从右侧主窗口可以看到关于 Code Runner 插件的功能介绍，该插件除了支持 JavaScript 脚本语言外，还支持多种编程语言（C、C++、Java、PHP、Python、Go 等），功能十分强大。

安装好 Code Runner 插件后，就可以直接在 VS Code 中测试运行 JavaScript 脚本文件了。返回如图 1.24 所示的界面，选中并右击 commandline.js 文件，会弹出一个快捷菜单，如图 1.26 所示。

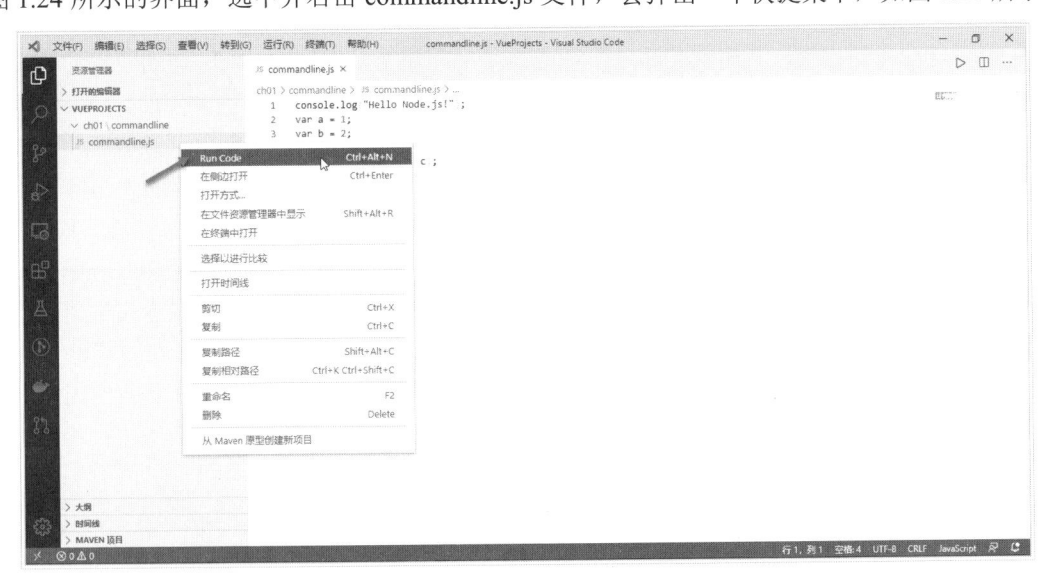

图 1.26　通过 Code Runner 运行 JavaScript 脚本文件（1）

如图 1.26 中的箭头所示，在快捷菜单中单击 Run Code 菜单项，Visual Studio Code 开发工具会弹出一个"输出"界面窗口，显示 JavaScript 代码调试运行的输出结果，效果如图 1.27 所示。

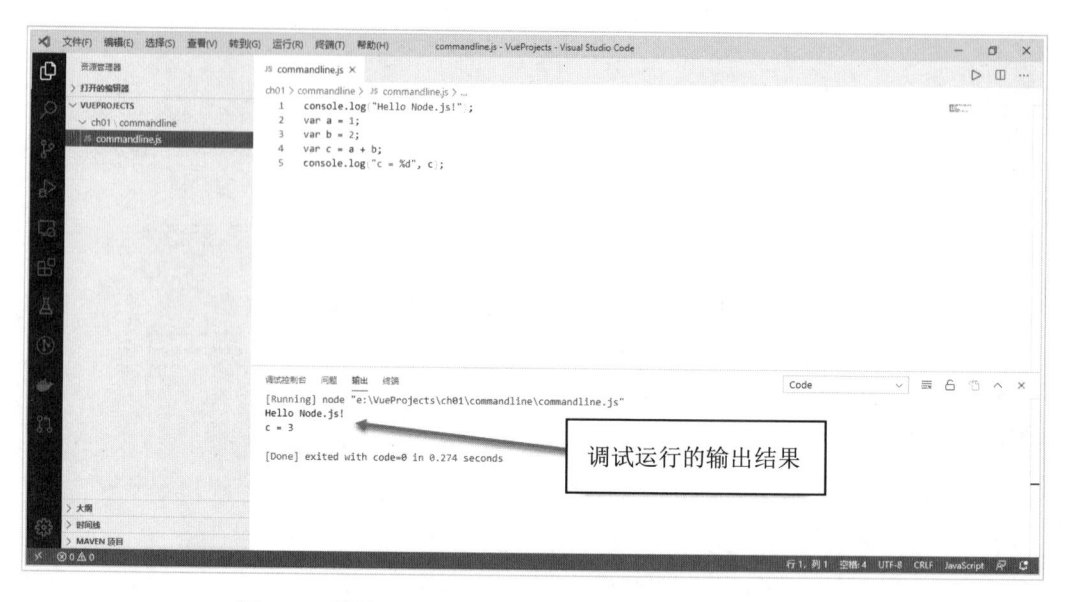

图 1.27 通过 Code Runner 运行 JavaScript 脚本文件（2）

如图 1.27 中的标识所示，调试运行的输出结果与图 1.16 所示的结果是一致的，说明 Visual Studio Code 开发工具的 Code Runner 插件运行方式，可以完美替代 Node 程序的命令行终端运行方式。

1.3.2 通过 Webpack 构建 Node 应用程序架构

前文中介绍了如何通过 Visual Studio Code 的插件运行单个 JavaScript 脚本文件的 Node 程序。不过，这种开发方式在近年来已经被一种全新的、以自动化方式构建 Web 前端应用的方式取代了。

所谓"自动化"方式，其实就是通过一种或几种自动化工具来构建 Web 前端应用的开发框架。这类开发框架基本都是通过一种或几种工具自动生成的，生成后的框架会包含大部分 Web 前端应用所需的基本类库、第三方插件和支撑配置文件，等等。可以说，这种全新的开发方式将 Web 前端应用开发提升到了一个全新的高度，并且符合将前后端分离开来进行独立设计的大趋势。

Web 前端的自动化构建工具有很多种，其中最著名的就是 Webpack 模块化打包器工具，它也是目前 Web 前端开发中最流行的工具之一。Webpack 的功能十分强大，设计了"入口（entry）""输出（output）""加载器（loader）"和"插件（plugins）"这四个概念，以递归方式构建出一个应用程序主要资源的依赖关系图，并将 JavaScript 模块打包成一个或多个"包（bundle）"。

由于本书不是专门介绍 Webpack 工具的（感兴趣的读者可以参考 Webpack 官网的内容），这里仅就如何使用 Webpack 工具构建 Node 应用进行简单介绍，过程如下：

（1）创建 Node 应用程序目录，并进入该目录，命令行如下：

```
mkdir vueprojects && cd vueprojects
```

（2）通过 npm 命令进行初始化项目的操作，命令行如下：

```
npm init -y
```

npm 就是包管理工具命令，参数 init 表示进行 Node 应用项目的初始化操作。该命令参数会生成一个 package.json 配置文件，用于描述该项目的详细配置信息。如果再添加-y 参数，则表示项目使用默认的配置参数（省去了人工配置的过程），效果如图 1.28 所示。

图 1.28　通过"npm init -y"命令初始化项目

图 1.28 所示的命令行中显示出生成的 package.json 文件内容，这些信息都是默认生成的，后期用户可以自行修改。

（3）通过 npm 命令在本地安装 Webpack 开发包，命令如下：

```
npm install webpack webpack-cli --save-dev
```

在 npm 命令中使用参数 install 表示安装第三方开发包，后面指定了开发包的名称"webpack"和"webpack-cli"。其中，webpack-cli 是 webpack 的命令行工具，也就是在命令行中可以支持使用 Webpack。另外，使用参数"--save-dev"表示该安装包为调试开发时的依赖项，信息会记录到 package.json 文件中的 devDependencies 子项中，后期项目发布时不需要这些安装包。安装过程需要一些时间，请耐心等待。安装效果如图 1.29 所示。

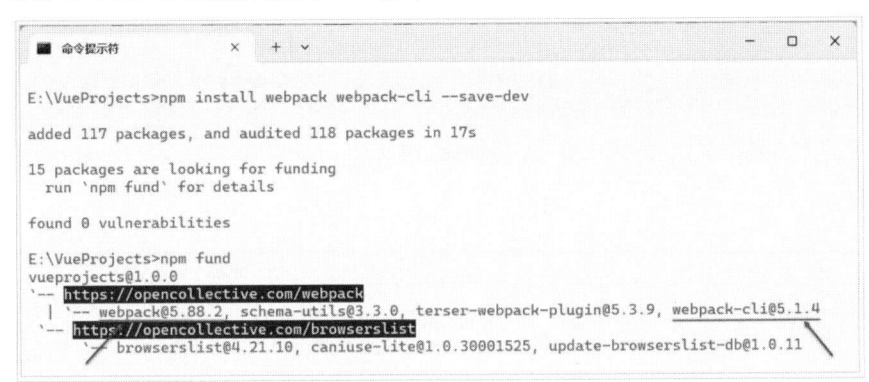

图 1.29　通过 npm 命令安装 Webpack

如图 1.29 中的箭头和标识所示，已经成功安装了 webpack@5.88.2 和 webpack-cli@5.1.4 开发包，其中"@"符号后面标识的是开发包的版本号。

至此，通过 Webpack 工具构建 Node.js 应用程序框架就基本完成了。

1.3.3　通过 Visual Studio Code 开发调试 Node 应用

目前，有多种开发工具可以支持 Node.js 应用的开发，比如 jetBrains WebStorm、Eclipse、Visual Studio Code 等。这些开发工具原则上是"条条大路通罗马"的，相互间各有优势，并无优劣之分。在本书中，我们选择 Visual Studio Code 开发工具，其中一个原因也是为了配合后面讲解 Vue.js 的相关内容。

下面，通过 VS Code 打开刚刚创建的 Node 应用目录（vueprojects），效果如图 1.30 所示。

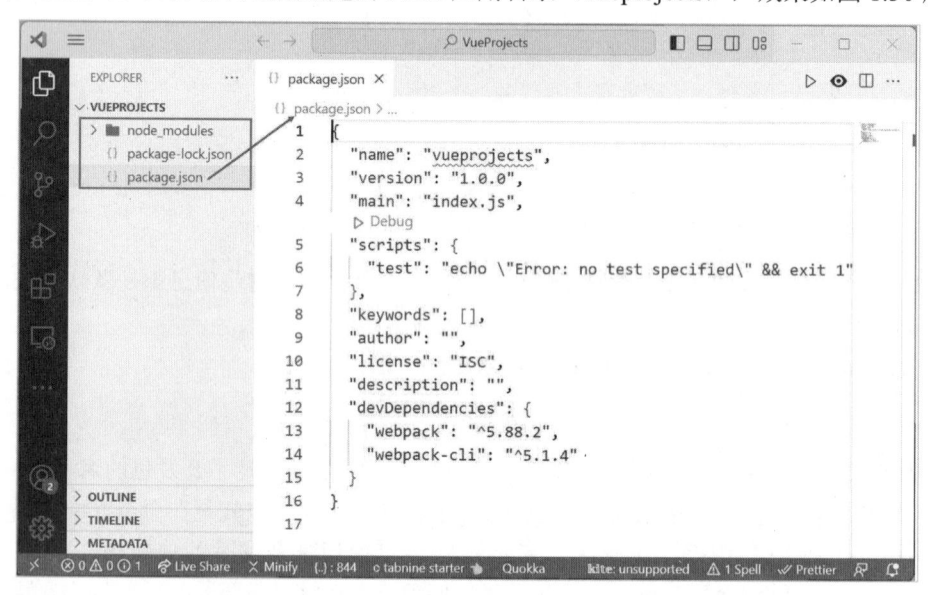

图 1.30　通过 Visual Studio Code 管理 Node 应用（1）

查看图 1.30 左上方的方框标识，里面显示了 Node 应用的目录结构，具体内容如图 1.31 所示。

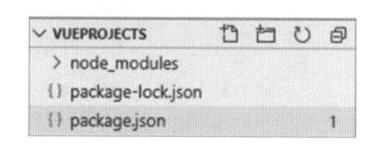

node_modules 目录存放了通过 npm 命令安装的各种开发包，里面不仅有刚刚安装的 webpack 和 webpack_cli 开发包，还包括了整个 Node 生态系统必要的依赖项。因此，node_modules 目录的体积通常有一个较大的数量级，这点也算是 Node 生态系统的不足之处。

图 1.31　通过 Visual Studio Code 管理 Node 应用（2）

再次返回图 1.30 所示的窗口，打开的是 package.json 配置文件，内容如下：

【代码 1-2】

```
01  {
02    "name": "vueprojects",
03    "version": "1.0.0",
04    "description": "",
05    "main": "index.js",
06    "scripts": {
07      "test": "echo \"Error: no test specified\" && exit 1"
08    },
09    "keywords": [],
```

```
10    "author": "",
11    "license": "ISC",
12    "devDependencies": {
13      "webpack": "^5.88.2",
14      "webpack-cli": "^5.1.4"
15    }
16  }
```

【代码说明】

- 第02行代码中的"name"字段标识的是该项目的名称（vueprojects）。
- 第03行代码中的"version"字段标识的是该项目的版本号（1.0.0）。
- 第05行代码中的"main"字段标识的是该项目的主入口脚本文件。
- 第06行代码中的"scripts"字段用于执行自定义脚本命令。这里定义"test"参数，就相当于执行"npm run test"脚本命令。
- 第12～15行代码中的"devDependencies"字段用于定义开发调试阶段安装的依赖项，其中第13、14行代码定义的依赖项印证了之前的安装命令（npm install webpack webpack-cli --save-dev）。

以上关于 package.json 配置文件的内容都是最基本的。功能越复杂，安装依赖项越多，package.json 配置文件的信息也会随之增加。

另外，还有一个package-lock.json配置文件，这个文件是在npm v5版本以后新增加的功能。在通过 npm install 命令安装开发包后会自动生成该文件，该文件锁定了当前安装的小版本号。因此，当用户再次使用 npm install 命令后，就可以避免通过 package.json 配置文件将开发包升级到最新版本，从而有效地避免了因为版本升级带来的各种依赖冲突。但是，若用户真想升级到最新版本或某个指定版本，则必须在开发包名称后使用"@latest"或"@版本号"来执行指定版本号的升级。

下面具体介绍如何开发一个基本的Node应用程序，该程序实现了一个简单的、基于Node框架的 Web 服务器。

步骤01 在应用程序根目录下创建一个HTML 5页面文件（index.html），我们通过Visual Studio Code 开发工具来实现该操作。在应用程序根目录（vueprojects）上单击"新建文件"图标，效果如图 1.32 所示。

图 1.32　通过 Visual Studio Code 新建 HTML 页面文件（1）

单击"新建文件"图标后会自动创建一个文件。注意，这个文件没有名称，也没有文件类型后缀，全部需要设计人员手动输入（index.html），这点可能与其他开发平台差异比较大。因此，该新建文件是一个空白的HTML5网页，如图 1.33 所示。

图 1.33　通过 Visual Studio Code 新建 HTML 页面文件（2）

新建的 index.html 网页全部空白，没有一行默认生成的代码。此时，读者如果质疑 Visual Studio Code 开发工具，那就大错特错了。Visual Studio Code 为设计人员提供了很强大的自动代码生成功能，下面演示如何操作。

在空白页面最开始处输入字符"!"，会弹出一个快捷输入方式，如图 1.34 所示。

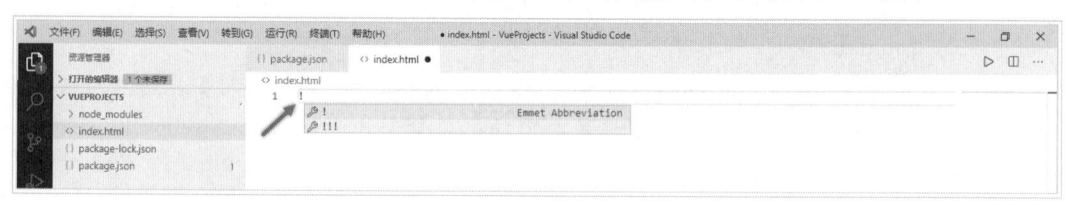

图 1.34　通过 Visual Studio Code 新建 HTML 页面文件（3）

如图 1.34 中箭头所示，此时会弹出一个快捷输入方式，里面的列表菜单中有一个 "!" 选项。注意，后面的提示信息为 "Emmet Abbreviation"，说明该功能是由 Emmet 插件所提供的。这个 Emmet 插件可谓是大名鼎鼎，在很多集成开发工具或轻量级代码编辑器中都有其身影，是一款非常好用的代码自动生成工具。因此，Visual Studio Code 就将 Emmet 插件内置其中，用户不用再单独安装该插件了。

下面看一下 Emmet 插件的使用方法，选中"!"选项后直接按回车键或 Tab 键，效果如图 1.35 所示，Emmet 插件直接在 index.html 文件中自动生成了一个 HTML 5 网页模板。

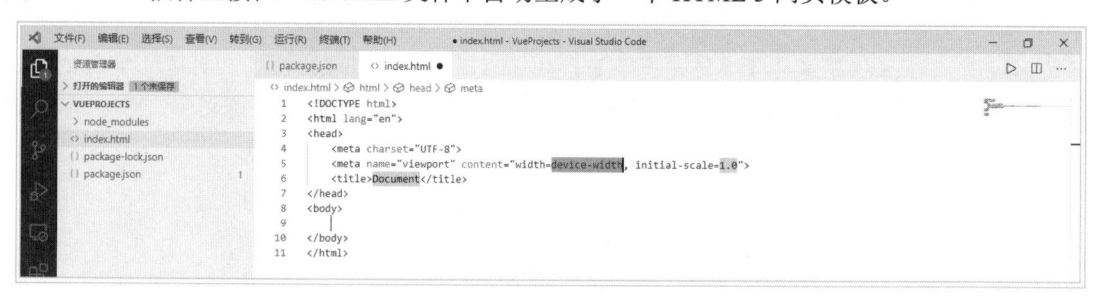

图 1.35　通过 Visual Studio Code 新建 HTML 页面文件（4）

步骤 02　在应用程序根目录下创建一个 src 子目录，在该子目录下新建一个 JavaScript 脚本文件（index.js），方法同图 1.32 所示。在 index.js 脚本文件中输入如下代码：

【代码 1-3】

```
01  document.write('Hello Node!');
```

【代码说明】

- 第01行代码通过调用document对象的write()方法向页面中写入一行信息。

步骤03 对 index.html 页面代码进行适当修改,将 index.js 脚本文件在 index.html 页面文件中进行引用,代码如下:

【代码 1-4】

```html
01  <!DOCTYPE html>
02  <html lang="en">
03  <head>
04      <meta charset="UTF-8">
05      <meta name="viewport" content="width=device-width, initial-scale=1.0">
06      <title>Document</title>
07  </head>
08  <body>
09      <script src="./src/index.js"></script>
10  </body>
11  </html>
```

【代码说明】

- 在第09行代码中通过<script>标签引入了index.js脚本文件。

步骤04 更新 package.json 配置文件的内容,代码如下:

【代码 1-5】

```json
01  {
02    "name": "vueprojects",
03    "version": "1.0.0",
04    "description": "",
05    "private": true,
06    "scripts": {
07      "test": "echo \"Error: no test specified\" && exit 1"
08    },
09    "keywords": [],
10    "author": "",
11    "license": "ISC",
12    "devDependencies": {
13      "webpack": "^5.88.2",
14      "webpack-cli": "^5.1.4"
15    }
16  }
```

【代码说明】

- 在第05行代码中添加private参数,确保安装包是私有的(private);同时,移除main入口,防止意外发布应用代码。

步骤05 此时就可以简单地测试一下该 Node 应用了,最直接的方法就是在浏览器中运行

index.html 页面文件，效果如图 1.36 所示。

如图中的箭头所示，浏览器页面中显示了 index.js 脚本代码执行的结果。不过，虽然 Node 应用被正确执行了，但远没有发挥出 Webpack 工具的能力。下面，我们通过 Webpack 重构一下这个 Node 应用。

步骤 06 创建"分发（dist）"目录结构。

这里需要调整一下原始的目录结构，将"源（src）"代码从"分发（dist）"代码中分离出来。根据 Webpack 定义的规范，"源（src）"代码是开发时使用的代码，"分发（src）"代码是构建过程产生的代码最小化和优化后的"输出（output）"目录，用于在浏览器中展示给终端用户。

具体操作还是在 Visual Studio Code 工具下完成，效果如图 1.37 所示。

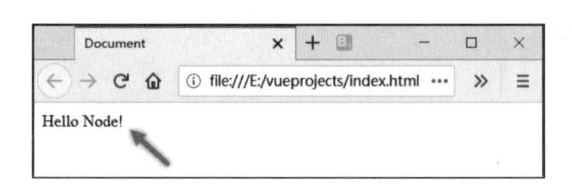

图 1.36 在浏览器中运行 HTML 页面 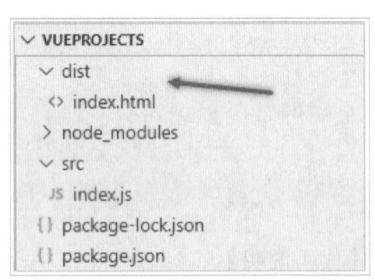　　图 1.37 创建"分发（dist）"目录结构

如上图中的箭头所示，我们还需要将 index.html 页面文件移入"分发（dist）"目录，以便于后期调试运行。

步骤 07 修改完善 index.js 脚本文件和重新更新 index.html 页面文件。

将直接在页面文档写入（document.write()方法）文本的方式，替换为通过分区（div）标签插入文本的方式。另外，这里需要借助 Lodash 插件来完成该任务。Lodash 是一个高性能的、模块化的 JavaScript 实用工具库，它简化了数组、字符串和对象等类型的操作难度，在业内十分受欢迎。Lodash 插件的使用方法有以下 3 种：

① 直接引用方式：

```
<script src="lodash.js"></script>
```

② CDN 方式：

```
<script src="https://unpkg.com/lodash@4.17.5"></script>
```

③ 本地安装方式：

```
npm install --save lodash        // --save 表示为生产环境
```

以上 3 种方式均可行，但从 Node 应用的角度看，推荐使用第 3 种方式。Lodash 本地安装的过程如图 1.38 所示。

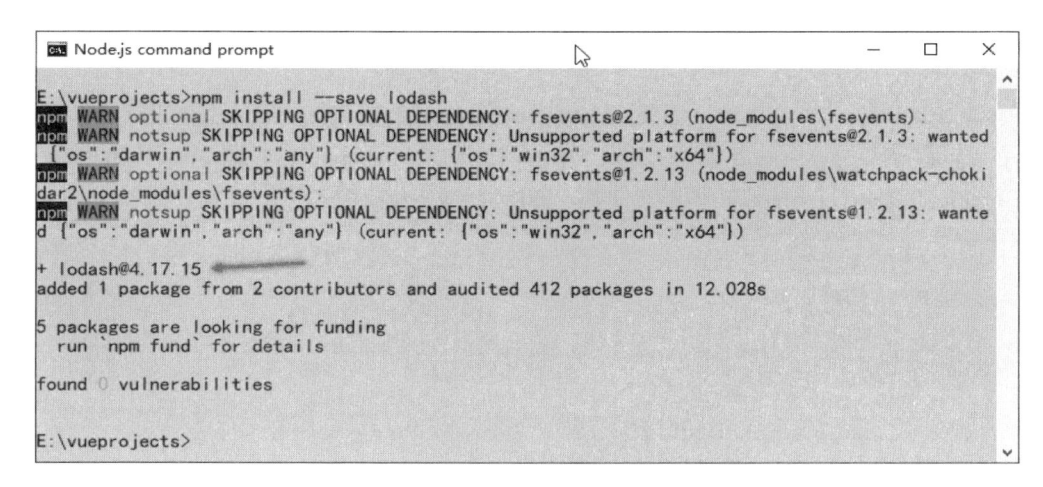

图 1.38　安装 Lodash 库

如图 1.38 中的箭头所示，默认安装的是 Lodash 库的最新稳定版（4.17.15）。另外，在第 2 种"CDN 方式"中，安装一般都是最新的稳定版。

接下来，修改一下 index.js 脚本文件，修改后的代码如下：

【代码 1-6】

```
01  import _ from 'lodash';
02  /**
03   * func - create div component
04   */
05  function divComp() {
06      var eleDiv = document.createElement('div');
07      // TODO: use Lodash '_' to join string.
08      eleDiv.innerHTML = _.join(['Hello', 'Webpack', '!'], ' ');
09      // TODO: return element div
10      return eleDiv;
11  }
12  // TODO: append div to body
13  document.body.appendChild(divComp());
```

【代码说明】

- 在第 01 行代码中，通过 import 方式导入已安装的 Lodash 模块，并将模块命名为 "_"（Lodash 通用命名方式）。
- 第 05～11 行代码定义一个 divComp() 方法，用于创建一个分区（div）标签元素，然后在该标签元素内插入文本信息。具体内容如下：
  - 在第 06 行代码中，通过 document 对象调用 createElement() 方法创建一个分区（div）标签元素（eleDiv）。
  - 在第 08 行代码中，通过 "_" 调用 join() 方法连接一组字符串，并定义为分区（eleDiv）标签元素的 innerHTML 属性。
  - 在第 10 行代码中，返回创建好的分区（eleDiv）标签元素。
- 在第 13 行代码中，通过 document 对象的 appendChild() 方法，将刚刚创建的分区（eleDiv）元素追加到body元素中，实现在页面中输入文本的效果。

在修改好index.js脚本文件后，还要修改一下index.html页面文件。因为现在需要通过Webpack工具打包合成脚本文件，所以需要加载分发（dist）目录中的bundle（包）脚本文件（main.js），这里就不再需要加载src目录的原始脚本文件了。index.html页面文件修改后的代码如下：

【代码 1-7】

```
01  <!DOCTYPE html>
02  <html lang="en">
03  <head>
04      <meta charset="UTF-8">
05    <meta name="viewport" content="width=device-width, initial-scale=1.0">
06      <title>Document</title>
07  </head>
08  <body>
09      <!--<script src="./src/index.js"></script>-->
10      <script src="main.js"></script>
11  </body>
12  </html>
```

【代码说明】

- 在第09行代码中，注释了通过<script>标签引入的index.js脚本文件。
- 在第10行代码中，通过<script>标签引入了main.js脚本文件。

步骤 08　通过Webpack工具打包Node应用。

通过执行Webpack打包命令，将index.js脚本作为入口起点，打包合并输出main.js脚本文件。命令如下：

```
npx webpack
```

npx命令是从npm 5.2+版本开始提供的命令，可以自动执行npm包内的二进制安装文件。npx webpack命令的执行过程，如图1.39所示。

如上图中的箭头所示，通过Webpack打包后自动生成了main.js脚本文件。至于后面的警告信息先不用理会，后续会通过相关配置消除该警告信息。

接下来，返回VS Code的项目源代码目录（dist）看一下有没有什么变化，效果如图1.40所示。

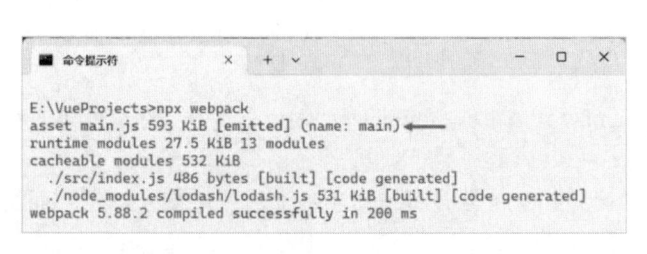

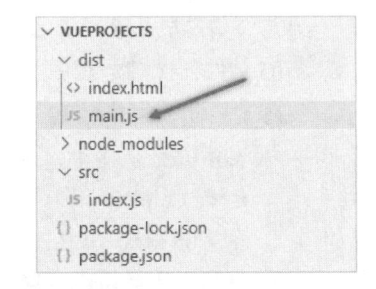

图1.39　通过Webpack打包Node应用　　　图1.40　更新"分发（dist）"目录结构

如图1.40中的箭头所示，在"分发（dist）"目录下自动生成了一个main.js脚本文件，这就是通过 Webpack 工具打包生成的 bundle 包文件。下面，让我们见识一下这个 main.js 脚本文件的庐山真面目，如图 1.41 所示。

图 1.41　在浏览器中运行 HTML 页面

main.js 脚本文件是一个经过代码压缩的打包文件（提高运行速度），但代码阅读起来是相当有难度的。另外，还可以看到 main.js 脚本文件将 Lodash 包也一起合并压缩进去了。

步骤 09 再次测试这个 Node 应用，在浏览器中打开 index.html 页面文件，效果如图 1.42 所示。

图 1.42　在浏览器中运行 HTML 页面

如图 1.42 中的箭头所示，浏览器页面中显示了 index.js 脚本代码第二次更新修改后的执行结果（Hello Webpack!），说明经过 Webpack 工具打包后生成的 main.js 脚本文件被正确运行了。

步骤 10 使用 Webpack 配置文件。

细心的读者可能会发现上面的"步骤 08"有些奇怪，在 Webpack 打包过程中似乎隐藏了一些细节，在 main.js 脚本文件中看不到具体配置信息。其实，这是通过 Webpack 工具的默认配置完成的，而它对于简单的应用通常不需要配置。

但是，Webpack 工具有一个配置文件（webpack.config.js），在应对较为复杂的 Node 应用时就可以派上用场。在应用 Webpack 工具时，通过使用配置文件（webpack.config.js）可以有效地避免在命令行终端中手动输入大量烦琐的命令，通过自动化的方式完成压缩、合并和打包等复杂操作。

Webpack 配置文件（webpack.config.js）一般放置在 Node 应用的根目录下，与 Node 应用配置文件（package.json）处于同一级，效果如图1.43所示。

如图1.43中的箭头所示，Webpack配置文件（webpack.config.js）放置于Node应用（vueprojects）根目录下。

下面简单配置一下Webpack配置文件（webpack.config.js），代码如下：

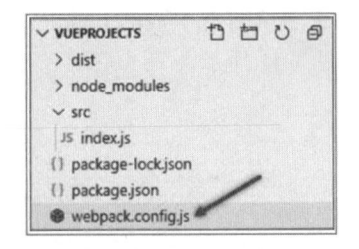

图1.43　Webpack配置文件——webpack.config.js

【代码1-8】

```
01  const path = require('path');
02  /**
03   * module : exports
04   */
05  module.exports = {
06    entry: './src/index.js',
07    output: {
08      filename: 'bundle.js',
09      path: path.resolve(__dirname, 'dist')
10    },
11    mode: 'development'
12  };
```

【代码说明】

- 在第06行代码中，通过entry参数配置Webpack工具打包的入口（index.js脚本文件的路径）。
- 在第07行代码中，通过output参数配置Webpack工具打包的出口，具体内容如下：
  - 在第08行代码中，通过filename参数配置打包后的出口脚本文件的名称（bundle.js）。
  - 在第09行代码中，通过path参数解析打包后的出口文件路径。
- 在第11行代码中，通过mode参数配置打包模式（development表示开发模式，该模式会对脚本代码进行压缩）。

步骤11　重新配置package.json配置文件。

在原始package.json配置文件中的scripts节点下添加一个build参数，具体脚本代码如下：

【代码1-9】

```
01  {
02    "name": "vueprojects",
03    "version": "1.0.0",
04    "description": "",
05    "private": true,
06    "scripts": {
07      "test": "echo \"Error: no test specified\" && exit 1",
08      "build": "webpack"
09    },
10    "keywords": [],
11    "author": "",
```

```
12    "license": "ISC",
13    "devDependencies": {
14      "webpack": "^4.43.0",
15      "webpack-cli": "^3.3.11"
16    },
17    "dependencies": {
18      "lodash": "^4.17.15"
19    }
20  }
```

【代码说明】

- 在第08行代码中,新添加了一个build参数,参数值指向webpack命令。

步骤 12 再次修改 index.js 脚本文件和 index.html 页面文件。

修改后的 index.js 脚本文件代码如下:

【代码 1-10】

```
01  import _ from 'lodash';
02  //func - create div component
03  function divComp() {
04      var eleDiv = document.createElement('div');
05      // TODO: use Lodash '_' to join string.
06      eleDiv.innerHTML = _.join(['Hello','Webpack','&','NodeJS','!'],' ');
07      // TODO: return element div
08      return eleDiv;
09  }
10  // TODO: append div to body
11  document.body.appendChild(divComp());
```

【代码说明】

- 在第06行代码中,通过Lodash插件库重新连接了一组字符串,用于在页面中进行显示。

由于在 Webpack 配置文件（webpack.config.js）中重新定义出口脚本文件（bundle.js）,因此还要再修改一下 index.html 页面文件,修改后的代码如下:

【代码 1-11】

```
01  <!DOCTYPE html>
02  <html lang="en">
03  <head>
04      <meta charset="UTF-8">
05      <meta name="viewport" content="width=device-width, initial-scale=1.0">
06      <title>Document</title>
07  </head>
08  <body>
09      <!--<script src="./src/index.js"></script>-->
10      <!--<script src="main.js"></script>-->
11      <script src="bundle.js"></script>
12  </body>
```

```
13  </html>
```

【代码说明】

- 在第10行代码中，再次注释了通过<script>标签引入的main.js脚本文件。
- 在第11行代码中，通过<script>标签引入了bundle.js脚本文件。

步骤13 再次通过 Webpack 工具打包 Node 应用。

由于在package.json配置文件的script节点中重新定义脚本执行命令，因此需要输入新的命令来执行 Webpack 打包操作，命令如下：

```
npm run build         // build parameter is defined in package.json
```

上面命令行中的 build 参数是在 package.json 配置文件中定义的，读者可以返回去参考一下。

关于 npm run build 命令的执行过程，如图 1.44 所示。

如图 1.44 中的箭头所示，通过 Webpack 打包后自动重新生成了 bundle.js 脚本文件。另外可以注意到，警告信息已经不见了，这是因为在【代码1-8】中的第 11 行代码中添加了 mode 参数。

下面，我们再次返回 Visual Studio Code 开发工具的源代码目录（dist）看一下有没有什么变化，效果如图 1.45 所示。

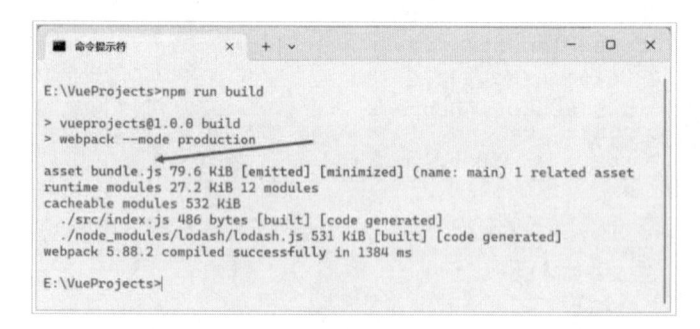

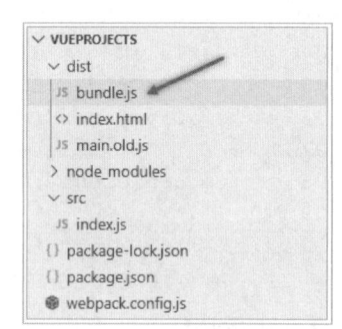

图 1.44　通过 Webpack 配置文件打包 Node 应用　　图 1.45　再次更新"分发（dist）"目录结构

如图 1.45 中的箭头所示，在"分发（dist）"目录下自动生成了一个 bundle.js 脚本文件，这就是通过 Webpack 工具配置文件重新打包生成的 bundle 包文件。这个重新生成的 bundle.js 脚本文件是符合 ES 6 标准规范的，由于代码比较长，这里就不做演示了。

步骤14 此时可以再次测试一下这个 Node 应用，仍旧是在浏览器中运行 index.html 页面文件，效果如图 1.46 所示。

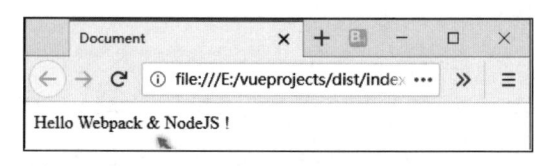

图 1.46　在浏览器中运行 HTML 页面

如图 1.46 中的箭头所示，浏览器页面中显示了 index.js 脚本代码第三次更新修改后的执行结果（Hello Webpack & NodeJS!），说明通过 Webpack 工具配置文件打包后生成的 bundle.js 脚本文件被正确运行了。

步骤 15 通过 webpack-dev-server 插件实现 Node 应用热加载。

Webpack 工具的打包功能固然十分强大，不过相信读者也发现了每次的打包操作都需要手动进行，之后的页面测试过程也很粗放（直接运行 HTML 页面）。于是，研发人员为了配合 Webpack 工具就设计了一个 webpack-dev-server 插件，可以实现 Node 应用的自动打包和热加载功能。webpack-dev-server 插件的安装方法与 webpack 方式一致，命令如下：

```
npm install webpack-dev-server --save-dev
```

安装完毕后，还需要在 package.json 配置文件的 script 节点中，新增一个 dev 参数，配置信息为插件名称（webpack-dev-server）。

然后，通过直接运行 npm run dev 命令就可以进行打包操作了，效果如图 1.47 所示。

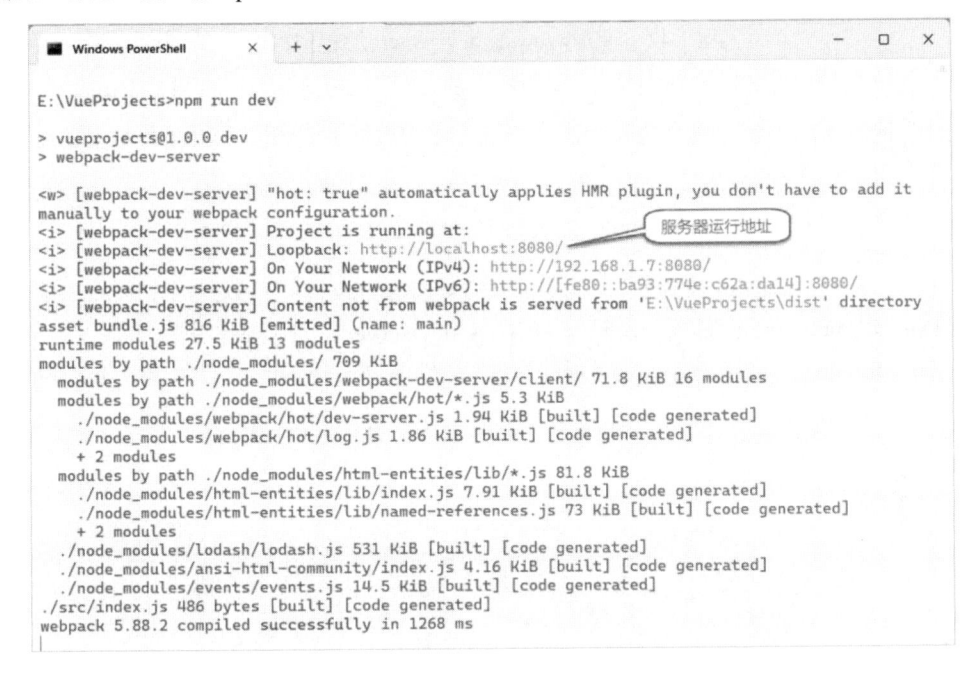

图 1.47　再次运行 npm run dev 命令进行打包

如图 1.47 中的标识所示，命令行终端中给出了 Node 应用服务端运行地址的提示信息（http://localhost:8080/）。通过浏览器直接访问该地址就能测试该项目了，效果如图 1.48 所示。

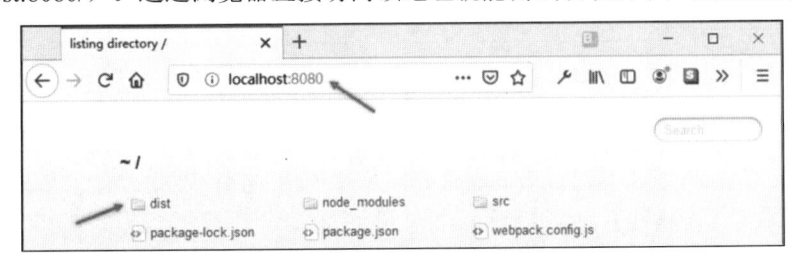

图 1.48　在浏览器中测试 Node 应用

如图 1.48 中的箭头所示，页面打开后显示的并不是预期的运行效果，而是项目的目录结构。这里，需要再次单击"分发（dist）"目录才可以运行 index.html 页面。

下面，我们体验一下 webpack-dev-server 插件的热加载功能。具体方法就是修改更新一下源文件（index.js）代码，然后注意观察一下命令行终端的变化，如图 1.49 所示。

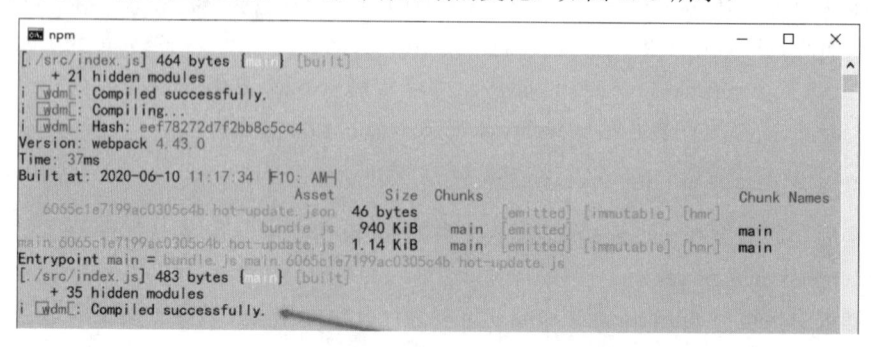

图 1.49　通过 webpack-dev-server 实现热加载

如图 1.49 中的箭头所示，在没有经过手动命令操作的情况下，webpack-dev-server 插件重新编译了源文件，这就是所谓的"热加载"功能。不过，比较遗憾的是浏览器页面并不会随之更新，需要手动操作来完成更新显示。

步骤16　配合 HotModuleReplacementPlugin 插件实现 Node 应用热更新。

为了解决 webpack-dev-server 插件无法实现热更新操作的问题，可以使用 Webpack 工具自带的 HotModuleReplacementPlugin 插件，来配合 webpack-dev-server 插件完成热更新功能。

使用 HotModuleReplacementPlugin 插件时，需要在 Webpack 配置文件（webpack.config.js）中增加 plugins 节点的配置，代码如下：

```
plugins: [
   new webpack.HotModuleReplacementPlugin()
]
```

然后，再次尝试修改更新一下源文件（index.js）代码，注意观察浏览器页面的变化，如图 1.50 所示。

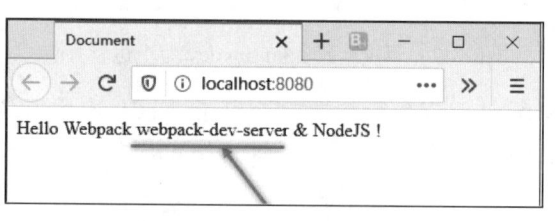

图 1.50　浏览器页面热更新

如图 1.50 中的箭头所示，浏览器页面的内容通过"热更新"功能进行了自动更新。至此，关于使用 Visual Studio Code 开发工具通过 Webpack 开发 Node 应用的基本方法，这里就基本介绍完成了，希望读者能熟练掌握这个集成开发工具。

第 2 章

Vue.js 基础介绍与环境搭建

Vue.js（发音：/vju:/）是一个用于构建用户界面的渐进式 JavaScript 框架，是较早提出采用"自底向上、逐层设计"方式进行 Web 前端应用开发的开源框架。目前，随着 Vue.js 框架的不断完善与日趋成熟，它已经可以与 Angular 框架和 React 框架"平起平坐"了。因此，Angular、React 和 Vue.js 这三大前端开发框架并称为 Web 前端设计框架的"三驾马车"。

本章针对 Vue.js 框架进行整体介绍，包括 Vue.js 的基础知识、发展历史、环境搭建以及基本开发方法等方面的内容，目的是为后面详细讲解 Vue.js 开发做好前期铺垫。

通过本章的学习可以：

- 掌握Vue.js基础知识。
- 掌握Vue.js发展历史及性能特点。
- 掌握Vue.js开发环境搭建及简单应用的开发。

2.1　Vue.js 基础

本节介绍 Vue.js 的基础知识、发展历史、组织架构以及具体应用等方面的内容。

2.1.1　Vue.js 简介

Vue.js 是一个用于构建用户界面的渐进式 JavaScript 框架，采用了"自底向上、增量开发"的设计方式。Vue.js 的核心是只关注视图层，便于与第三方库或既有项目进行整合。细心的读者会发现，这几句话里面提到了几个关键词汇，如"渐进式""自底向上、增量开发""视图层"，下面就这几个概念展开讲解一下。

首先，这个"渐进式"的概念就比较新颖，那么它具体是什么含义呢？所谓"渐进式"就是一开始不需要设计人员完全掌握框架的全部功能特性，可以放到后续步骤中逐步完成，这样就实现了每一步都可以更专注于当前的任务。从本质上讲，这就是设计模式上的优化与进步。而与 Vue.js

框架相对应的 Angular 框架和 React 框架，均不是严格意义上的渐进式框架，均具有一定程度上的个性化及排他性。

其次，"自底向上、增量开发"这个概念主要描述的是设计方式。这种设计方式的思路就是，先设计好基础骨架，然后逐步向上扩充，完善功能和效果。采用"自底向上、增量开发"的设计方式，可以有效地提高开发效率，避免不必要的重复工作。

最后，这个"视图层"的概念指的就是著名的 MVVM 架构模型中的 View 层。Vue.js 是一个基于 MVVM（Model-View-ViewModel）架构模型实现了"双向数据绑定"功能的前端 JavaScript 库，其关注的核心点就是 View 层。另外，这里提到的关于 MVVM 架构模型和"双向数据绑定"的内容，会在 2.1.3 节和 2.1.4 节中详细介绍。

2.1.2 Vue.js 发展历史

Vue.js 最早发布于 2014 年左右，开发者是曾在 Google 工作的中国籍开发人员——尤雨溪。根据作者本人的描述，Vue.js 框架的定位就是为前端开发者提供一个低门槛、高效率，又同时能够伴随用户成长的前端框架。

Vue.js 框架的发展历程主要如下：

（1）实验（experiment）阶段（2013 年中~2014 年 2 月）。
（2）0.x 版本阶段（2014 年 2 月~2015 年 10 月）。
（3）1.x 版本阶段（2015 年 10 月~2016 年 9 月），发行版名称为"Evangelion"。
（4）2.x 版本阶段（2016 年 9 月~2019 年 10 月），发行版名称为"Ghost in the Shell"。
（5）3.x 版本阶段（2019 年 10 月~至今），引入了全新的响应式框架，提供了更好的 TypeScript 语言支持。

关于 Vue.js 框架以上几个版本更新发展的过程，大致介绍如下：

在早期 0.x 版本阶段，内容更新主要集中在 Vue 模版语法上。而在 1.x 版本阶段期间，模版语法就日趋稳定了。在 2.x 版本阶段，内容更新专注于内部的渲染机制功能，这期间引入了著名的 Virtual DOM 机制，从而实现了服务端渲染、原生渲染、手写渲染函数等强大的设计功能。目前，3.x 版本已完成并处于快速的迭代开发过程中，更新目标主要集中于利用 ES 6（ECMAScript 2015）版本的新特性、改进内部架构，以及性能优化等方面。截止笔者完成本书的写作，Vue.js 框架最新版本为 v3.4，Vue 官网已经建议开发者迁移到 Vue 3 版本中，本书中的 Vue 代码应用就是基于最新的 v3.4 版本。

2.1.3 Vue.js 与 MVVM 架构模型

软件设计的架构模型往往决定着一个开发框架的特性与性能，就好比基因对于人类具有决定性因素一样。架构模型从 MVC 到 MVP，再到 MVVM，每一步都体现了开发人员对于设计模式的不断完善。

MVVM 架构本质上就是 MVC 架构的改进版。MVC 架构可谓大名鼎鼎，相信大多数读者在刚开始接触架构模型时学习的就是该架构。从 MVVM 架构模型的命名来看，Model-View-ViewModel 中的 Model（模型）和 View（视图）沿用了下来，改变的就是 Controller（控制器）被 ViewModel

替换了。那么，ViewModel 代表什么概念？Vue.js 借鉴了 MVVM 的什么设计理念呢？

ViewModel 在 MVVM 中负责在 Model（模型）和 View（视图）中间的桥接工作，当 Model（模型）改变时，通过 ViewModel 通知 View（视图），反之亦然。Vue.js 框架专注于 View（视图层），将视图的状态和行为抽象化，并于业务逻辑分开来设计。Vue.js 虽然没有完全照搬 MVVM 模型，但对于 ViewModel 的设计有独到之处。当 View（视图）改变时会触发事件，通过 ViewModel 负责监听事件并同步更新 Model（模型）。

2.1.4 双向数据绑定

Vue.js 框架实现的一项核心功能就是"双向数据绑定"，所谓双向数据绑定就是指 View（视图）和 Model（模型）的数据相互同步。

Vue.js 框架是基于 MVVM 架构设计的。为了实现 View（视图）和 Model（模型）的数据相互同步，Vue.js 会通过 DOM Listeners 来监听并改变 Model（模型）中的数据；当 Model（模型）中的数据发生改变时，会通过 Data Bingings 来监听，并改变 View（视图）中数据的展示。这一点也正是 MVVM 架构对"双向数据绑定"的支持。

在 Vue.js 框架底层，通过使用 JavaScript Object 对象的 defineProperty()方法，重新定义对象获取属性值和设置属性值的方法，从而实现"双向数据绑定"操作。因此，其原理仍旧是通过 JavaScript 方式实现的。

2.1.5 Vue.js 特点

Vue.js 是一款基于数据驱动思想开发的 JavaScript 框架，下面总结一下 Vue.js 框架的几个主要特点。

- Vue.js是基于MVVM架构设计的、一套用于构建用户浏览器界面的、渐进式的前端Web框架。
- Vue.js是基于数据驱动思想开发的JavaScript框架，实现了在尽可能的条件下最大程度地减少繁杂的DOM操作。
- Vue.js开发了一套自己的模板语言，采用虚拟DOM的方式渲染HTML页面，实现了将前后端进行分离的开发方式。
- Vue.js的核心库只关注视图层，同时借助MVVM架构的特点实现了"双向数据绑定"的核心功能。
- Vue.js只聚焦于视图层，具备能力实现单文件组件以及相对复杂的单页面应用。
- Vue.js是一个轻巧的、高性能的、可组件化的JavaScript框架，设计了易于学习的API方法，能够非常方便地与其他前端库进行有效整合。

2.2 Vue.js 快速开发环境

本节主要介绍在 Windows 10/11 系统平台下，如何通过普通的代码编辑器搭建 Vue.js 框架的快速开发环境。

2.2.1 直接通过<script>引入本地 Vue.js

Vue.js 框架本质上还是一个 JavaScript 开发库，因此仍旧可以直接通过<script>标签引入本地的 Vue.js 文件，这也是最原始的开发方式。如果读者打算使用该方式，就需要将 Vue.js 库文件下载到本地。

首先，访问 Vue.js 的中文官方网站（https://cn.vuejs.org/），在介绍"安装"方法的页面中可以找到 Vue.js 的库文件。Vue.js 库文件包含两个版本，分别是"开发版本"和"生产版本"。"开发版本"的下载地址为 https://cdnjs.cloudflare.com/ajax/libs/vue/3.3.13/vue.cjs.js，该版本包含完整的警告信息和调试模式。"生产版本"的下载地址为 https://cdnjs.cloudflare.com/ajax/libs/vue/3.3.13/vue.cjs.min.js，该版本删除了相关警告信息（体积更小、运行更快），用于最终打包发布时使用。

提示：一般情况下，JavaScript 库文件为了区分"开发版本"和"生产版本"，会在"生产版本"的文件名中加入"min"字符串以示区别。

下面创建一个简单的 Vue 单页面文件，就是在 HTML5 页面中直接引入 Vue.js 库文件，在页面中输出一行简单的欢迎信息（"Hello Vue.js!"），代码如下：

【代码 2-1】（详见源代码 hellovue 目录中的 hellovue-script.html 文件）

```
01  <!DOCTYPE html>
02  <html lang="en">
03  <head>
04    <meta charset="UTF-8">
05    <meta name="viewport" content="width=device-width, initial-scale=1.0">
06    <script src="vue.min.js"></script>
07    <title>Hello Vue.js</title>
08  </head>
09  <body>
10    <div id="app">
11      {{ message }}
12    </div>
13    <script>
14      var vApp = new Vue({
15        el: '#app',
16        data: {
17          message: 'Hello Vue.js!'
18        }
19      })
20    </script>
21  </body>
22  </html>
```

【代码说明】

- 在第06行代码中，通过<script>标签引入了本地的vue.min.js库文件。
- 在第10~12行代码中，通过<div>标签定义一个分区元素及其id属性值（id="app"）。第11行代码中的双花括号（{{ }}）是Vue.js框架专用的模板语法（Mustache语法），双花括号内的message为数据绑定对象。（后文中会对Vue.js语法专门进行系统的介绍）

- 第13～20行代码定义的是Vue.js脚本语言，通过new Vue()构造函数实例化Vue对象，这是创建Vue对象的入口。具体内容如下：
  - 第15行代码通过el属性绑定DOM元素（"#app"），注意"#"前缀标识符的使用。
  - 第16～18行代码通过data属性定义具体数据，第17行代码定义的message属性对应第11行代码定义的数据绑定对象（message），从而实现将数据内容渲染到页面中指定的DOM元素上。

在上面的代码中，HTML页面代码与Vue.js脚本代码是写在同一个页面文件中的，我们可以直接通过运行浏览器进行测试，如图2.1所示。

图2.1　通过浏览器测试Vue.js代码

如图2.1中的箭头所示，【代码2-1】中第17行代码定义的message字符串信息被成功渲染到页面上了。

2.2.2　通过CDN方式引入Vue.js

对于CDN方式，相信大多数读者都比较熟悉，Vue.js框架支持多种CDN的使用方式，下面详细介绍一下这些用法。

第1种是unpkg方式（Vue官网推荐的方式），具体如下：

```
https://unpkg.com/vue@3/dist/vue.global.js                    // 注意版本号
```

第2种是cdnjs方式，具体如下：

```
https://cdnjs.cloudflare.com/ajax/libs/vue/3.3.4/vue.cjs.js   // 注意版本号
```

第3种是jsdelivr方式，具体如下：

```
https://cdn.jsdelivr.net/npm/vue@3.3.4/dist/vue.global.min.js // 注意版本号
```

以上3种方式中，推荐使用第1种Vue官方给出的unpkg方式，它相对稳定且能保证及时更新。下面，我们将【代码2-1】按照CDN方式进行改写，具体如下：

【代码2-2】（详见源代码hellovue目录中的hellovue-cdn.html文件）

```
01  <!DOCTYPE html>
02  <html lang="en">
03  <head>
04      <meta charset="UTF-8">
05      <meta name="viewport" content="width=device-width, initial-scale=1.0">
```

```
06      <script src="https://unpkg.com/vue@3/dist/vue.global.js"></script>
07      <title>Hello Vue.js</title>
08  </head>
09  <body>
10      <div id="app">
11          {{ message }}
12      </div>
13      <script>
14          const { createApp, ref } = Vue
15          createApp({
16              setup() {
17                  const message = ref('Hello Vue!')
18                  return {
19                      message
20                  }
21              }
22          }).mount('#app')
23      </script>
24  </body>
25  </html>
```

【代码说明】

- 在第06行代码中，通过<script>标签以unpkg方式引入了全局构建版本的Vue。
- 在第10～12行代码中，通过<div>标签定义一个分区元素及其id属性值（id="app"）。第11行代码中的双花括号（{{ }}）是Vue.js框架专用的模板语法（Mustache语法），双花括号内的message为数据绑定对象。
- 第13～23行代码定义的是Vue.js脚本语言，通过createApp方法实例化Vue组件，并通过setup钩子在组件中使用组合式API的入口。具体内容如下：
  ➢ 第17行代码通过ref引用定义一个字符串常量（message）。
  ➢ 第18～20行代码通过return关键字返回第17行代码定义的message常量。
  ➢ 第22行代码通过调用mount方法实现将数据内容渲染到页面中指定的DOM元素上。

读者可以自行测试一下【代码2-2】，页面效果与【代码2-1】是完全一致的。

2.2.3　兼容ES Module的方式

Vue.js官网还推荐了一种兼容ES Module的构建文件，适用于使用原生ES Modules的开发场景，具体如下：

```
<script type="module">
    import Vue from 'https://unpkg.com/vue@3/dist/vue.esm-browser.js'
</script>
```

注意代码中 type="module" 和 import 命令的使用，它们遵循的是 ECMAScript 2015 规范标准。另外，这种方式也支持使用第三方CDN源，具体如下：

```
<script type="module">
    import vue from 'https://cdn.jsdelivr.net/npm/vue@3.3.4/+esm'
```

```
</script>
```

下面，我们将【代码2-1】按照 ES Module 方式进行改写，具体如下：

【代码2-3】（详见源代码 hellovue 目录中的 hellovue-esm.html 文件）

```
01  <!DOCTYPE html>
02  <html lang="en">
03  <head>
04      <meta charset="UTF-8">
05      <meta name="viewport" content="width=device-width, initial-scale=1.0">
06      <title>Hello Vue.js</title>
07  </head>
08  <body>
09      <div id="app">
10          {{ message }}
11      </div>
12      <script type="module">
13          // import vue with ES module
14          import {createApp,ref} from 'https://unpkg.com/vue@3/dist/vue.esm-browser.js'
15          // app
16          createApp({
17              setup() {
18                  const message = ref('Hello Vue!')
19                  return {
20                      message
21                  }
22              }
23          }).mount('#app')
24      </script>
25  </body>
26  </html>
```

【代码说明】

- 在第14行代码中，通过import命令以ES Module方式引入了全局构建版本的Vue。
- 在第09~11行代码中，通过<div>标签定义一个分区元素及其id属性值（id="app"）。第10行代码中的双花括号（{{   }}）是Vue.js框架专用的模板语法（Mustache语法），双花括号内的message为数据绑定对象。
- 第16~23行代码定义的是Vue.js脚本语言，通过createApp方法实例化Vue组件，并通过setup钩子在组件中使用组合式API的入口。具体内容如下：
  - 第18行代码通过ref引用定义一个字符串常量（message）。
  - 第19~21行代码通过return关键字返回第17行代码定义的message常量。
  - 第23行代码通过调用mount方法实现将数据内容渲染到页面中指定的DOM元素上。

读者可以自行测试一下【代码2-3】，页面效果与【代码2-1】是完全一致的。

2.3　Vue.js 脚手架开发环境

本节主要介绍如何搭建 Vue.js 框架的脚手架 create-vue 开发环境，以及如何通过 Visual Studio Code 开发工具开发和调试 Vue.js 项目等方面的内容。

2.3.1　安装 Vue.js 脚手架并创建 Vue 项目

所谓"脚手架"就是为了快速搭建应用程序开发框架而设计开发的自动构建工具。在当前各种 Web 开发框架流行的今天，大部分前端开发工具和框架都设计了自己的"脚手架"工具，而最新的 Vue.js 框架的脚手架就是 create-vue 命令行工具。

Vue.js 框架自身的迭代速度很快，之前官方推荐的 vue-cli 脚手架工具已经被最新的 create-vue 工具取代了。当然，vue-cli 脚手架工具目前在 Vue 2 版本上还是可用的，不过 Vue 官网上已经发布了"Vue 2 将于 2023 年 12 月 31 日停止维护"的公告。因此，建议开发者尽快迁移到 Vue 3 版本上来。

下面，我们将介绍如何在本地通过 create-vue 工具搭建 Vue 单页应用，创建的项目将使用基于 Vite 的构建设置，并允许使用 Vue 的单文件组件（英文简称为 SFC）。这里假定读者已经熟悉并掌握了 Node 工具，具体命令如下：

```
npm create vue@latest
```

将以上命令在命令行中输入，安装效果如图 2.2 所示。

图中有一些诸如 TypeScript 和测试支持之类的可选功能提示，如果不确定是否要开启某个功能，则可以直接按回车键选择"No"不安装。

下面，我们看一下 create-vue 脚手架工具会构建一个什么样子的项目。通过 Visual Studio Code 开发工具打开项目，具体效果如图 2.3 所示。

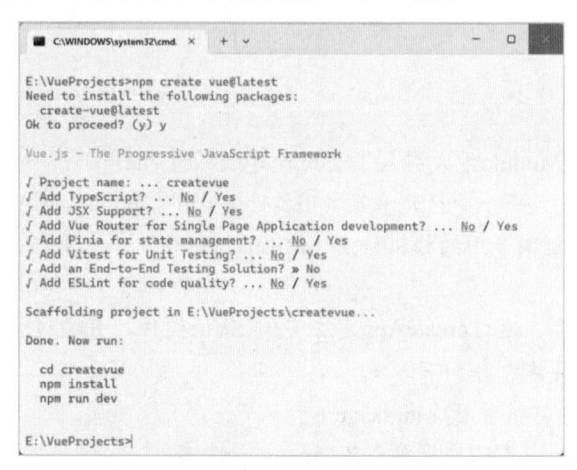

图 2.2　安装 create-vue 脚手架工具　　　图 2.3　create-vue 脚手架工具构建的项

如图 2.3 中的箭头和标识所示，create-vue 脚手架工具构建了一个完整的项目，包含了 HTML 页面、JavaScript 脚本以及 Vue 组件等。这里就不针对每个文件进行详细介绍了，在后文中会按照需求逐一进行解读。

2.3.2 通过 Vue.js 脚手架启动开发服务器

通过 create-vue 脚手架工具构建完项目后，可以继续通过安装依赖和启动开发服务器进行测试，具体操作方法是在命令行中运行以下命令：

```
> cd <your-project-name>
> npm install
> npm run dev
```

下面，先通过 npm install 命令安装项目依赖项，具体效果如图 2.4 所示，命令行窗口提示信息中显示出了安装的全部项目依赖项。

然后，就可以启动开发服务器进行项目测试了，具体效果如图 2.5 所示。

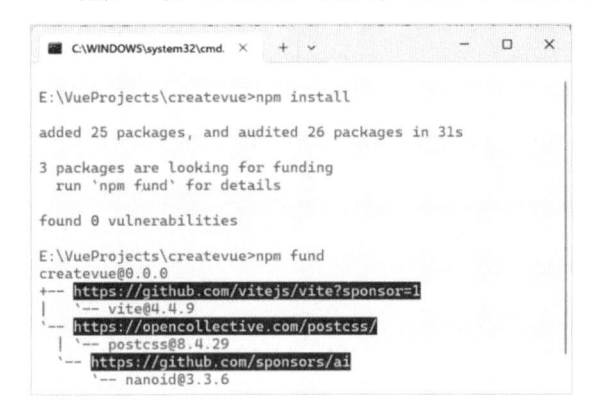

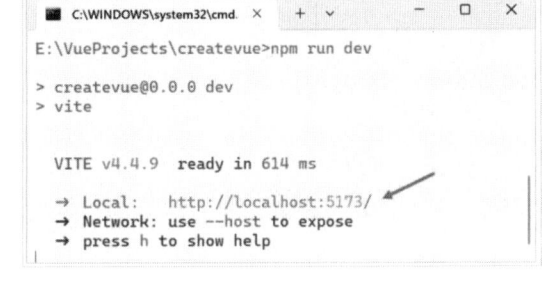

图 2.4　通过 npm install 命令安装项目依赖项　　　　图 2.5　启动开发服务器

如图 2.5 中的箭头所示，命令行提示信息中显示出了开发服务器的地址，通过该地址就可以运行 Vue 项目。默认 Vue 项目的运行效果如图 2.6 所示。

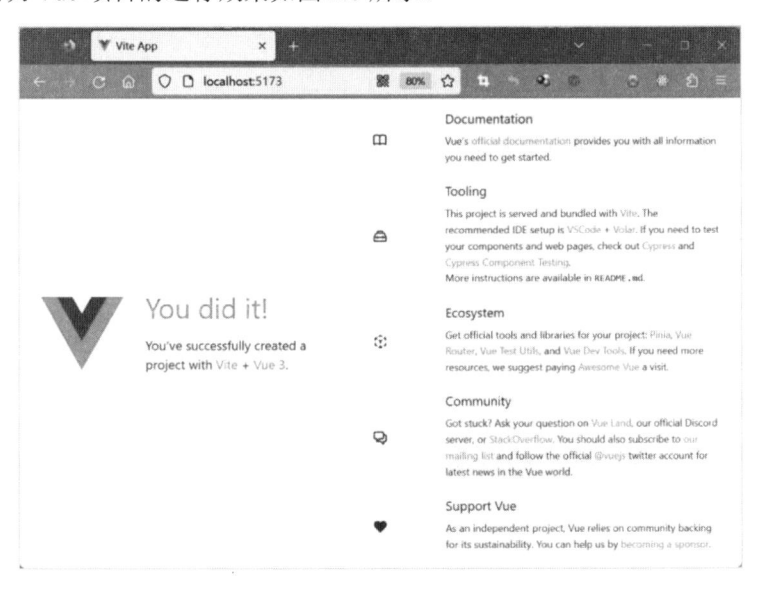

图 2.6　默认 Vue 项目的运行效果

2.3.3 Vue.js 脚手架项目初探

在本节中，将介绍通过 create-vue 脚手架工具创建的默认 Vue 项目的构成文件。

首先，参考图 2.3 中的内容，浏览项目的主入口文件（index.html），具体代码如下：

【代码 2-4】（详见源代码 createvue 目录中的 index.html 文件）

```html
01  <!DOCTYPE html>
02  <html lang="en">
03    <head>
04      <meta charset="UTF-8">
05      <link rel="icon" href="/favicon.ico">
06      <meta name="viewport" content="width=device-width, initial-scale=1.0">
07      <title>Vite App</title>
08    </head>
09    <body>
10      <div id="app"></div>
11      <script type="module" src="/src/main.js"></script>
12    </body>
13  </html>
```

【代码说明】

- 在第10行代码中，定义一个id值为"app"的<div>标签，用于创建一个HTML页面容器来渲染内容。
- 在第11行代码中，通过<script>标签引入了JavaScript脚本文件（main.js），并声明了type属性值为"module"。
- 备注：type="module"表示采用ES 6模块化方式。

然后，依据项目架构逻辑继续浏览项目的 JavaScript 脚本文件（main.js），具体代码如下：

【代码 2-5】（详见源代码 createvue 目录中的 src/main.js 文件）

```js
01  import './assets/main.css'
02  import { createApp } from 'vue'
03  import App from './App.vue'
04  createApp(App).mount('#app')
```

【代码说明】

- 在第02行代码中，通过import命令从vue模块导入 createApp()方法，该方法用于创建 Vue实例。
- 在第03行代码中，通过import命令导入本项目创建的App模块。
- 在第04行代码中，通过createApp(App)方法创建App模块的实例，并通过调用mount('#app')方法挂载到id值为app的HTML页面容器中进行内容渲染。这里需要注意，在mount()方法中，在引用的id值前一定要加上符号"#"。

其次，依据项目架构逻辑继续浏览项目的 App 主模块（App.vue），具体代码如下：

【代码 2-6】（详见源代码 createvue 目录中的 src/App.vue 文件）

```
01  <script setup>
02  import HelloWorld from './components/HelloWorld.vue'
03  import TheWelcome from './components/TheWelcome.vue'
04  </script>
05
06  <template>
07    <header>
08      <img alt="Vue logo" class="logo" src="./assets/logo.svg" />
09      <div class="wrapper">
10        <HelloWorld msg="You did it!" />
11      </div>
12    </header>
13    <main>
14      <TheWelcome />
15    </main>
16  </template>
```

【代码说明】

- 在第 01～04 行代码中，使用了组合式 API 和 <script setup> 方式，通过 import 命令导入本项目定义的组件（HelloWorld 和 TheWelcome），以便在后面的模板 <template> 代码中直接使用。
- 备注：<script setup> 是 Vue 3 新引入的语法糖，通过在 <script> 标签中加入属性 setup，可以在单文件组件中使用组合式 API 方式，目的是简化在使用组合式 API 方式时的冗长模板代码。在后文中，将会对 <script setup> 语法进行更详细的介绍。
- 在第 06～16 行代码中，使用模板 <template> 定义页面内容。其中，在第 10 行和第 14 行代码中，通过将组件（HelloWorld 和 TheWelcome）作为标签名来使用，以完成模板的渲染工作。
  注意，在第 10 行代码中，在 <HelloWorld> 标签中添加了一个自定义属性 msg，其属性值将会传递给组件 HelloWorld。读者可以修改该属性值（如："This is my first create-vue app!"），测试一下渲染效果。

再次，可以依据项目架构逻辑继续浏览各个自定义组件。这里就不一一进行展开了，我们选取最简单且最具代表意义的自定义模块（HelloWorld.vue）进行介绍，具体代码如下：

【代码 2-7】（详见源代码 createvue 目录中的 src/component/HelloWorld.vue 文件）

```
01  <script setup>
02  defineProps({
03    msg: {
04      type: String,
05      required: true
06    }
07  })
08  </script>
09
10  <template>
11    <div class="greetings">
12      <h3 class="green">{{ msg }}</h3>
```

```
13      <h3>
14        You've successfully created a project with
15        <a href="https://vitejs.dev/" target="_blank" rel="noopener">Vite</a>+
16        <a href="https://vuejs.org/" target="_blank" rel="noopener">Vue 3</a>.
17      </h3>
18    </div>
19  </template>
```

【代码说明】

- 在第01~08行代码中，通过<script setup>语法糖使用参数defineProps，获取组件中传递过来的属性msg，以便在模板<template>代码中直接使用该属性（见第12行代码）。
- 在第10~19行代码中，使用模板<template>定义页面内容。其中，第12行代码引用属性msg，实现在模板中渲染属性值的操作。

最后，重新刷新一下浏览器页面（属性 msg 的内容已修改），具体效果如图2.7所示。

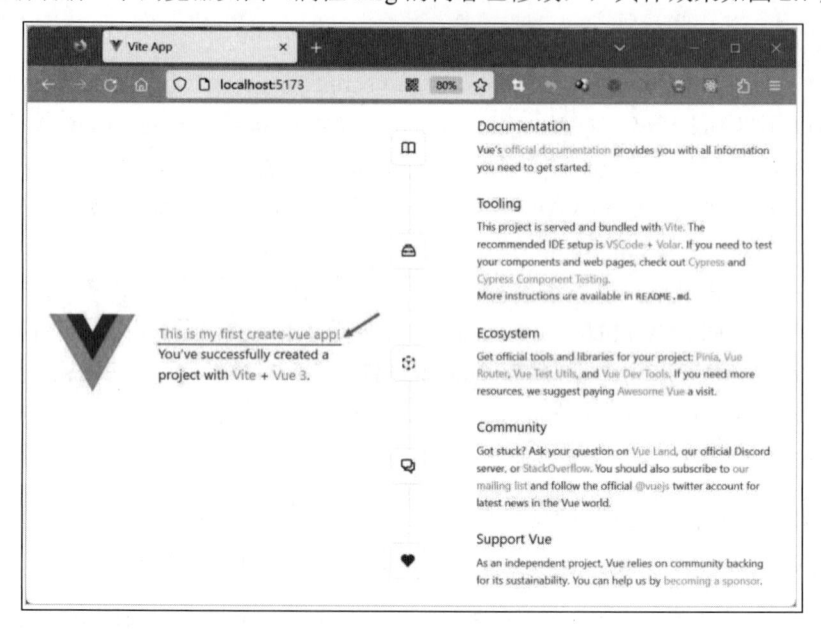

图2.7　Vue 项目更新后的运行效果

如图2.7中的箭头和标识所示，页面中的内容已经更新（对比图2.6），显示的是属性 msg 修改后的内容。

2.3.4　通过 Vue.js 脚手架进行发布

当 Vue 项目调试完成后，就可以选择将项目发布到生产环境上了。具体方法是通过 create-vue 脚手架工具在命令行中运行以下命令：

```
npm run build
```

上述命令会在项目的根目录下创建一个子目录"./dist",并在该子目录中创建一个项目生产环境的构建版本,具体效果如图 2.8 所示。

执行 npm run build 命令成功构建完成项目生产环境后,生成的所有文件会输出到 dist 目录下。可以通过 Visual Studio Code 开发工具,查看一下项目目录的变化状态,如图 2.9 所示。

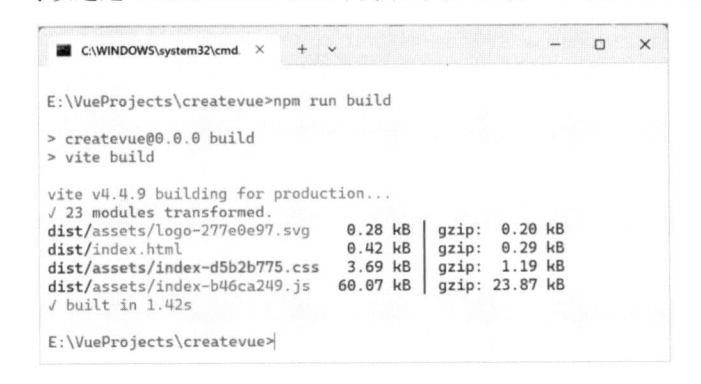

图 2.8　通过 npm run build 命令构建项目生产环境　　　图 2.9　项目 dist 目录的变化状态

如图 2.9 中的箭头所示,在 dist 目录中自动生成了一个 index.html 页面文件和一个 JS 文件(在 assets 子目录内)。感兴趣的读者可以自行查看一下源码,其中的 JS 文件已经被自动压缩好了。

现在,就可以将 dist 目录中的文件直接部署到服务器中去测试了。为了加快效率,这里先不用那些常规的 Web 服务器来测试,可以通过 Node 内置的 http-server 扩展服务进行简单的测试。首先,通过命令行窗口中进入 dist 目录,然后输入 "http-server" 或 "hs" 命令启动 Node 服务,效果如图 2.10 所示。

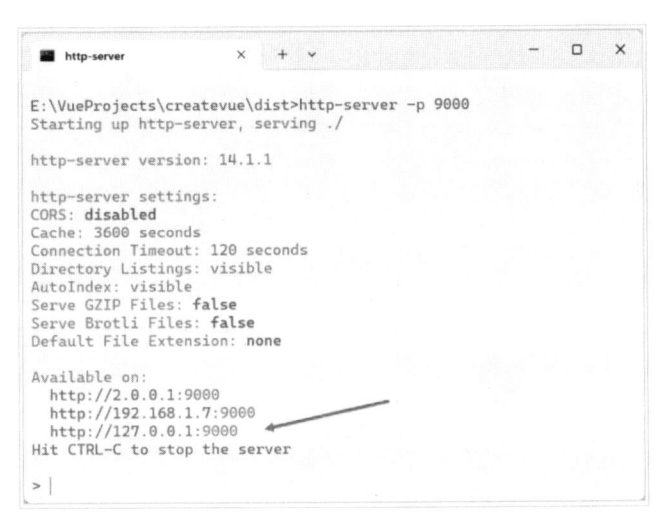

图 2.10　启动 http-server 服务

然后在浏览器地址栏中输入 "http://localhost:9000" 打开 HTTP 服务,效果如图 2.11 所示。在浏览器中的显示效果与图 2.7 完全一致,说明生产环境的 dist 目录是正确的。

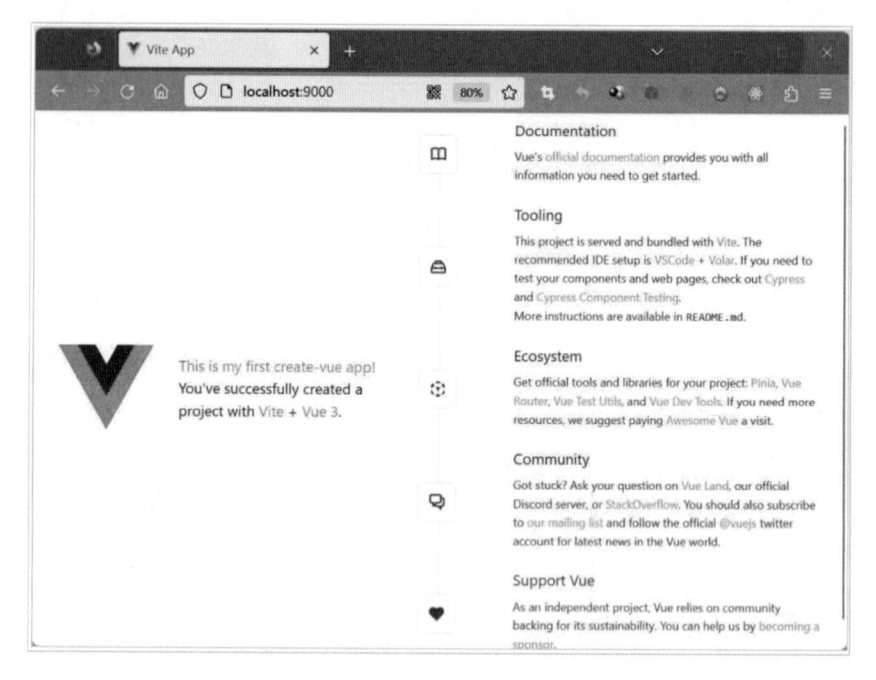

图 2.11　测试 dist 目录的生产环境

2.3.5　通过 Visual Studio Code 开发调试 Vue.js 项目

目前，通过 Visual Studio Code 开发工具开发调试 Vue.js 应用代码，几乎是流行的标准配置了。Visual Studio Code 开发工具的强大之处就不必多说了，也正是因为 Visual Studio Code 开发工具强大的扩展能力，设计人员才在该工具平台下设计出了许多基于 Vue.js 应用开发的优秀插件。

下面就基于前面介绍的 Vue 相关开发知识，详细介绍一下通过 Visual Studio Code 开发调试 Vue 代码的基本过程。

1. 安装Vetur插件

对于早期的 Vue 2 版本，需要在 Visual Studio Code 开发工具中安装一款名称为"Vetur"的插件，该插件实现了 Vue 代码基本语法的高亮功能，如图 2.12 所示。

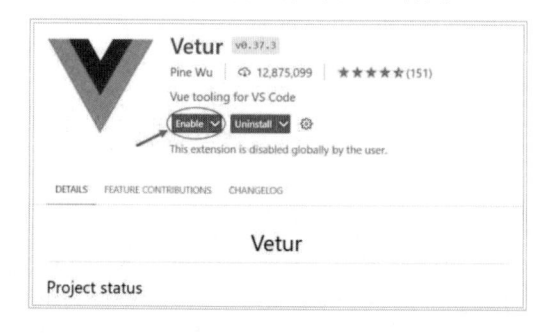

图 2.12　在 Visual Studio Code 开发工具中安装 Vetur 插件

如图 2.12 中的箭头和标识所示，可以通过切换 Enable 和 Disable 功能按键，"允许"或"禁止"该插件的使用。

2. 安装Volar插件

对于当前的 Vue 3 版本，需要在 Visual Studio Code 开发工具中安装一款名称为"Vue Language Feature(Volar)"的插件。该插件完全替代了 Vetur 插件的功能，并且是专门为 Vue 3 版本而开发的，如图 2.13 所示。

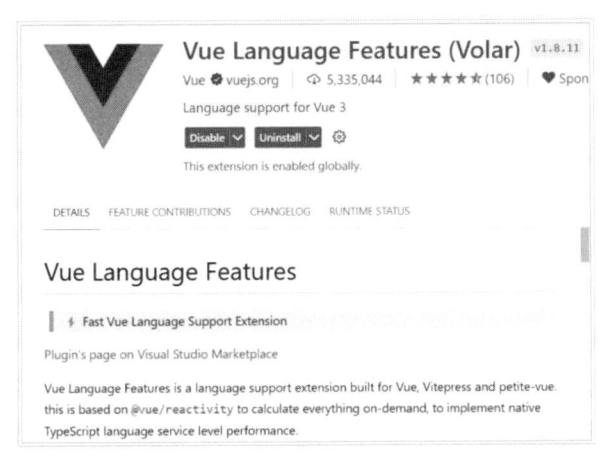

图 2.13　在 Visual Studio Code 开发工具中安装 Vue Language Feature(Volar)插件

另外，如果打算采用 TypeScript 语言进行 Vue 项目的开发，还需要在 Visual Studio Code 开发工具中安装一款名称为"TypeScript Vue Plugin(Volar)"的插件，如图 2.14 所示。

图 2.14　在 Visual Studio Code 开发工具中安装 TypeScript Vue Plugin(Volar)插件

如果打算采用 Vue Language Feature(Volar)插件进行开发，需要在 Visual Studio Code 开发工具中禁用 Vetur 插件，避免出现插件冲突的情况。

3. 安装浏览器调试插件

为 Visual Studio Code 开发工具安装调试所需的浏览器插件。一般地，浏览器插件会选择 JavaScript Debugger 和 Debugger for Firefox 这两款，相关的安装地址如下：

- JavaScript Debugger

```
https://marketplace.visualstudio.com/items?itemName=ms-vscode.js-debug
```

在 Visual Studio Code 开发工具中，安装 JavaScript Debugger 插件后的效果如图 2.15 所示。

图 2.15　在 Visual Studio Code 开发工具中安装 Debugger for Chrome 插件

- Debugger for Firefox

```
https://marketplace.visualstudio.com/items?itemName=hbenl.vscode-firefox-debug
```

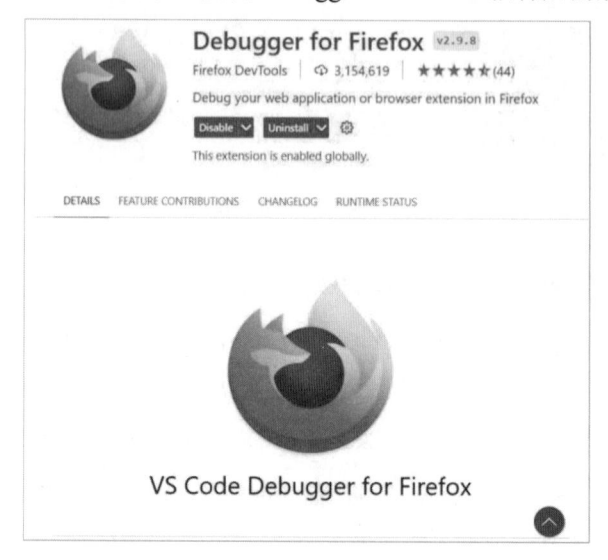

在 Visual Studio Code 开发工具中，安装 Debugger for Firefox 插件后的效果如图 2.16 所示。

图 2.16　在 Visual Studio Code 开发工具中安装 Debugger for Firefox 插件

4. 在Visual Studio Code开发工具中创建Vue项目

我们使用 Visual Studio Code 开发工具创建一个 Vue 项目（initvue），测试一下开发和调试过程。首先，打开 Visual Studio Code 开发工具自带的 TERMINAL 命令行窗口，输入"npm init vue@latest"命令，如图 2.17 所示，创建了一个名称为"initvue"的 Vue 项目，其他的配置选项全部默认选择"No"。

图 2.17　在 Visual Studio Code 开发工具中创建 Vue 项目

然后，按照窗口上的信息提示进入 initvue 项目目录，输入"npm install"命令安装项目插件，具体如图 2.18 所示。

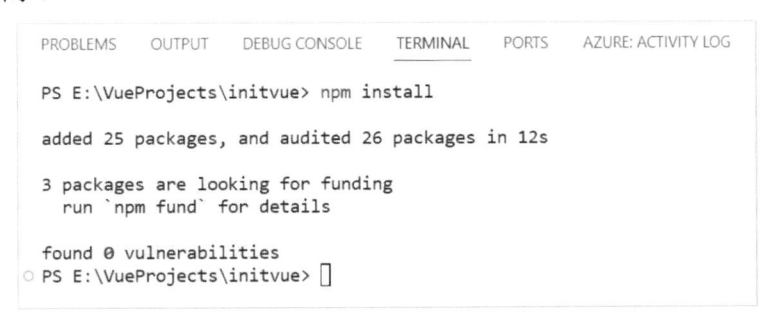

图 2.18　在 Visual Studio Code 开发工具中安装 Vue 项目插件

5. 在Visual Studio Code开发工具中运行Vue项目

继续在 Visual Studio Code 开发工具自带的 TERMINAL 命令行窗口中，输入"npm run dev"命令启动调试服务器，具体如图 2.19 所示。

如图 2.19 中的箭头所示，Vue 调试服务器已经成功启动了，浏览器地址为 http://localhost:5173。

6. 配置调试浏览器

继续在 Visual Studio Code 开发工具中配置调试浏览器，这里选择比较流行的 FireFox 浏览器。具体方法是在 Visual Studio Code 开发工具左侧的导航栏中单击 Run and Debug 按钮，然后创建一个 launch.json 文件，如图 2.20 所示。

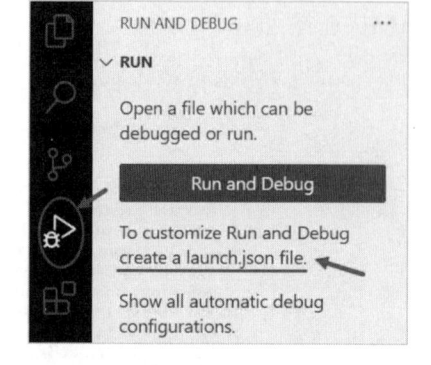

图 2.19　在 Visual Studio Code 开发工具中运行 Vue 项目　　图 2.20　在 Visual Studio Code 开发工具中创建 launch.json 文件

如图 2.20 中箭头和标识所示，单击 create a launch.json file 链接就会自动打开一个 launch.json 文件，该文件中已经配置好了一些默认调试参数，用户可以根据自身项目的实际情况进行修改，具体如图 2.21 所示。

图 2.21　在 Visual Studio Code 开发工具中配置 launch.json 文件

配置好 launch.json 文件后，单击 Run and Debug 面板中的 Start Debugging（F5）按钮，具体如图 2.22 所示。

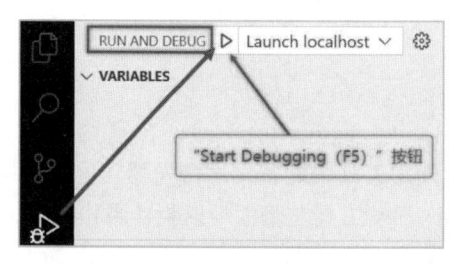

图 2.22　在 Visual Studio Code 开发工具中启动调试浏览器（1）

如果上述任何一项的配置均没有问题，就可以自动启动调试浏览器了，具体如图 2.23 所示。

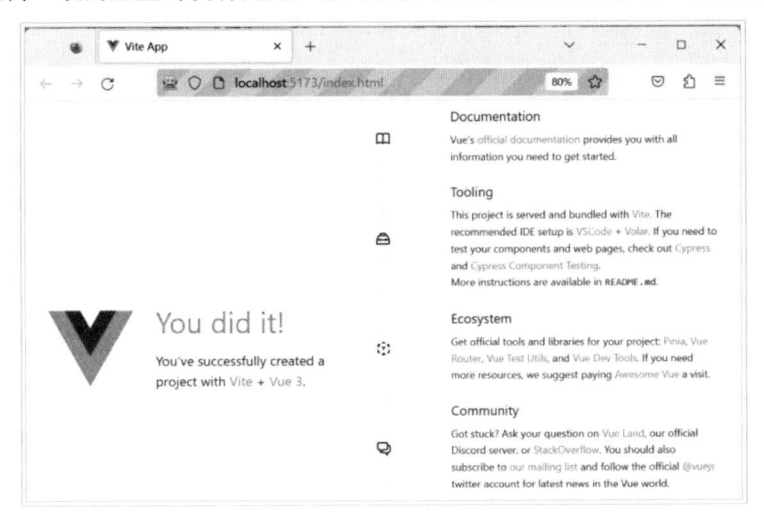

图 2.23　在 Visual Studio Code 开发工具中启动调试浏览器（2）

第 3 章

Node.js 语法基础

Node.js 是建立在 Chrome V8 引擎之上的 JavaScript 运行时环境,也就意味着 Node.js 的语法几乎与 JavaScript 语法一致。这也是 Node.js 大受前端开发人员欢迎的原因,即通过 JavaScript 一门语言便可打通前后端开发。本章将介绍 JavaScript 的基本使用,为之后 Node.js 的学习提供必要的基础。

通过本章的学习可以:

- 掌握JavaScript的基础语法与使用。
- 掌握简单的JavaScript编程风格。
- 掌握基本的Node.js控制台的使用。

3.1 JavaScript 语法

JavaScript 是一门直译式、弱类型的脚本语言,也是 Web 开发最重要的语言之一。JavaScript 由 ECMAScript、DOM(文档对象模型)、BOM(浏览器对象模型)三部分组成。ECMAScript 规定了 JavaScript 的语法核心,这是本节想要重点介绍的内容。

3.1.1 变量

1. 交互式运行环境——REPL

Node.js 提供了一个交互式运行环境——REPL。在这个交互式运行环境中,可以运行简单的应用程序。在命令行窗口直接输入"node"即可进入这个环境,此时窗口中会显示">"符号,表明已经进入了这个环境,如图 3.1 所示。本节中的所有代码都会在这个环境中运行。

图 3.1　进入 REPL 运行环境

提示：如果要退出该运行环境，连续按两次 Ctrl+C 快捷键，或者输入".exit"。Node.js 的命令需要在前面加点（.），例如，可用.help 查看所有命令。

2．浏览器环境——Firefox

当然，读者也可以在浏览器控制台中运行。以 Firefox 浏览器为例，通过按 F12 键或者 Ctrl + Shift + I 快捷键打开开发者工具，在开发者工具的菜单栏中选择 Console 面板，如图 3.2 所示。在 Console 中也是显示一个">"符号，和 REPL 的使用方法一致。

图 3.2　浏览器的 Console 面板

3．关键字var

JavaScript 的变量通过关键字 var 来声明。前面说过 JavaScript 是一门弱类型的编程语言，JavaScript 的所有数据类型都可以用 var 关键字来声明，通过"var 变量名=值"的形式，就可以对变量同时进行声明和赋值。和许多语言一样，JavaScript 通过分号（;）来分隔不同的语句，以下这段代码就声明了两个变量：

```
var a = "node.js";
var b = 10;
```

4．变量的命名

JavaScript 规定变量名必须以字母、美元符（$）、下画线（_）三者之一开头，同时 JavaScript 对大小写敏感，大小写不同也就意味着是不同的两个变量。同时，JavaScript 不区分单引号与双引号，因此上一个例子中的"node.js"与用单引号表示的效果一致：

```
var a = 'node.js';
var b = 10;
```

5．变量提升机制

JavaScript 中存在变量提升机制，也就是所有的变量声明在运行时都会提升到代码的最前方。

例如，上个例子在运行时实际上会先声明两个变量再赋值：

```
var a;
var b;
a = "node.js";
b = 10;
```

通过一个更直观的例子或许会让读者更易理解变量提升。在 REPL 中使用一个未声明的变量时，会出现"is not defined"错误，如图 3.3 所示。

如果使用一个已经声明却未赋值的变量，那么这个变量所代表的是 undefined，如图 3.4 所示。

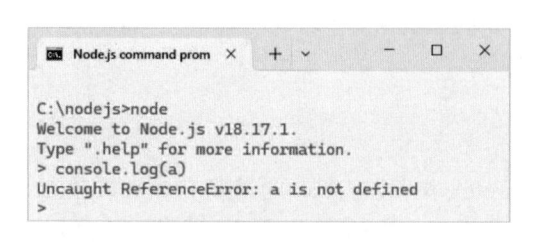

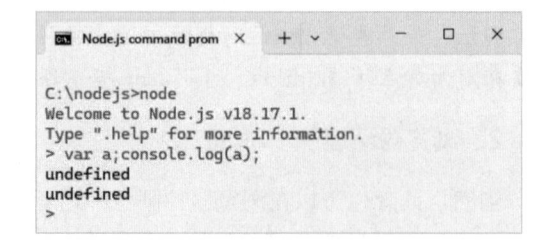

图 3.3　变量未声明错误　　　　　　　图 3.4　已经声明却未赋值

提示：图 3.4 中有两个 undefined：一个是白色，一个是半透明白色。执行 JavaScript 语句，在没有任何返回值的时候总是会输出一个 undefined，读者不必介意，这不是错误，这个是正常输出的内容。

使用一个在后来定义并赋值的变量时，也会返回 undefined，如图 3.5 所示。

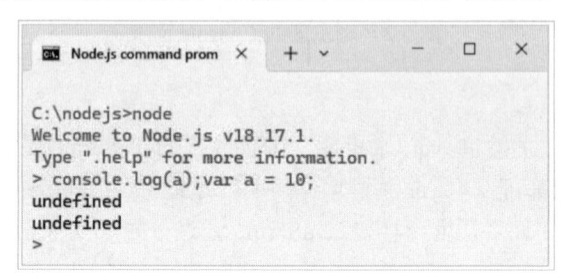

图 3.5　先使用后声明赋值

可以发现这段代码之所以返回 undefined，正是因为变量提升，实际运行的代码如下：

```
var a;
console.log(a);
a = 10;
```

3.1.2　注释

JavaScript 中的注释和很多其他编程语言类似，以双斜杠（//）代表单行注释，以"/*注释内容*/"形式代表多行注释。

```
// 这是单行注释
/* 这是
   多行
```

```
   注释
*/
```

3.1.3 数据类型

JavaScript 中的数据类型可以分为简单数据类型和复杂数据类型。简单数据类型有 undefined、boolean、number、string、null，复杂数据类型只有 object。object 由一组无序的键值对组成。

1．利用typeof区分数据类型

利用操作符 typeof 可以区分部分数据类型。typeof 返回的值有 undefined、boolean、number、string、object 和 function。示例如下：

【代码 3-1】

```
01  var a;
02  var b 2;
03  var c node.js';
04  var d rue;
05  var e unction() {
06
07  }
08  var f ull;
09  var g
10      nu12
11  }
12  var ar [a,b,c,d,e,f,g];
13  for(va = 0, max = arr.length; i < max; i++) {
14      cole.log(typeof arr[i]);
15  }
```

【代码说明】

- 可以看到null和object都返回了object，这是因为null实际上是一个空对象指针，当一个变量只声明但未赋值时，返回undefined。
- number和string数据类型分别指数字类型和字符串类型；boolean类型和其他语言一样，仅有true和false两个值；null仅有一个值null。

2．利用Boolean()转换数据类型

在 JavaScript 中，可以利用 Boolean()方法将其他数据类型转换为布尔类型。需要注意的是，空字符串、0、null、undefined、NaN 都将转换为 false，其他值则会转换为 true。示例如下：

【代码 3-2】

```
01  var a;
02  var b = null;
03  var c = 0;
04  var d = '';
05  var e = NaN;
06  var arr = [a,b,c,d,e];
```

```
07    for(var i = 0, max = arr.length; i < max; i++) {
08        console.log(Boolean(arr[i]));
09    }
```

3.1.4 函数

在 JavaScript 中，声明一个函数只需要使用 function 关键字即可，例如，声明一个求和的函数，代码如下：

```
function add(num1, num2) {
    return num1 + num2;
}
```

当然，函数同样可以作为一个值传递给一个变量。例如：

```
var add = function(num1, num2) {
    return num1 + num2;
}
```

调用一个函数同样很简单，只需要在函数声明之后使用"函数名(参数)"的形式调用即可。例如，调用上面的add(num1, num2)函数：

```
function add(num1, num2) {
    return num1 + num2;
}
add(1, 2);
// 3
add(3,5);
//8
```

函数中默认带有一个 arguments 对象，这是一个类数组对象。arguments 记录了传递给函数的参数信息，因为 JavaScript 中的函数在调用时，参数个数并不需要和定义函数时的个数一致。在上面的 add() 方法中多添加几个参数，函数仍然会正常执行，例如：

```
function add(num1, num2) {
    return num1 + num2;
}
add(1,2,4,5,5);
// 3
add(3,5,2,3);
//8
```

利用好这一点和 arguments 类数组特性，可以对上述的 add 方法进行拓展，让这个函数无论接收多少个参数，总能返回这些数值的和：

```
function add() {
    var sum = 0;
    for(var i = 0, max = arguments.length; i < max; i++) {
        sum += arguments[i];
    }
    return sum;
}
```

```
add(2,3,4);// 9
add(2,4,5);// 11
```

还可以利用 JavaScript 中的 arguments 类数组对象模拟函数重载（当然，实际上 JavaScript 并不支持函数重载）。例如，根据 arguments 对象的 length 属性做出不同的反应来模拟重载。下面给出一个完整的例子。

【代码 3-3】

```
01  function operate() {
02      if(arguments.length == 2) {
03          return arguments[0] * arguments[1];
04      } else {
05          var sum = 0;
06          for(var i = 0, max = arguments.length; i < max; i++) {
07              sum += arguments[i];
08          }
09          return sum;
10      }
11  }
12  operate(3, 4); // 12
13  operate(3, 4, 5); // 12
```

以上代码的运行效果如图 3.6 所示。

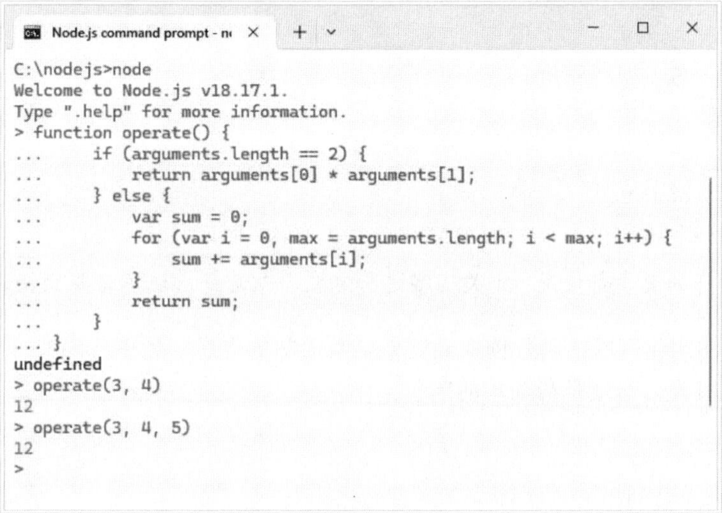

图 3.6 运行效果

arguments 对象是一个类数组对象，通过数组的 slice()方法，可以把 arguments 对象转换为一个真正的数组，这样就可以使用数组的所有方法，而不用担心出现其他问题。

```
function funName() {
var arguments = [].slice.call(arguments);
    // the code of function
}
```

3.1.5 闭包

JavaScript 中的变量可以分为全局变量和局部变量。JavaScript 中的函数自然可以读取到全局变量，而函数外部并不能读取到函数内部定义的变量。例如：

【代码 3-4】

```
01  var str = 'node.js';
02  function copy () {
03      var str2 = str;
04      console.log(str2);
05  }
06  copy();
07  // node.js
08  console.log(str2);
09  // str2 is not defined
```

当然，这需要在定义变量的时候使用 var 关键字。不用 var 关键字定义的话，实际上这个变量会成为全局对象的一个属性。在 Node.js 中，全局对象是 global，如果上面代码中的 str2 变量不使用 var 定义，str2 就会成为一个全局变量，函数外部也是可以读取到这个变量的，例如：

【代码 3-5】

```
01  var str = 'node.js';
02  function copy () {
03      str2 = str;
04      console.log(str2);
05  }
06  copy();
07  // node.js
08  console.log(str2);
09  // node.js
```

提示：建议所有的变量都使用 var 关键字进行定义，以避免出现不必要的错误。

JavaScript 中的闭包可以让函数读取到其他函数内部的变量，如下代码就可以在函数之外读取到函数内部定义的变量，这就是最简单的闭包。

【代码 3-6】

```
01  function a() {
02      var str = 'node.js';
03      return function() {
04          var str2 = str + ' is powerful';
05          return str2;
06      }
07  }
08  a()();
09  // node.js is powerful
```

以上就是 JavaScript 的简要介绍。更多关于 JavaScript 的知识，读者可以阅读相关的书籍进行学习和掌握。在继续 Node.js 的学习之前，读者应该对 JavaScript 有一定的了解。

3.2 命名规范与编程规范

与其他语言相比，JavaScript 总是相对灵活，对代码的格式要求也相对宽松，因此对 JavaScript 编码制定一定的规范是非常重要的。一个良好的规范不仅能让阅读代码的人感到清晰愉悦，还能让整个项目更加容易维护。

3.2.1 命名规范

JavaScript 作为一种弱类型的语言，其命名规范显得更加重要，因为开发人员并不能直接看出这个变量的作用。

1. var关键字

在 JavaScript 中，所有的变量都应该通过 var 关键字来定义，因为缺少 var 的变量声明，会使得这个变量成为全局变量，在开发中应尽量减少全局变量。

```
var a = 'node.js';
// 推荐
b = 12
// 不推荐
```

2. 驼峰命名法

在开发中，变量的命名常常是让开发人员头疼的问题，一般来说每个团队都会有自己的命名规范。近些年来更加流行的是驼峰命名法。如它的名字一样，驼峰命名法中第一个单词的开头字母小写，其他单词的开头字母大写，例如：

```
var myNumber;
var myString;
```

3. 常量

在其他语言中，会有常量这样一个概念。这是一种不允许在声明赋值之后再修改的变量。显然，JavaScript 中有着同样的需求。在开发人员不希望有些变量得到修改时，常量就显得格外重要了。例如，定义一个圆周率的常量。

在常量的命名中，开发人员往往采用变量名全部大写的方式来表示这是一个常量。当然，这样的变量实际上依旧是可以被修改的。这需要开发人员共同遵守规定，把这样一个变量作为一个常量，而不是普通的 JavaScript 变量。

```
var PI = 3.14159
// 这是一个圆周率的常量
```

4．内部变量

开发中还有一类就是内部变量。这类变量并不希望被局部作用域之外的作用域获取。开发人员通常以下画线（_）开头命名作为约定俗成的内部变量。当然，这同样需要协同的开发人员共同遵守这个约定。

```
var obj ={
    _num: 12,
// 这是一个内部变量
    put: function () {
        return this._num;
    }
}
console.log(obj.put())
```

5．有意义的名字

命名规范中同样需要遵守的是，在命名中不应该使用一些无意义的变量名。这些无意义的变量名往往会使开发人员摸不着头脑。变量应该使用一些有意义的、能够表示变量作用的名称，而不是一些无意义、混淆视听的名称。

3.2.2 编程规范

在 JavaScript 中遵守编程规范，会使得整个项目得到更快的开发和更好的维护。同时，也可以让代码看起来更加优雅、易读。

1．以分号结尾

在 JavaScript 代码中，所有的语句都应该以分号结尾，虽然 JavaScript 并没有强制要求。

```
var n = 12;
// 以分号结尾，推荐
var n = 12
// 结尾缺少分号，不推荐
```

2．花括号

JavaScript 的所有语句块都应该有花括号。例如，一个简单的 if 判断语句块里面只有一行时，不使用花括号并不会出现错误，但是这往往会让开发人员产生疑惑。

```
var n = 12;
if(n < 10) {
    console.log(n);
}
// 即使语句块里只有一行代码也应该有花括号
```

3．===

相等判断中应该尽量使用绝对等于（===），因为等于（==）存在着类型转换，这在开发中可能会出现意想不到的错误。例如，使用"=="来判断 null 与 undefined 时会出现 true 的情况，而使用"==="则不会。

```
console.log(1 == true);
// true
console.log(1 === true);
// false
console.log(null == undefined);
// true
console.log(null === undefined);
// false
```

4．空格的使用

关于 JavaScript 中的空格，永远不要吝啬，因为满屏连续的字符串会让人头疼。建议在数值操作符（如+、-、*、/、%等）前后留有一个空格，在赋值操作符和相等判断中前后留有一个空格，在 json 对象中的键值对的冒号后留有一个空格。例如，以下的空格会让代码在开发人员的眼中更加优雅：

```
var num = 12;
// 赋值操作符前后留空格
if(num === 12){
  // your coding
}
// 相等判断中前后留出空格
var num2 = num * 2;
// 数值操作符前后留出空格
var obj = {
    name: 'node.js'
}
// 键值对冒号后面留出一个空格
```

提示：关于 JavaScript 中的注释，永远记住一条：所有的注释都应该是有意义的，无意义的注释只会让阅读代码的人员更加感到困惑。

关于 JavaScript 中的编程规范就简单介绍到这里。相比于别人介绍的规范，拥有一套属于自己团队内部的使用规范，并且让开发人员遵守这个规范则更加重要。

3.3 Node.js 的控制台 console

利用好 Node.js 提供的 console 控制台和 debug，可以有效地辅助开发和定位 bug。在 Node.js 中，console 代表控制台，可以通过 console 对象的各种方法向控制台进行标准输出。

3.3.1 console 对象下的各种方法

在 REPL 交互式运行环境中输入 console，可以看到 console 对象下各种方法组成的一个数组，如图 3.7 所示。

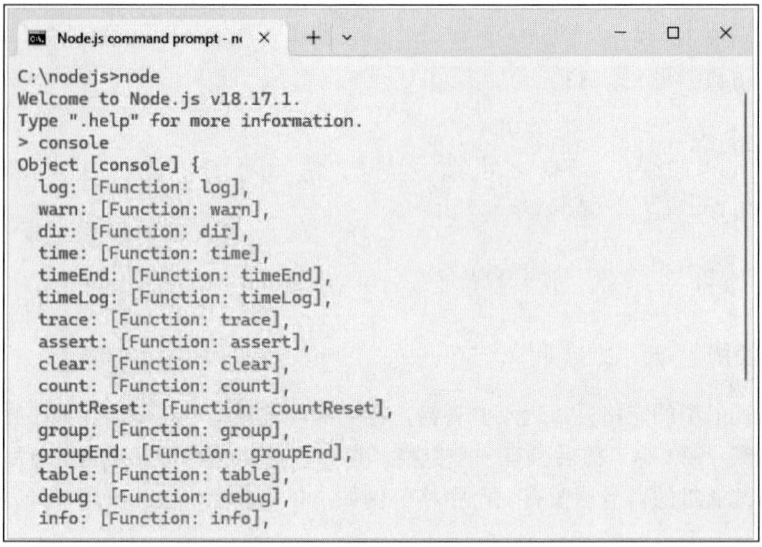

图 3.7　console 对象的方法

3.3.2　console.log()方法

console.log()方法用于标准输出流的输出，也就是在命令行中显示一行信息，例如：

```
console.log('node.js is powerful')
```

无论是在 REPL 环境中运行这行代码，还是作为 Node.js 文件执行这行代码，都可以看到在命令行中输出"node.js is powerful"字样。

console.log()方法并没有对参数的个数进行限制，当传递多个参数时，命令行输出将以空格分隔这些参数，例如：

```
console.log('node.js','is','powerful');
```

运行之后，同样会在命令行输出"node.js is powerful"字样，这 3 个单词也依旧是以空格分隔开来的。

console.log()方法也可以利用占位符来定义输出的格式。例如，%d 表示数字，%s 表示字符串。

提示：如果需要对后面的多个参数都定义格式，就要逐个进行设置，并且输出时将不会以空格分隔；如果没有预定义格式，将会正常输出。

示例代码如下：

【代码 3-7】

```
01  console.log('%s%s', 'node.js', 'is', 'powerful');
02  // node.jsis powerful
03  console.log('%s%s%s', 'node.js', 'is', 'powerful');
04  // node.jsispowerful
05  console.log('%d', 'node.js');
```

```
06  // NaN
07  console.log('%d', 'node.js', 'is', 'powerful');
08  // NaN is powerful
```

需要注意，在这一段代码中，当使用%d 占位符后，如果对应的参数不是数字，则控制台将会输出"NaN"。

3.3.3　console.info()、console.warn()和 console.error()方法

console.info()、console.warn()以及 console.error()方法的使用和 console.log()一致，将 3.3.2 节的代码换成 console.info()、console.warn()、console.error()方法，将得到同样的结果：

【代码 3-8】

```
01  console.warn('%s%s', 'node.js', 'is', 'powerful');
02  // node.jsis powerful
03  console.warn('%s%s%s', 'node.js', 'is', 'powerful');
04  // node.jsispowerful
05  console.info('%d', 'node.js');
06  // NaN
07  console.info('%d', 'node.js', 'is', 'powerful');
08  // NaN is powerful
09  console.error('%d', 'node.js');
10  // NaN
11  console.error('%d', 'node.js', 'is', 'powerful');
12  // NaN is powerful
```

3.3.4　console.dir()方法

console.dir()方法用于将一个对象的信息输出到命令行。如下代码将定义一个简单的对象。

【代码 3-9】

```
01  const obj = {
02  name: 'node.js',
03      get: function () {
04        console.log('get');
05      },
06      set: function () {
07        console.log('set');
08      }
09  }
10  console.dir(obj);
```

在 REPL 交互式运行环境中运行这段代码，可以看到命令行中输出这个对象的信息，如图 3.8 所示。

图 3.8　console.dir()方法输出对象信息

3.3.5　console.time()和 console.timeEnd()方法

console.time()和 console.timeEnd()方法主要用于统计一段代码的运行时间。console.time()方法置于代码起始处，console.timeEnd()方法置于代码结尾处。只需要向这两个方法传递同一个参数，就可以在命令行中输出以毫秒计的代码运行时间。如下代码统计了两个循环执行后的时间以及各个循环分别使用的时间。

【代码 3-10】

```
01  console.time('total time');
02  console.time('time1');
03  for(var i =0; i< 10000; i++) {
04  }
05  console.timeEnd('time1');
06  console.time('time2');
07  for(var i =0; i< 100000; i++) {
08  }
09  console.timeEnd('time2');
10  console.timeEnd('total time');
```

将这段代码保存为名为"time.js"的文件。利用 node time 命令运行这个文件，可以在命令行中看到各个循环的使用时间统计，如图 3.9 所示。

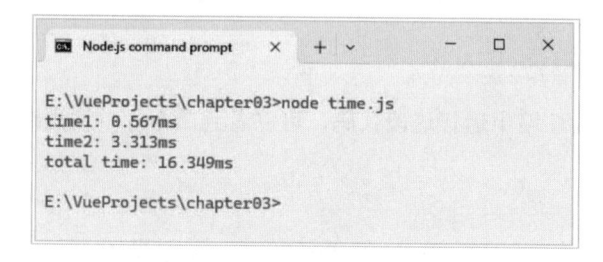

图 3.9　各个循环使用的时间统计

3.3.6 console.trace()方法

console.trace()用于输出当前位置的栈信息，可以向 console.trace()方法传递任意字符串作为标志，类似于 console.time()中的参数。在 REPL 交互式运行环境中执行以下代码：

```
console.trace('trace');
```

可以看到此处的栈信息已经在命令行中输出，如图 3.10 所示。

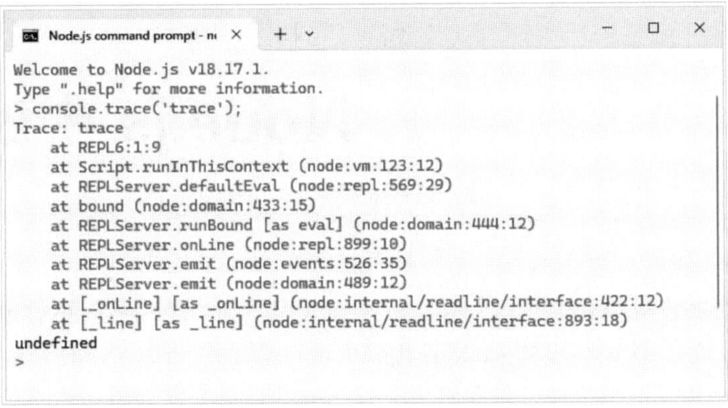

图 3.10　console.trace()输出栈信息

第 4 章

Node.js 中的包管理

Node.js 的模块加载机制可以在开发时更好地划分程序的功能，从而更好地做到代码解耦，更有利于进行模块化开发，保证写出的 Node.js 代码优雅、易读。同时，Node.js 的包管理工具 npm 可以很方便地下载和使用第三方模块，简化开发工作，提高项目开发效率。本章将介绍 Node.js 的包管理工具 npm 和 Node.js 核心模块的使用。

通过本章的学习可以：

- 从npm下载和使用第三方模块，并了解package.json文件的使用。
- 了解Node.js的模块机制。
- 通过实例了解Node.js核心模块的使用。

4.1　npm 介绍

npm 是 Node.js 的包管理工具，它的重要性就像 gem 之于 Ruby 一样。简单地说，Node.js 与 npm 的关系是密不可分的。

4.1.1　npm 常用命令

npm 默认与 Node.js 一起安装，可以在命令行中输入"npm"来验证 npm 是否安装，如图 4.1 所示。

1．npm -v、npm --version

通过输入 npm -v 命令或者 npm --version 命令，可以查看 npm 的安装版本，如图 4.2 所示。

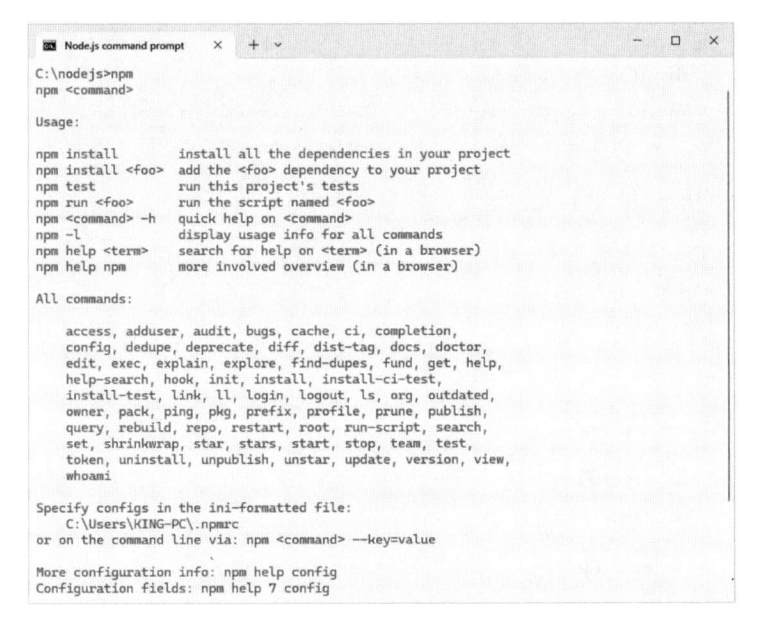

图 4.1 验证 npm 是否安装

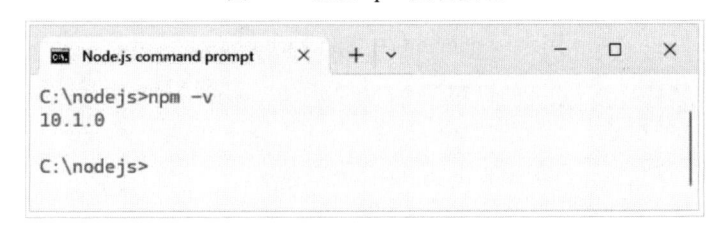

图 4.2 npm 查看版本结果

2．npm init

通过 npm init 命令可以生成一个 package.json 文件。这个文件是整个项目的描述文件。通过这个文件可以清楚地知道项目的包依赖关系、版本、作者等信息。每个 npm 包都有自己的 package.json 文件。使用这个命令需要填写项目名、版本号、作者等信息，如图 4.3 所示。

填写完毕后，在运行命令的文件夹中会多出一个 package.json 文件。当然，如果读者不想填写这些内容，也可以在这条命令后添加参数-y 或者--yes，这样系统将会使用默认值生成 package.json 文件。例如：

```
npm init -y
//or
npm int --yes
```

3．npm install

通过 npm install 命令安装包，例如安装 underscore 包（underscore 是一个强大的 JavaScript 工具库，使用这个库可以大大提高开发效率），如图 4.4 所示。

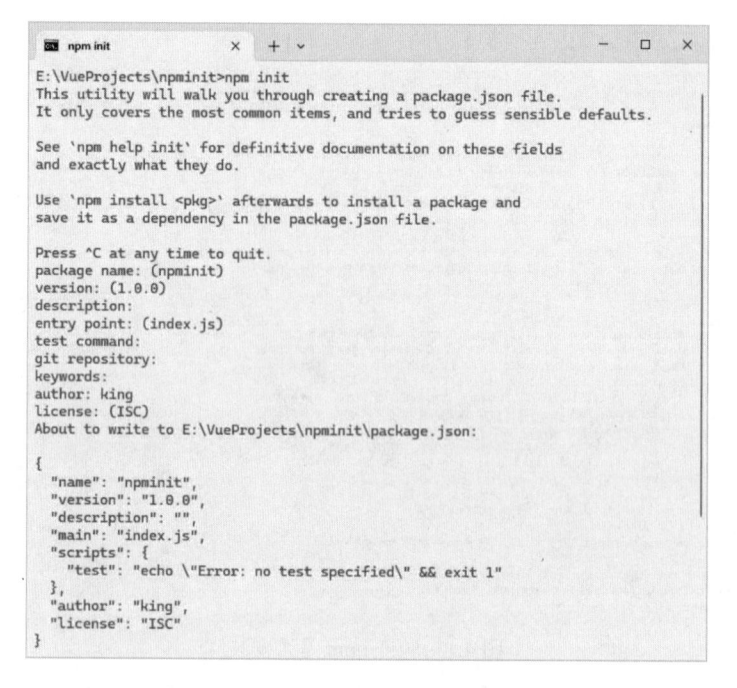

图 4.3　npm init 生成 package.json 文件

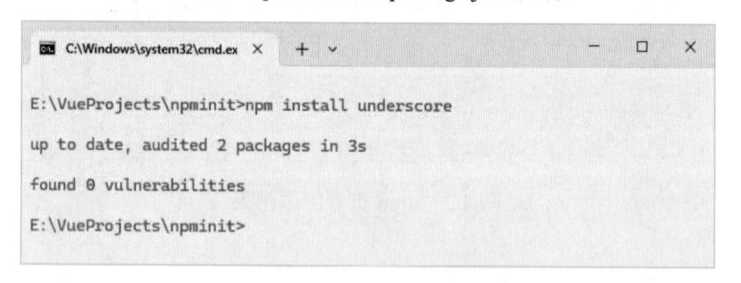

图 4.4　安装 underscore 的结果

命令运行完毕后，可以发现在运行命令的文件夹中多了一个名为"node-modules"的文件夹（用来存放安装包的文件夹）。打开这个文件夹就可以找到名为"underscore"的文件夹（用来存放 underscore 包），underscore 文件夹下的文件如图 4.5 所示。

图 4.5　underscore 文件夹下的文件

在安装包的时候，同样可以在命令后添加--save 或者-S 参数，这样安装包的信息将会记录在 package.json 文件的 dependencies 字段中，如图 4.6 所示。这样可以很方便地管理包的依赖关系。

当然如果这个包只是开发阶段需要的，可以继续添加-dev 参数。这样安装包的信息将会记录在

package.json 文件的 devDependencies 字段中，如图 4.7 所示。

```
"dependencies": {
  "underscore": "^1.13.6"
}
```

图 4.6　使用--save 参数安装

```
"devDependencies": {
  "underscore": "^1.13.6"
}
```

图 4.7　使用--save-dev 参数安装

建议：将所有项目安装的包都记录在 package.json 文件中。当 package.json 文件中有了依赖包的记录时，只需要运行 npm install 命令，系统就会自动安装所有项目需要的依赖包。

当不需要使用某个包时，可以运行 npm uninstall 命令来卸载这个包。

4.1.2　package.json 文件

上一节提到 package.json 文件是提供包描述的文件。在 Node.js 中，一个包是一个文件夹，文件夹中的 package.json 文件以 JSON 格式存储该包的相关描述。一个典型的 package.json 文件内容（这是 underscore 的 package.json 文件，有删减）如下：

```
{
  "author": {
    "name": "Jeremy Ashkenas",
    "email": "jeremy@documentcloud.org"
  },
  "bugs": {
    "url": "https://github.com/jashkenas/underscore/issues"
  },
  "dependencies": {},
  "description": "JavaScript's functional programming helper library.",
  "devDependencies": {
    "docco": "*",
    "eslint": "0.6.x"
  },
  "directories": {},
  "gitHead": "e4743ab712b8ab42ad4ccb48b155034d02394e4d",
  "homepage": "http://underscorejs.org",
  "keywords": [
    "util",
    "functional",
    "server"
  ],
  "license": "MIT",
  "main": "underscore.js",
  "maintainers": [
    {
      "name": "jashkenas",
      "email": "jashkenas@gmail.com"
    },
    {
      "name": "jridgewell",
```

```
      "email": "justin+npm@ridgewell.name"
    }
  ],
  "name": "underscore",
  "repository": {
    "type": "git",
    "url": "git://github.com/jashkenas/underscore.git"
  },
  "version": "1.8.3"
}
```

下面对主要的字段进行说明：

- name：包的名字。
- repository：包存放的仓库地址。
- keywords：包的关键字，有利于别人通过搜索找到包。
- license：遵循的协议。
- maintainers：包的维护者。
- author：包的作者。
- version：版本号，遵循版本命名规范。
- dependencies：包依赖的其他包。
- devDependencies：包开发阶段所依赖的包。
- homepage：包的官方主页。

当然，以上仅列举了常见的字段，所有字段的说明可以在网站 https://docs.npmjs.com/files/package.json 上找到。

4.2 模块加载原理与加载方式

Node.js 中的模块可以分为原生模块和文件模块。在 Node.js 中可以通过 require 方法导入模块，通过 exports 方法导出模块。

4.2.1 require 导入模块

对于原生模块（如 http），只需使用 require('http')导入这个模块并将其赋值给一个变量，即可使用这个模块的属性和方法。

【代码 4-1】

```
01  const http = require('http');
02  http.createServer(
03  // your code
04  )
```

对于文件模块，可以使用"./"前缀来指代当前路径，从而使用相对路径来加载模块。加载模块时，可以省略.js拓展名。例如，在同级的文件夹node中有一个名为"myModule.js"的文件模块，可以这样导入：

```
const myModule = require('./node/myModule');
```

在4.1节中利用npm下载了underscore模块，那么在node_modules文件夹的同级目录中可以这样加载：

```
const underscore = require('./underscore');
```

这是因为Node.js内部会自动查找加载在node_modules文件夹下的模块。

这里有必要了解一下Node.js尝试路径的顺序。例如，某个模块的绝对路径是home/hello/hello.js，在该模块中导入其他模块，写法为require("me/first")，则Node.js会依次尝试使用以下路径：

```
/home/hello/node_modules/me/first
/home/node_modules/me/first
node_modules/me/first
```

4.2.2 exports 导出模块

一个模块中的变量和方法只能用于这个模块，如果想要与其他模块共享一些方法、属性等，就可以用exports导出一个对象。这个对象可以包含想要与其他模块共享的方法和属性等。

假设一个模块中有两个想要与其他模块共享的方法，一个用于数组去重，一个用于计算数组之和，可以像下面这样导出：

【代码4-2】

```
01  const util = {
02  noRepeat: function(arr) {
03      return arr.filter(function(ele, index) {
04          return arr.indexOf(ele)==index;
05      });
06  },
07  add: function(arr) {
08      return arr.reduce(function(ele1, ele2) {
09          return ele1 + ele2;
10      });
11  }
12  };
13  module.exports = util;
```

假设将这个模块保存为exports.js，若要在同级目录下通过require使用该模块，则代码如下：

【代码4-3】

```
01  const arrFn = require('./exports');
02  const arr = [1,2,3,3,2];
03  let noRepeatArr = arrFn.noRepeat(arr);
```

```
04    let num = arrFn.add(arr);
05    console.log(noRepeatArr);
06    console.log(num);
```

运行这段代码后，在命令行输出数组[1, 2, 3]和数字 11，说明模块导出成功，如图 4.8 所示。

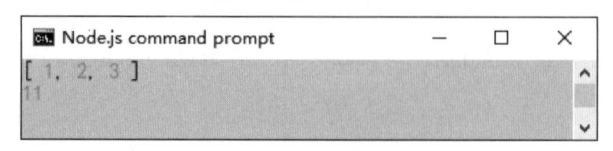

图 4.8 导出模块

4.3 Node.js 核心模块

Node.js 的核心模块主要有 http、fs、url、querystring。fs 模块放在第 5 章详细介绍，本节将详细分析 http、url 和 querystring 模块的方法和原理。

4.3.1 http 模块——创建 HTTP 服务器、客户端

要使用 http 模块，只需要在文件中通过 require('http')引入即可。http 模块是 Node.js 原生模块中最为亮眼的模块。传统的 HTPP 服务器会由 Apache、Nginx、IIS 之类的软件来担任，但是 Node.js 并不需要。Node.js 的 http 模块本身就可以构建服务器，而且性能非常可靠。

1．Node.js服务器端

下面创建一个简单的 Node.js 服务器。

【代码 4-4】

```
01  const http = require('http');
02  const server = http.createServer(function(req, res) {
03      res.writeHead(200,{
04          'content-type': 'text/plain'
05      });
06      res.end('Hello, Node.js!');
07  });
08  server.listen(3000, function() {
09      console.log('listening port 3000');
10  });
```

【代码说明】

- 运行这段代码，在浏览器中打开http://localhost:3000/或者http://127.0.0.1:3000/，页面中显示"Hello，Node.js!"文字。

http.createServer()方法返回的是 http 模块封装的一个基于事件的 HTTP 服务器。同样地，http.request 是其封装的一个 HTTP 客户端工具，可以用来向 HTTP 服务器发起请求。上面的 req 和

res 分别是 http.IncomingMessage 和 http.ServerResponse 的实例。

http.Server 的事件主要有：

- request：最常用的事件，当客户端请求到来时，该事件被触发，提供req和res两个参数，表示请求和响应信息。
- connection：当TCP连接建立时，该事件被触发，提供一个socket参数，是net.Socket的实例。
- close：当服务器关闭时，触发事件（注意，不是在用户断开连接时）。

http.createServer()方法其实就是添加了一个 request 事件监听，利用下面的代码同样可以实现【代码 4-4】的效果。

【代码 4-5】

```
01  const http = require('http');
02  const server = new http.Server();
03  server.on('request', function(req, res) {
04      res.writeHead(200,{
05          'content-type': 'text/plain'
06      });
07      res.end('Hello, Node.js!');
08  });
09  server.listen(3000, function() {
10      console.log('listening port 3000');
11  });
```

http.IncomingMessage 是 HTTP 请求的信息，提供了以下 3 个事件：

- data：当请求体数据到来时该事件被触发。该事件提供一个chunk参数，表示接收的数据。
- end：当请求体数据传输完毕时，该事件被触发，此后不会再有数据。
- close：用户当前请求结束时，该事件被触发。

http.IncomingMessage 提供的主要属性有：

- method：HTTP请求的方法，如GET。
- headers：HTTP请求头。
- url：请求路径。
- httpVersion：HTTP协议的版本。

将上面提到的知识融合到【代码 4-4】的服务器代码中。

【代码 4-6】

```
01  const http = require('http');
02  const server = http.createServer(function(req, res) {
03      let data = '';
04      req.on('data', function(chunk) {
05          data += chunk;
06      });
```

```
07      req.on('end', function() {
08          let method = req.method;
09          let url = req.url;
10          let headers = JSON.stringify(req.headers);
11          let httpVersion = req.httpVersion;
12          res.writeHead(200,{
13              'content-type': 'text/html'
14          });
15          let dataHtml = '<p>data:' + data + '</p>';
16          let methodHtml = '<p>method:' + method + '</p>';
17          let urlHtml = '<p>url:' + url + '</p>';
18          let headersHtml = '<p>headers:' + headers + '</p>';
19          let httpVersionHtml = '<p>httpVersion:' + httpVersion + '</p>';
20  let resData=dataHtml + methodHtml + urlHtml + headersHtml + httpVersionHtml;
21          res.end(resData);
22      });
23  });
24  server.listen(3000, function() {
25      console.log('listening port 3000');
26  });
```

打开浏览器输入地址后，可以在浏览器页面中看到如图 4.9 所示的信息。

```
data:

method:GET

url:/

headers:{"host":"localhost:3000","connection":"keep-alive","cache-control":"max-age=0","upgrade-insecure-requests":"1","user-agent":"Mozilla/5.0 (Windows NT 10.0; WOW64) AppleWebKit/537.36 (KHTML, like Gecko) Chrome/55.0.2883.87 Safari/537.36","accept":"text/html,application/xhtml+xml,application/xml;q=0.9,image/webp,encoding":"gzip, deflate, sdch, br","accept-language":"zh-CN,zh;q=0.8"}

httpVersion:1.1
```

图 4.9　浏览器效果

http.ServerResponse 是返回给客户端的信息，其常用的方法为：

- res.writeHead(statusCode,[heasers])：向请求的客户端发送响应头。
- res.write(data,[encoding])：向请求发送内容。
- res.end([data],[encoding])：结束请求。

这些方法在上面的代码中已经演示过了，这里就不再演示了。

2．客户端向HTTP服务器发起请求

客户端向 HTTP 服务器发起请求的方法有：

- http.request(option[,callback])：option为json对象，主要字段有host、port（默认为80）、method（默认为GET）、path（请求的相对于根的路径，默认是"/"）、headers等。该方法返回一个httpClientRequest实例。

- http.get(option[,callback]): http.request()使用HTTP请求方式GET的简便方法。

同时运行【代码4-4】和【代码4-7】中的代码，可以发现命令行中输出"Hello, Node.js!"字样，表明一个简单的GET请求发送成功了。

【代码4-7】
```
01  const http = require('http');
02  let reqData = '';
03  http.request({
04      'host': '127.0.0.1',
05      'port': '3000',
06      'method': 'get'
07  }, function(res) {
08      res.on('data', function(chunk) {
09          reqData += chunk;
10      });
11      res.on('end', function() {
12          console.log(reqData);
13      });
14  }).end();
```

利用http.get()方法也可以实现同样的效果。

【代码4-8】
```
01  const http = require('http');
02  let reqData = '';
03  http.get({
04      'host': '127.0.0.1',
05      'port': '3000'
06  }, function(res) {
07      res.on('data', function(chunk) {
08          reqData += chunk;
09      });
10      res.on('end', function() {
11          console.log(reqData);
12      });
13  }).end();
```

与服务端一样，http.request()和http.get()方法返回的是一个http.ClientRequest()实例。http.ClientRequest()类主要的事件和方法有：

- response：当接收到响应时触发。
- request.write(chunk[,encoding][,callback])：发送请求数据。
- res.end([data][,encoding][,callback])：发送请求完毕，应该始终指定这个方法。

同样可以改写【代码4-8】为【代码4-9】。

【代码4-9】
```
01  const http = require('http');
```

```
02    let reqData = '';
03    let option= {
04        'host': '127.0.0.1',
05        'port': '3000'
06    };
07    const req = http.request(option);
08    req.on('response', function(res) {
09        res.on('data', function(chunk) {
10            reqData += chunk;
11        });
12        res.on('end', function() {
13            console.log(reqData);
14        });
15    });
```

4.3.2　url 模块——URL 地址处理

要使用 url 模块，只需要在文件中通过 require('url') 引入即可。url 模块主要用来解析 URL，它提供以下 3 种方法：

- url.parse(urlStr[,parseQueryString][,slashesDenoteHost])：解析一个URL地址，返回一个url对象。
- url.formate(urlObj)：接收一个url对象为参数，返回一个完整的URL地址。
- url.resolve(from, to)：接收一个base url对象和一个href url对象，像浏览器那样解析，返回一个完整的URL地址。

示例代码如下：

【代码 4-10】

```
01    const url = require('url');
02    let parseUrl = 'https://www.google.com/?q=node.js';
03    let urlObj = url.parse(parseUrl);
04    console.log(urlObj);
```

在命令行中输出如图 4.10 所示的信息，说明解析成功。

```
Url {
  protocol: 'https:',
  slashes: true,
  auth: null,
  host: 'www.google.com',
  port: null,
  hostname: 'www.google.com',
  hash: null,
  search: '?q=node.js',
  query: 'q=node.js',
  pathname: '/',
  path: '/?q=node.js',
  href: 'https://www.google.com/?q=node.js' }
```

图 4.10　解析 URL 地址

利用 url.format() 方法返回上述完整地址的代码如下：

【代码 4-11】

```
01  const url = require('url');
02  let urlObj = {
03      'host': 'www.google.com',
04      'port': 80,
05      'protocol': 'https',
06      'search':'?q=node.js',
07      'query': 'q=node.js',
08      'path': '/'
09  };
10  let urlAddress = url.format(urlObj);
11  console.log(urlAddress);
```

运行代码后，可以在命令行看到完整的 URL 地址。

resolve 的使用方法如下：

【代码 4-12】

```
01  const url = require('url');
02  let urlAddress = url.resolve('https://www.google.cn', '/image');
03  console.log(urlAddress);
```

运行代码后，可以在命令行看到完整的 URL 地址 https://www.google.cn/image。

4.3.3 querystring 模块——查询字符串处理

要使用 querystring 模块，只需要在文件中通过 require('querystring')引入即可。querystring 模块是一个处理查询字符串的模块，这个模块的主要方法有：

- querystring.parse()：将查询字符串反序列化为一个对象，类似JSON.parse()。
- querystring.stringify()：将一个对象序列化为一个字符串，类似JSON.stringify()。

下面演示它们的使用方法。

将查询字符串反序列化为一个对象：

【代码 4-13】

```
01  const querystring = require('querystring');
02  let str = 'keyWord=node.js&name=huruji';
03  let obj = querystring.parse(str);
04  console.log(obj);
```

将对象序列化为一个查询字符串。

【代码 4-14】

```
01  const querystring = require('querystring');
02  let obj = {
03      keyWord: 'node.js',
04      name: 'huruji'
05  };
```

```
06  let str = querystring.stringify(obj);
07  console.log(str);
```

4.4 Node.js 常用模块

除了 4.3 节提到的核心模块外，Node.js 还有一些常用的模块。

4.4.1 util 模块——实用工具

util 模块是一个工具模块，提供的主要方法有：

- util.inspect()：返回一个对象反序列化形成的字符串。
- util.format()：返回一个使用占位符格式化的字符串，类似于C语言的printf。可以使用的占位符有%s、%d、%j。
- util.log()：在命令行中输出，类似于console.log()，但这个方法带有时间戳。

下面通过示例代码说明这些方法的使用。

【代码 4-15】

```
01  const util = require('util');
02  let obj = {
03      keyWord: 'node.js',
04      name: 'huruji'
05  };
06  let str = util.inspect(obj);
07  console.log(str);
```

上面这段代码已经将对象反序列化为一个字符串。这个工具模块在调试的时候非常有用。另外，util.log()方法还可以让命令行输出的字符串带有颜色和风格，这有利于区分各种数据类型。Node.js 默认的风格如表 4.1 所示。

表 4.1 Node.js 默认的风格

数据类型	风　　格	数据类型	风　　格
数字	黄色	字符串	绿色
布尔值	黄色	日期	洋红色
正则表达式	红色	null	粗体
undefined	斜体		

只需要在这个方法中添加一个 json 对象参数，将 color 字段设置为 true 即可，示例如下：

【代码 4-16】

```
01  const util = require('util');
02  let obj = {
```

```
03     keyWord: 'node.js',
04     name: 'huruji'
05   };
06   let str = util.inspect(obj,{
07     'color': true
08   });
09   console.log(str);
```

如果 util.format 方法中的参数少于占位符，那么多余的占位符不会被替换；如果参数多于占位符，那么剩余的参数将通过 util.spect()方法转换为字符串；如果没有占位符，就将以空格分隔各个参数并拼接成字符串。示例如下：

【代码 4-17】

```
01  const util = require('util');
02  util.format('%s is %d', 'huruji', 12);
03  // huruji is 12
04  util.format('%s is a %s%s', 'huruji', 'FE');
05  // huruji is a FE%s
06  util.format('%s is a', 'huruji', 'FE');
07  // huruji is a FE
08  util.format('huruji', 'is', 'a', 'FE');
09  // huruji is a FE
```

除了这些方法外，util 模块还提供了一些判断数据类型的函数，如 util.isArray()、util.isRegExp()、util.isDate()等。

4.4.2 path 模块——路径处理

path 模块提供了一系列处理文件路径的方法，主要有：

- path.join()：将所有的参数连接起来，返回一个路径。
- path.extname()：返回路径参数的拓展名，无拓展名时返回空字符串。
- path.parse()：将路径解析为一个路径对象。
- path.format()：接收一个路径对象为参数，返回一个完整的路径地址。

下面用示例代码说明这些方法的使用。

【代码 4-18】

```
01  const path = require('path');
02  let outputPath = path.join(__dirname, 'node', 'node.js');
03  console.log(outputPath);
```

假设上面这段代码文件存放在 C 盘目录下的 frontEnd 文件夹下，即__dirname 表示 C:\frontEnd，则返回：

```
C:\frontEnd\node\node.js
```

利用 path.extname()方法解析上面代码返回路径中的拓展名".js"，代码如下：

【代码 4-19】

```
01  const path = require('path');
02  let ext = path.extname(path.join(__dirname, 'node', 'node.js'));
03  console.log(ext);
```

在 Node.js 中，一个文件对象有 root、dir、base、ext、name 五个字段，分别对应根目录（一般是磁盘名）、完整目录、路径最后一个部分（可能是文件名或文件夹名，是文件名时带拓展名）、拓展名、文件名（不带拓展名）。可以利用以下代码将上面的地址解析成一个路径对象。

【代码 4-20】

```
01  const path = require('path');
02  const str = 'C:/frontEnd/node/node.js';
03  let obj = path.parse(str);
04  console.log(obj);
```

将在命令行看到如图 4.11 所示的输出。

```
{ root: 'C:/',
  dir: 'C:/frontEnd/node',
  base: 'node.js',
  ext: '.js',
  name: 'node' }
```

图 4.11　解析路径

如果将命令行输出的这个对象作为 path.format() 的参数使用，就会得到上面的路径字符串。

4.4.3　dns 模块

dns 模块的功能是域名处理和域名解析，常用方法有：

- dns.resolve()：将一个域名解析为一个指定类型的数组。
- dns.lookup()：返回第一个被发现的 IPv4 或者 IPv6 的地址。
- dns.reverse()：通过 IP 地址解析域名。

下面用示例代码说明这些方法的使用。

通过 dns.resolve() 方法解析百度的 IPv4 地址：

【代码 4-21】

```
01  const dns = require('dns');
02  let domain = 'baidu.com';
03  dns.resolve(domain, function(err, address) {
04      if(err) {
05          console.log(err);
06          return;
07      }
08      console.log(address);
09  })
```

运行代码后，可以在命令行中看到如图 4.12 所示的数组输出。

```
[ '180.149.132.47',
  '111.13.101.208',
  '123.125.114.144',
  '220.181.57.217' ]
```

图 4.12　解析 DNS

利用 dns.lookup()方法会返回上面这个数组中的一个元素：

【代码 4-22】

```
01  const dns = require('dns');
02  let domain = 'baidu.com';
03  dns.lookup(domain, function(err, address) {
04      if(err) {
05          console.log(err);
06          return;
07      }
08      console.log(address);
09  })
```

笔者的命令行输出的便是上面数组中的第二个元素，即 111.13.101.208 这个地址。读者可以自行查看自己网络返回的地址。

我们将一个 IP 地址 114.114.114.114 传递给 dns.reverse()方法，就会得到一个域名数组，不过这个数组中只有 public1.114dns.com 这个域名：

【代码 4-23】

```
01  const dns = require('dns');
02  dns.reverse('114.114.114.114', function(err, domain) {
03      console.log(domain);
04  })
```

第 5 章

Node.js 文件操作

文件操作在 Node.js 编程中非常重要。Node.js 可以跨平台运行，所以在处理文件操作时需要考虑不同操作系统的区别。Node.js 同时提供大量核心的 API 和外部模块，供开发人员轻松地进行文件的读写和其他操作，并以高效率著称。本章将深入讨论如何在 Node.js 中使用这些模块来完成文件操作。

通过本章的学习可以：

- 处理文件的路径和从文件路径中获取信息。
- 打开一个已存在的文件和在文件操作结束后正常关闭文件。
- 使用Node.js包读取和写入纯文本文件、XML文件、CSV文件和JSON文件。
- 从文本文件中读取数据，并修改数据格式，重新生成对应的CSV文件。

提示：本章内容不包含对数据库的操作，数据库操作将在第 7 章介绍。

5.1 Node.js 文件系统介绍

Node.js 为文件操作提供了大量的 API。这些 API 基本上和 UNIX（POSIX）中的 API 相对应。Node.js 在操作文件时使用的是 fs（File System）模块。文件系统模块均有两种不同的方法，分别是异步和同步版本。

5.1.1 同步和异步

为了使用 Node.js 进行文件操作，首先要使用 require('fs')来加载文件系统模块。异步方法的最后一个参数总是一个完整的回调函数（callback 函数）。传递给回调函数的参数一般取决于这个方法本身，但是第一个参数永远是异常(err)。如果方法执行成功，第一个参数将会是 null 或者 undefined。当使用同步方法来执行时，任何异常都会立刻引发。我们可以使用 try 或者 catch 来处理异常并将错误信息显示出来。

下面给出一个异步方法的例子，其中 tmp 文件夹下有一个 hello 文件。

【代码 5-1】

```
01  const fs = require('fs');
02  //异步操作读取文件
03  fs.unlink('./tmp/hello', (err) => {
04      if (err) throw err;
05      console.log('successfully deleted ./tmp/hello');
06  });
```

【代码说明】

- 这段代码将删除在tmp目录下的hello文件，如果删除成功，就在console中打印删除成功的信息。

也可以使用同步的方法实现同样的功能。在下面的代码中，将使用同步的方法执行相同的操作。

【代码 5-2】

```
01  const fs = require('fs');
02  //同步操作读取文件
03  fs.unlinkSync('./tmp/hello');
04  console.log('successfully deleted /tmp/hello');
```

异步操作的方法不能保证执行一定成功，所以文件操作的顺序在代码执行过程中非常重要。例如下面的代码将会引发一个错误。

【代码 5-3】

```
01  //重命名 hello 文件为 world 文件
02  fs.rename('./tmp/hello', './tmp/world', (err) => {
03      if (err) throw err;
04      console.log('renamed complete');
05  });
06  //获取 world 文件的信息
07  fs.stat('./tmp/world', (err, stats) => {
08      if (err) throw err;
09      console.log(`stats: ${JSON.stringify(stats)}`);
10  });
```

【代码说明】

- fs.stat将在fs.rename之前执行，正确的方法是使用回调函数来执行。

下面的代码是正确使用回调函数来处理程序执行过程中的异常。

【代码 5-4】

```
01  fs.rename('./tmp/hello', './tmp/world', (err) => {
02      if (err) throw err;
03      fs.stat('./tmp/world', (err, stats) => {
04          if (err) throw err;
05          console.log(`stats: ${JSON.stringify(stats)}`);
06      });
```

```
07  });
```

提示：在一个大型的系统中，建议使用异步方法，因为同步方法将会导致进程被锁死。和同步方法相比，异步方法性能更高，速度更快，而且阻塞更少。本书介绍以异步方法为主、同步方法为辅。

5.1.2　fs 模块中的类和文件的基本信息

Node.js 在文件模块中只有 4 个类，分别为 fs.ReadStream、fs.WriteStream、fs.FSWatcher 和 fs.Stats。其中，fs.ReadStream 和 fs.WriteStream 分别是读取流和写入流，将在后面的内容中进行介绍；fs.FSWatcher 和 fs.Stats 可以获取文件的相关信息。

stats 类中的方法有：

- stats.isFile()：如果是标准文件就返回 true，如果是目录、套接字、符号连接或设备等就返回 false。
- stats.isDirectory()：如果是目录就返回 true。
- stats.isBlockDevice()：如果是块设备就返回 true。大多数情况下类 UNIX 系统的块设备都位于 /dev 目录下。
- stats.isCharacterDevice()：如果是字符设备就返回 true。
- stats.isSymbolicLink()：如果是符号连接就返回 true。fs.lstat() 方法返回的 stats 对象才有此方法。
- stats.isFIFO()：如果是 FIFO 就返回 true。FIFO 是 UNIX 中一种特殊类型的命令管道。
- stats.isSocket()：如果是 UNIX 套接字就返回 true。

使用 fs.stat()、fs.lstat() 和 fs.fstat() 方法都将返回文件的一些特征信息，如文件的大小、创建时间或者权限。一个典型的查询文件元信息的代码如下：

【代码 5-5】

```
01  var fs = require('fs');
02  fs.stat('./5-5.js', function (err, stats) {
03      console.log(stats);
04  })
```

运行上面的代码，将会输出如图 5.1 所示的文件信息。

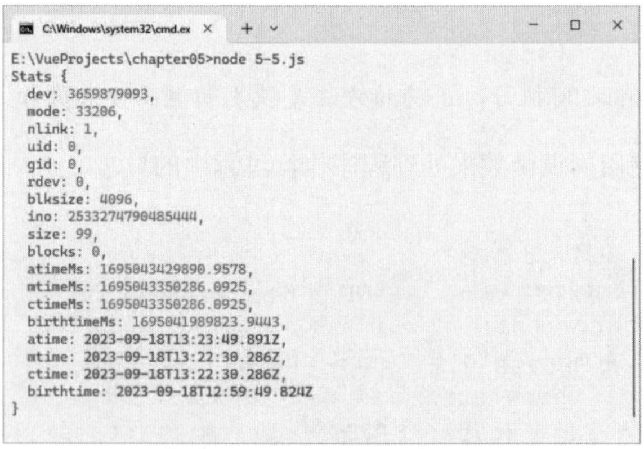

图 5.1　文件信息查询结果

5.1.3 文件路径

在 Node.js 中访问文件，既可以使用相对路径又可以使用绝对路径。我们可以使用 path 模块功能来修改链接、解析路径，还可以将路径进行转换和规范化。需要注意的是，在不同操作系统中，路径分隔也不一样，如有的需要带"/"，有的不需要。因此，处理文件路径会比较困难，使用 path 模块可以很好地解决这些问题。

在使用 path 模块时，首先要用 require('path')方法进行引用。path 模块主要有以下几个主要功能：

- 规范化路径。
- 连接路径。
- 路径解析。
- 查找路径之间的关系。
- 提取路径中的部分内容。

下面的代码使用 normalize()方法来规范化路径字符串。在存储和使用路径之前，将其规范化可以避免之后的错误引用。

【代码 5-6】

```
01  var path = require('path');
02  path.normalize('/foo/bar//baz/asdf/quux/..');
03  // 处理后
04  '/foo/bar/baz/asdf'
```

join()方法可以连接任意多个路径字符串。要连接的多个路径可作为参数传入。下面给出一个路径连接的示例。

【代码 5-7】

```
01  var path = require('path');
02  //合法的字符串连接
03  path.join('/foo', 'bar', 'baz/asdf', 'quux', '..')
04  // 连接后
05  '/foo/bar/baz/asdf'
06  //不合法的字符串将抛出异常
07  path.join('foo', {}, 'bar')
08  // 抛出的异常
09  TypeError: Arguments to path.join must be strings'
```

path.relative()方法可以找出一个绝对路径到另一个绝对路径的相对关系。例如，下面的代码判定两个路径的相对关系，结果将输出为'../../zszsgc/lib'。

```
01  var path = require('path');
02  path.relative('/Users/code/itbilu/demo', '/Users/code/zszsgc/lib');
```

提示：在使用相对路径的时候，路径的相对性应该与 process.cwd()一致。

5.2 基本文件操作

Node.js 使用流（stream）的方式来处理文件。这种处理方式和处理网络数据几乎是一样的，操作起来非常方便。使用流的方式操作一般会有一个问题，即无法在文件的指定位置进行读写。但是 Node.js 进行了更底层的操作，除了可以在文件的尾部写入数据之外，也可以在文件的特定位置写入数据。

Node.js 中有丰富的 API 支持对文件的各种操作，包括获取文件信息、创建和删除文件、打开和关闭文件、读写数据。在本节中将会介绍文件的一些基本操作，下一节会针对具体格式的文件操作进行讲解。

5.2.1 打开文件

在处理文件之前都需要使用 Node.js 中的 fs.open 方法打开文件，然后才能使用文件描述符调用所提供的回调函数。在异步模式下打开文件的语法如下：

```
fs.open(path, flags[, mode], callback)
```

参数使用说明如下：

- path：文件的路径。
- flags：文件打开的方式，具体说明可参见表5.1。
- mode：设置文件模式（权限），文件默认权限为可读写。
- callback：回调函数，同时带有两个参数。

表 5.1　fs.open 中 flag 参数说明

flag 值	说　　明
r	以读取模式打开文件，如果文件不存在就抛出异常
r+	以读写模式打开文件，如果文件不存在就抛出异常
rs	以同步的方式读取文件
rs+	以同步的方式读取和写入文件
w	以写入模式打开文件，如果文件不存在就创建
wx	类似 w，但是如果文件路径存在，则文件写入失败
w+	以读写模式打开文件，如果文件不存在，则创建
wx+	类似 w+，但是如果文件路径存在，则文件读写失败
a	以追加模式打开文件，如果文件不存在，则创建
ax	类似 a，但是如果文件路径存在，则文件追加失败

下面的代码将打开一个文件，并在打开之前和打开成功之后在 console 中显示相对应的消息。

【代码 5-8】

```
01  var fs = require('fs');
02  // 打开文件
03  console.log("准备打开文件！");
```

```
04  fs.open('text.txt', 'r+', function(err, fd) {
05      if (err) {
06          return console.error(err);
07      }
08      console.log("成功打开文件");
09  });
```

5.2.2 关闭文件

关闭文件将使用 fs.close 和 fs.closeSync 方法。其中，fs.closeSync 为同步操作的方法。在这里主要介绍使用异步的 fs.close 方法。它一共有两个参数可以设定，具体语法如下：

`fs.close(fd, callback)`

参数使用说明如下：

- fd：通过 fs.open() 方法返回的文件描述符。
- callback：回调函数，没有参数。

在实际开发过程中，如果打开了一个文件，就应该在文件操作完成之后尽快关闭该文件，为此可能需要跟踪那些已经打开的文件描述符，并在操作完成之后确保文件正确关闭。下面的代码将建立一个新的文本文件，并进行打开文件和关闭文件的操作。

【代码 5-9】
```
01  var fs = require('fs');
02  console.log("准备打开文件！");
03  fs.open('input.txt', 'r+', function(err, fd) {
04      if (err) {
05          return console.error(err);
06      }
07      console.log("文件打开成功！");
08      // 关闭文件
09      fs.close(fd, function(err){
10          if (err){
11              console.log(err);
12          }
13          console.log("文件关闭成功");
14      });
15  });
16  });
```

事实上，并不需要经常使用 fs.close 来关闭文件，除了几种特例之外。原因在于，在使用 fs.readFile、fs.writeFile 或 fs.append 之后，它们并不返回任何 fd，Node.js 将在文件操作之后进行判断并自动关闭文件。例如，在执行下面的代码后并不需要使用 fs.close 来关闭文件。

```
01  var fs = require('fs');
02  // 在/home/text.txt 中写入字符串 abc
03  fs.writeFile("/home/text.txt","abc");
```

提示：在使用一些方法的时候，例如 fs.createReadStream，在 option 中有 autoClose 选项。autoClose 选项设置为 true 时，才会在文件操作之后自动关闭，详细内容请参见相关方法的具体说明或 Node.js 的官方手册。

5.2.3 读取文件

Node.js 目前支持 UTF-8、UCS-2、ASCII、Binary、Base64、Hex 编码的文件，并不支持中文 GBK 或 GB2312 之类的编码，所以无法操作 GBK 或 GB2312 格式文件的中文内容。如果想读取 GBK 或 GB2312 格式的文件，需要第三方的模块支持，建议使用 iconv 模块或 iconv-lite 模块。其中，iconv 模块仅支持 Linux，不支持 Windows。

在 Node.js 中读取文件一般使用 fs.read 方法。该方法从一个特定的文件描述符（fd）中读取数据，语法格式如下：

```
fs.read(fd, buffer, offset, length, position, callback)
```

参数使用说明如下：

- fd：通过fs.open()方法返回的文件描述符。
- buffer：数据写入的缓冲区。
- offset：缓冲区写入的偏移量。
- length：要从文件中读取的字节数。
- position：文件读取的起始位置，如果position的值为null，就会从当前文件指针的位置读取。
- callback：回调函数，有err、bytesRead、buffer三个参数。其中err为错误信息，bytesRead表示读取的字节数，buffer为缓冲区对象。

下面的代码是一个文件读取的示例。首先，使用 fs.open()方法打开文件；然后，从第 100 字节开始，读取后面的 1024 字节的数据；读取完成后，fs.open()会使用回调方法返回数据，再处理读取到的缓冲数据。

【代码 5-10】

```
01  var fs = require('fs');
02  fs.open('./5-10.js', 'r', function (err, fd) {
03      var readBuffer = new Buffer(1024),
04          offset = 0,
05          len = readBuffer.length,
06          filePostion = 100;
07      fs.read(fd, readBuffer, offset, len, filePostion, function(err, readByte){
08          console.log('读取数据总数：'+readByte+' bytes' );
09          // ==>读取数据总数
10          console.log(readBuffer.slice(0, readByte));//数据已被填充到 readBuffer 中
11      })
12  })
```

读取文件也可以使用 fs.readFile()方法，语法格式如下：

```
fs.readFile(filename[, options], callback)
```

参数使用说明如下：

- filename：要读取的文件。
- options：一个包含可选值的对象。
  - encoding {String | Null}默认为null。
  - flag {String}默认为'r'。
- callback：回调函数。

fs.readFile 方法是在 fs.read 上的进一步封装，两者的主要区别是 fs.readFile 方法只能读取文件的全部内容。

提示：JS 文件必须保存为 UTF-8 编码格式。使用 Node.js 开发时，无论是代码文件还是要读写的其他文件，都建议使用 UTF-8 编码格式保存，这样可以无须额外的模块支持。

5.2.4 写入文件

写入文件一般使用 fs.writeFile 和 fs.appendFile 方法。两者都可以将字符串或者缓存区中的内容直接写入文件，如果检测到文件不存在就创建新的文件。fs.writeFile 和 fs.appendFile 的语法格式也非常接近，分别如下：

（1）fs.writeFile 语法：

```
fs.writeFile(filename, data[, options], callback)
```

参数使用说明如下：

- path：文件路径。
- data：写入文件的数据，可以是string（字符串）或buffer（流）对象。
- options：该参数是一个对象，包含{encoding, mode, flag}，默认编码为UTF-8，模式为0666，flag为 'w'。
- callback：回调函数，只包含错误信息参数（err）。

（2）fs.appendFile 语法：

```
fs.appendFile(file, data[, options], callback)
```

参数说明如下：

- file：文件名或者文件描述符。
- data：可以是string（字符串）或buffer（流）对象。
- options：该参数是一个对象，包含{encoding, mode, flag}，默认编码为UTF-8，模式为0666，flag为'w'。
- callback：回调函数，只包含错误信息参数（err）。

下面将字符串（string）和流（buffer）作为数据源写入一个文件中：

【代码 5-11】
```
01  //使用 string 写入文件
02  fs.appendFile('message.txt', 'data to append', 'utf8', callback);
03  //使用 buffer 写入文件
04  fs.appendFile('message.txt', 'data to append', (err) => {
05      if (err) throw err;
06      console.log('The "data to append" was appended to file!');
07  });
```

在执行写入文件之后，不要使用提供的缓存区，因为一旦将其传递给写入函数，缓存区就处于写入操作的控制之下，直到函数结束之后才可以重新使用。

提示：在写入文件时，一般要包含写入信息的具体位置，以追加模式打开文件的，文件的游标位于文件的尾部，因此写入的数据也处于文件的尾部。

5.3 其他文件操作

在实际的编程过程中，需要操作多种不同格式的文件，例如 CSV 文件、XML 文件和 JSON 文件。Node.js 除了提供官方的 API 对文件操作进行支持之外，也可以通过 npm 安装第三方的模块来进行文件操作。本节以 CSV 文件为例，详细介绍如何通过 Node.js 和第三方模块来操作文件。

CSV 是一种常见的数据格式。Node.js 中有很多模块可以解析 CSV 文件，这里建议使用 node-CSV 来进行文件的解析操作。node-CSV 遵循开源的 BSD 协议，项目在 Git 网站中的网址为 https://github.com/wdavidw/node-CSV。它一共包含 4 个包，分别为 CSV-generate、CSV-parse、stream-transform 和 CSV-stringify。各个包的功能具体如下：

- CSV-generate：用来生成标准的CSV文件。
- CSV-parse：将CSV文件解析为数组变量。
- stream-transform：一个转换框架。
- CSV-stringify：将记录转换为CSV文本。

使用 node-CSV 时，需要先通过 npm 命令来安装 CSV 的包，具体命令如下：

npm install csv

其中每个包都与 stream2 和 stream3 的标准相兼容，并且提供一个简单的回调函数。CSV-parse 解析方法可以使用多种选项，但所有的选项都是可选的，而不是必需的，参见表 5.2。

表 5.2 CSV-parse 的选项说明

选　　项	说　　明
delimiter (char)	设定分隔符，只能设定一个字符，默认为","
rowDelimiter (chars|constant)	定义行分隔符，默认值为 auto,也可以设定为 unix、mac、windows、unicode
quote (char)	默认为双引号，可以用来限定一个范围

(续表)

选项	说明
escape (char)	设定转义字符，只能设定一个字符，默认为双引号
columns (array|boolean|function)	将一段数据设置为数组，默认为 null
comment (char)	注释，将后面的字符串都当作注释字段，默认为""
objname (string)	设置标题名称
skip_empty_lines (boolean)	忽略内容为空的行
trim (boolean)	默认值为 false。如果设置为 true，就将忽略分隔符附近的空格
ltrim (boolean)	默认值为 false。如果设置为 true，就将忽略分隔符后面的空格
rtrim (boolean)	默认值为 false。如果设置为 true，就将忽略分隔符后面的空格
auto_parse (boolean)	如果设置为 true，将从默认读取数据类型转换为 native 类型
auto_parse_date (boolean)	如果设置为 true，将尝试转换读取数据类型为 dates 类型

下面的代码将使用 CSV 模块中的 stream 来读取、解析和转换 CSV 文件。

【代码 5-12】

```
01  var cvs = require('CSV');
02  var generator = CSV.generate({seed: 1, columns: 2, length: 20});
03  var parser = CSV.parse();
04  var transformer = CSV.transform(function(data){
05    return data.map(function(value){return value.toUpperCase()});
06  });
07  var stringifier = CSV.stringify();
08  generator.on('readable', function(){
09    while(data = generator.read()){
10      parser.write(data);
11    }
12  });
13  //解析生成的 CSV 文件
14  parser.on('readable', function(){
15    while(data = parser.read()){
16      transformer.write(data);
17    }
18  });
19  //将 CSV 文件转换为 TXT 文件
20  transformer.on('readable', function(){
21    while(data = transformer.read()){
22      stringifier.write(data);
23    }
24  });
25  stringifier.on('readable', function(){
26    while(data = stringifier.read()){
27      process.stdout.write(data);
28    }
29  });
```

【代码说明】
- 首先使用require('CSV')引用CSV模块。引用之后，就可以直接使用它封装的方法和属性了。
- CSV()相当于实例化一个对象，.from()和.to()都是CSV()封装的方法。
  - .from()方法：从源文件中读取数据，参数既可以直接传字符串，也可以传源文件的路径。
  - .to()方法：将从form()方法中读取出来的数据输出，既可以输出到命令行，也可以输出到目标文件。此例是输出到命令行。

第 6 章

Node.js 网络开发

网络是通信互联的基础，Node.js 提供了 net、http、dgram 模块，分别用来实现 TCP、HTTP、UDP 的通信。

通过本章的学习可以：

- 掌握TCP服务器和客户端的创建。
- 掌握HTTP的路由控制思想。
- 掌握UDP数据通信的实现。

6.1 构建 TCP 服务器

OSI 参考模型将网络通信功能划分为 7 层，即物理层、数据链路层、网络层、传输层、会话层、表示层和应用层。TCP 协议就是位于传输层的协议。Node.js 在创建一个 TCP 服务器的时候使用的是 net（网络）模块。

6.1.1 使用 Node.js 创建 TCP 服务器

为了使用 Node.js 创建 TCP 服务器，首先要使用 require('net')来加载 net 模块，然后就可以使用 net 模块的 createServer 方法轻松地创建一个 TCP 服务器。语法结构如下：

```
net.createServer([options][,connectionListener])
```

参数说明：

- options：是一个对象参数值，有两个布尔类型的属性，allowHalfOpen和pauseOnConnect。这两个属性默认都是false。
- connectionListener：是一个客户端与服务端建立连接时的回调函数，这个回调函数以socket端口对象为参数。

如下代码构建一个 TCP 服务器。

【代码 6-1】

```
01  /*引入 net 模块*/
02  var net = require('net');
03  /*创建 TCP 服务器*/
04  var server = net.createServer(function(socket) {
05      console.log('someone connects');
06  });
```

6.1.2　监听客户端的连接

使用 TCP 服务器的 listen 方法就可以开始监听客户端的连接，语法结构如下：

```
server.listen(port[,host][,backlog][,callback]);
```

参数说明：

- port：为需要监听的端口号。此参数值为 0 的时候，将随机分配一个端口号。
- host：服务器地址。
- backlog：连接等待队列的最大长度。
- callback：回调函数。

如下代码可以创建一个 TCP 服务器并监听 8001 端口。

【代码 6-2】

```
01  /*引入 net 模块*/
02  var net = require('net');
03  /*创建 TCP 服务器*/
04  var server = net.createServer(function(socket){
05      console.log('someone connects');
06  });
07  /*设置监听端口*/
08  server.listen(8001,function() {
09      console.log('server is listening');
10  });
```

运行这段代码，可以在命令行看到执行了 listen 方法的回调函数，如图 6.1 所示。

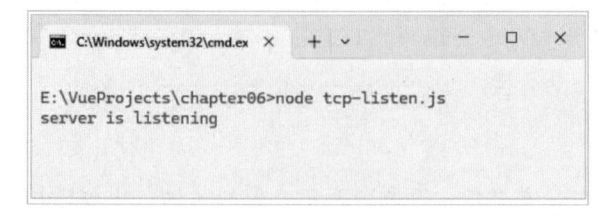

图 6.1　执行 listen 的回调函数

可以使用相应的 TCP 客户端或者调试工具来连接这个已经创建好的 TCP 服务器。例如，要使用 Windows 的 Telnet，就可以用以下命令连接：

```
open localhost 8001
```

连接成功后,命令行打印"someone connects"字样,表明 createServer 方法的回调函数已经执行,说明已经成功连接到这个创建好的 TCP 服务器。

server.listen()方法其实触发的是 server 下的 listening 事件,所以也可以手动监听 listening 事件。如下代码同样实现了创建一个 TCP 服务器并监听 8001 端口。

【代码 6-3】

```
01  /*引入 net 模块*/
02  var net = require('net');
03  /*创建 TCP 服务器*/
04  var server = net.createServer(function(socket){
05      console.log('someone connects');
06  });
07  /*设置监听端口*/
08  server.listen(8001);
09  /*设置监听时的回调函数*/
10  server.on('listening',function(){
11      console.log('server is listening');
12  });
```

除了 listening 事件外,TCP 服务器还支持以下事件:

- connection: 当有新的连接创建时触发,回调函数的参数为socket连接对象。
- close: TCP服务器关闭的时候触发,回调函数没有参数。
- error: TCP服务器发生错误的时候触发,回调函数的参数为error对象。

下列代码通过 net.Server 类来创建一个 TCP 服务器,并添加以上事件。

【代码 6-4】

```
01  /*引入 net 模块*/
02  var net = require('net');
03  /*实例化一个服务器对象*/
04  var server = new net.Server();
05  /*监听 connection 事件*/
06  server.on('connection', function(socket) {
07      console.log('someone connects');
08  });
09  /*设置监听端口*/
10  server.listen(18001);
11  /*设置监听时的回调函数*/
12  server.on('listening', function() {
13      console.log('server is listening');
14  });
15  /*设置关闭时的回调函数*/
16  server.on('close', function() {
17      console.log('server closed');
18  });
19  /*设置出错时的回调函数*/
```

```
20  server.on('error', function(err) {
21      console.log('error');
22  });
```

运行以上代码,并用 Telnet 等工具连接这个创建的 TCP 服务器,可以发现结果和【代码 6-3】的一致。

6.1.3 查看服务器监听的地址

当创建了一个 TCP 服务器后,可以通过 server.address()方法来查看这个 TCP 服务器监听的地址,并返回一个 json 对象。这个对象的属性有:

- port: TCP服务器监听的端口号。
- family: 说明TCP服务器监听的地址是IPv6还是IPv4。
- address: TCP服务器监听的地址。

因为这个方法返回的是 TCP 服务器监听的地址信息,所以它应该在使用了 server.listen()方法,或者绑定了 listening 事件的回调函数中使用。

【代码 6-5】

```
01  /*引入 net 模块*/
02  var net = require('net');
03  /*创建服务器*/
04  var server = net.createServer(function(socket) {
05      console.log('someone connects');
06  });
07  /*设置监听端口*/
08  server.listen(8001,function() {
09  /*获取地址信息*/
10      var address = server.address();
11  /*获取地址端口*/
12      console.log('the port of server is ' + address.port);
13      console.log('the address of server is ' + address.address);
14      console.log('the family of server is ' + address.family);
15  });
```

运行这段代码,在命令行打印出 TCP 服务器监听的地址信息,如图 6.2 所示。

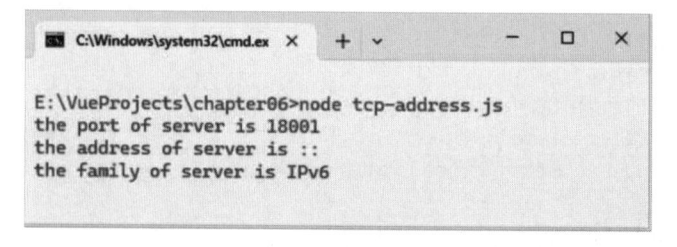

```
E:\VueProjects\chapter06>node tcp-address.js
the port of server is 18001
the address of server is ::
the family of server is IPv6
```

图 6.2　TCP 服务器监听的地址信息

6.1.4 连接服务器的客户端数量

创建一个 TCP 服务器后，可以通过 server.getConnections()方法获取连接这个 TCP 服务器的客户端数量。这个方法是一个异步的方法，回调函数有两个参数：

- 第一个参数为error对象。
- 第二个参数为连接TCP服务器的客户端数量。

除了获取连接数外，也可以通过设置 TCP 服务器的 maxConnections 属性来设置这个 TCP 服务器的最大连接数。当连接数超过最大连接数的时候，服务器将拒绝新的连接。如下代码设置TCP服务器的最大连接数为3。

【代码 6-6】

```
01  /*引入 net 模块*/
02  var net = require('net');
03  /*创建服务器*/
04  var server = net.createServer(function(socket){
05      console.log('someone connects');
06  /*设置最大连接数量*/
07      server.maxConnections = 3;
08      server.getConnections(function(err, count) {
09          console.log('the count of client is ' + count);
10      });
11  });
12  /*设置监听端口*/
13  server.listen(8001,function() {
14      console.log('server is listening');
15  });
```

运行这段代码，并尝试用多个客户端连接。可以发现当客户端连接数超过 3 的时候，新的客户端就无法连接这个服务器了，如图 6.3 所示。

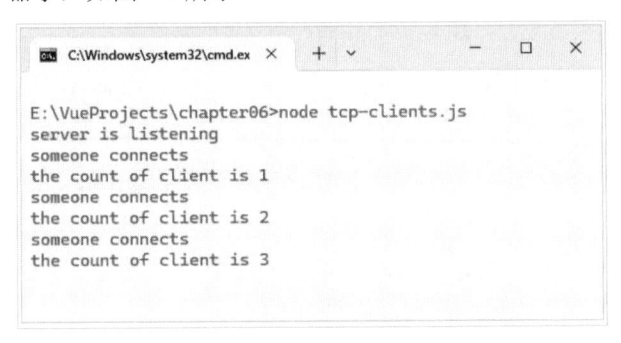

图 6.3 设置 TCP 服务器的最大连接数量

6.1.5 获取客户端发送的数据

上文提到 createServer 方法的回调函数参数是一个 net.Socket 对象（服务器所监听的端口对象）。这个对象也有一个 address()方法，用来获取 TCP 服务器绑定的地址，同样也返回一个含有 port、 family、address 属性的对象。

通过 socket 对象可以获取客户端发送的流数据。每次接收到数据的时候触发 data 事件，通过监听这个事件就可以在回调函数中获取客户端发送的数据，代码如下：

【代码 6-7】

```
01  /*引入 net 模块*/
02  var net = require('net');
03  /*创建服务器*/
04  var server = net.createServer(function(socket) {
05  /*监听 data 事件*/
06      socket.on('data',function(data){
07  /*打印 data*/
08          console.log(data.toString());
09      });
10  });
11  /*设置监听端口*/
12  server.listen(8001,function() {
13      console.log('server is listening');
14  });
```

运行这段代码，通过 Telnet 等工具连接后，发送一段数据给服务端，在命令行中就可以发现数据已经被打印出来了，如图 6.4 所示。

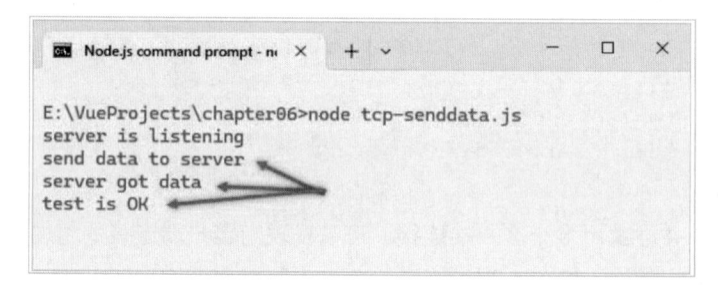

图 6.4　打印客户端发送的数据

socket 对象除了有 data 事件外，还有 connect、end、error、timeout 等事件。

6.1.6　发送数据给客户端

利用 socket.write() 可以使 TCP 服务器发送数据。这个方法只有一个必需参数，就是需要发送的数据；第二个参数为编码格式，可选。同时，可以为这个方法设置一个回调函数。当有用户连接 TCP 服务器的时候，将发送数据给客户端，代码如下：

【代码 6-8】

```
01  /*引入 net 模块*/
02  var net = require('net');
03  /*创建服务器*/
04  var server = net.createServer(function(socket) {
05  /*获取地址信息*/
```

```
06        var address = server.address();
07        var message = 'client, the server address is ' + JSON.stringify(address);
08  /*发送数据*/
09        socket.write(message, function() {
10           var writeSize = socket.bytesWritten;
11           console.log(message + 'has send');
12           console.log('the size of message is ' + writeSize);
13        });
14  /*监听 data 事件*/
15        socket.on('data', function(data) {
16           console.log(data.toString());
17           var readSize = socket.bytesRead;
18           console.log('the size of data is ' + readSize);
19        });
20     });
21  /*设置监听端口*/
22  server.listen(8001, function() {
23        console.log('server is listening');
24  });
```

运行这段代码并连接 TCP 服务器，可以看到 Telnet 中收到了 TCP 服务器发送的数据，Telnet 也可以发送数据给 TCP 服务器，如图 6.5 所示。

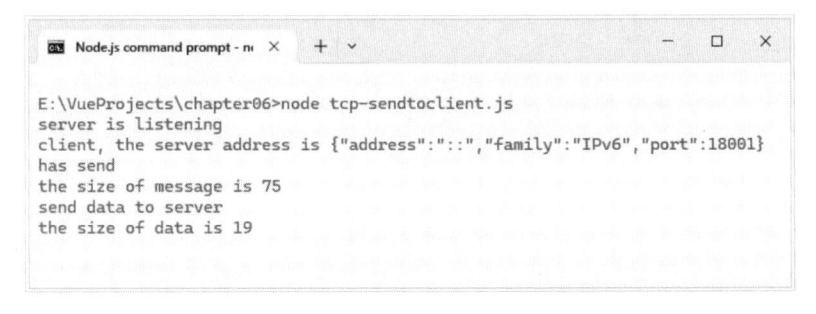

图 6.5　TCP 服务器发送数据

在上面这段代码中，还用到了 socket 对象的 bytesWritten 和 bytesRead 属性，这两个属性分别代表着发送数据的字节数和接收数据的字节数。

除了上面这两个属性外，socket 对象还有以下属性：

- socket.localPort：本地端口的地址。
- socket.localAddress：本地IP地址。
- socket.remotePort：远程端口地址。
- socket.remoteFamily：远程IP协议族。
- socket.remoteAddress：远程IP地址。

将这些属性打印在命令行上，代码如下：

【代码 6-9】

```
01  /*引入 net 模块*/
02  var net = require('net');
```

```
03  /*创建服务器*/
04  var server = net.createServer(function(socket){
05      /*本地端口*/
06      console.log('localPort: ' + socket.localPort);
07      /*本地 IP 地址*/
08      console.log('localAddress: ' + socket.localAddress);
09      /*远程端口*/
10      console.log('remotePort: ' + socket.remotePort);
11      /*远程 IP 协议族*/
12      console.log('remoteFamily: ' + socket.remoteFamily);
13      /*远程 IP 地址*/
14      console.log('remoteAddress: ' + socket.remoteAddress);
15  });
16  /*设置监听端口*/
17  server.listen(8001,function() {
18      console.log('server is listening');
19  });
```

运行这段代码并连接 TCP 服务器，可以在命令行中看到如图 6.6 所示的信息。

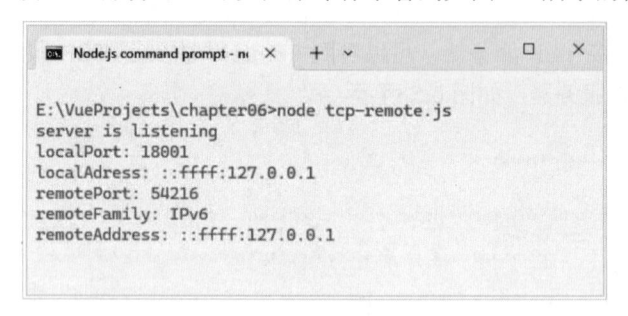

图 6.6 socket 的相关属性

6.2 构建 TCP 客户端

Node.js 在创建一个 TCP 客户端的时候同样使用的是 net（网络）模块。

6.2.1 使用 Node.js 创建 TCP 客户端

为了使用 Node.js 创建 TCP 客户端，首先要使用 require('net') 来加载 net 模块。要创建一个 TCP 客户端，只需创建一个连接 TCP 客户端的 socket 对象即可：

```
/*引入 net 模块*/
var net = require('net');
/*创建客户端*/
var client = new net.Socket();
```

创建一个 socket 对象的时候，可以传入一个 json 对象。这个对象有以下属性：

- fd: 指定一个存在的文件描述符，默认值为null。
- readable: 是否允许在这个socket上读，默认值为false。
- writeable: 是否允许在这个socket上写，默认值为false。
- allowHalfOpen: 该属性为false时，TCP服务器接收到客户端发送的一个FIN包后，将会回发一个FIN包；该属性为true时，TCP服务器接收到客户端发送的一个FIN包后，不会回发FIN包。

6.2.2 连接TCP服务器

创建了一个socket对象后，使用socket对象的connect()方法就可以连接一个TCP服务器。例如，连接【代码6-1】中创建的TCP服务器，可以使用以下代码。

【代码6-10】

```
01  /*引入net模块*/
02  var net = require('net');
03  /*创建客户端*/
04  var client = net.Socket();
05  /*设置连接的服务器*/
06  client.connect(8001, '127.0.0.1', function() {
07      console.log('connect the server');
08  });
```

运行上述代码启动TCP服务器后，可以在命令行中发现打印了一些字样，说明connect()方法的回调函数已经执行了，即已经成功连接上TCP服务器，如图6.7所示。

图6.7 连接TCP服务器

6.2.3 获取从TCP服务器发送的数据

在6.1节中已经介绍了一个socket对象有data、error、close、end等事件，因此也可以通过监听data事件来获取从TCP服务器发送的数据。

【代码6-11】

```
01  /*引入net模块*/
02  var net = require('net');
03  /*创建客户端*/
04  var client = net.Socket();
05  /*设置连接的服务器*/
06  client.connect(8001, '127.0.0.1', function() {
07      console.log('connect the server');
```

```
08  });
09  /*监听data事件*/
10  client.on('data', function(data) {
11      console.log('the data of server is ' + data.toString());
12  });
```

运行【代码6-8】的代码启动TCP服务器后，再运行上面这段代码，可以发现命令行中已经输出来自服务器的数据，说明此时已经实现了服务器和客户端之间的通信。

6.2.4 向TCP服务器发送数据

因为TCP客户端是一个socket对象，6.1节中提到的write()方法以及localPort、localAddress等属性依旧可用，所以可以使用以下代码来向TCP服务器发送数据。

【代码6-12】

```
01  /*引入net模块*/
02  var net = require('net');
03  /*创建客户端*/
04  var client = net.Socket();
05  /*设置连接的服务器*/
06  client.connect(8001, '127.0.0.1', function() {
07      console.log('connect the server');
08  /*发送数据*/
09      client.write('message from client');
10  });
11  /*监听data事件*/
12  client.on('data', function(data) {
13      console.log('the data of server is ' + data.toString());
14  });
15  /*监听end事件*/
16  client.on('end', function(){
17      console.log('data end');
18  });
```

运行【代码6-8】的代码启动TCP服务器后，再运行上面这段代码，可以发现服务器已经接收到客户端的数据，客户端也已经接收到服务器的数据，如图6.8和图6.9所示。

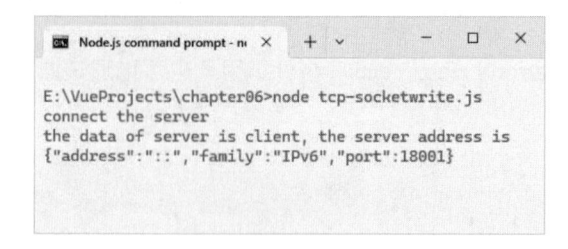

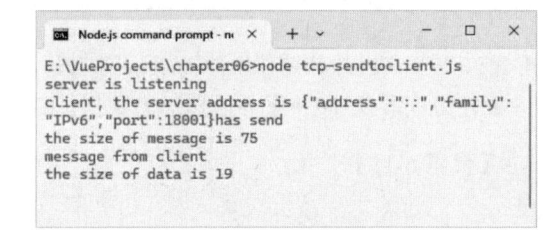

图6.8　TCP客户端　　　　　图6.9　TCP服务器

当然客户端和服务端也可以通过流的形式将文件中的数据发送出去，相关的知识可以在文件模块中进行学习。

6.3 构建 HTTP 服务器

在如今 Web 大行其道的时代，支撑无数网页运行的正是 HTTP 服务器。Node.js 之所以受到大量 Web 开发者的青睐，与 Node.js 有能力自己构建服务器是分不开的。

6.3.1 创建 HTTP 服务器

在本书的 4.3.1 节中已经提到了 HTTP 服务器，只需要使用以下代码就可以创建一个简单的 HTTP 服务器。

【代码 6-13】

```
01  /*引入http模块*/
02  var http = require('http');
03  /*创建HTTP服务器*/
04  var server = http.createServer(function(req, res) {
05      /*设置响应的头部*/
06  res.writeHead(200, {
07      'content-type': 'text/plain'
08  });
09  /*设置响应的数据*/
10      res.end('Hello, Node.js!');
11  });
12  /*设置服务器端口*/
13  server.listen(3000, function() {
14      console.log('listening port 3000');
15  });
```

通过这段代码可以在浏览器中看到创建的服务器发送给浏览器的数据。在 4.3.1 节中已经说明了 http 模块的主要应用，这里不再讲解，将重点放在 HTTP 服务器优化上。

上面这个 HTTP 服务器只是实现了将一行字符串的数据发送给浏览器。很明显，如果服务器仅能发送一些字符串，那几乎是不可用的，因此需要对上面这个服务器的功能进行拓展。通过文件模块读取文件并发送给浏览器就是一个不错的选择，将上面的代码修改如下：

【代码 6-14】

```
01  /*引入http模块*/
02  var http = require('http');
03  /*引入fs模块*/
04  var fs = require('fs');
05  /*创建HTTP服务器*/
06  var server = http.createServer(function(req, res) {
07  /*设置响应的头部*/
08      res.writeHead(200,{
09          'content-type': 'text/html'
10  });
11  /*读取文件数据*/
```

```
12    var data = fs.readFileSync('./index.html');
13    /*响应数据*/
14        res.write(data);
15        res.end();
16  });
17  /*设置服务器端口*/
18  server.listen(3000, function() {
19      console.log('listening port 3000');
20  });
```

同时,在同级目录中创建一个名为"index.html"的文件,写入以下代码:

【代码6-15】

```
01  <!DOCTYPE html>
02  <html lang="en">
03  <head>
04      <meta charset="UTF-8">
05      <title>Node.js</title>
06      <style>
07          h1 {
08              color:red;
09          }
10      </style>
11  </head>
12  <body>
13  <h1>Hello,Node.js</h1>
14  </body>
15  </html>
```

运行代码,利用浏览器访问 localhost:3000 这个地址,结果如图 6.10 所示。

需要注意,HTTP 服务器在发送给浏览器的头部信息中将 content-type 修改为 text/html。content-type 的作用是表示客户端或者服务器传输数据的类型,服务器和客户端通过这个值来做相应的解析。如果将这个值修改为原来的 text/plain,浏览器中将显示 index.htm 文件中的所有代码,这显然不是我们所希望的。

图 6.10 HTTP 服务器发送文件信息

6.3.2 HTTP 服务器的路由控制

上一节中的服务器虽然已经可以将读取的文件数据发送给客户端了,但是并没有做任何的路由控制,在浏览器中输入任何 URL 都将返回同样的内容。路由简单来说就是 URL 到函数的映射。

要做到路由控制,通过上面的学习可以预想到,需要设定的必然有 content-type。这里假定只需要处理 HTML、JS、CSS 和图片文件,创建一个名为"mime.js"的文件,写入以下代码:

```
module.exports = {
    ".html":"text/html",
    ".css":"text/css",
    ".js":"text/javascript",
```

```
    ".gif": "image/gif",
    ".ico": "image/x-icon",
    ".jpeg": "image/jpeg",
    ".jpg": "image/jpeg",
    ".png": "image/png"
};
```

要做到路由控制，需要知道用户请求的 URL 地址，也就是 req.url，通过这个属性获取到 URL 后就可以对路由进行控制了，如以下代码所示。

【代码 6-16】

```
01  /*引入http模块*/
02  var http = require('http');
03  /*引入fs模块*/
04  var fs = require('fs');
05  /*引入url模块*/
06  var url = require('url');
07  /*引入mime文件*/
08  var mime = require('./mime');
09  /*引入path模块*/
10  var path = require('path');
11  /*创建HTTP服务器*/
12  var server = http.createServer(function(req, res) {
13      var filePath = '.' + url.parse(req.url).pathname;
14      if(filePath === './'){
15          filePath = './index.html';
16      }
17  /*判断相应的文件是否存在*/
18      fs.exists(filePath,function(exist){
19  /*存在则返回相应文件数据*/
20          if(exist) {
21              var data = fs.readFileSync(filePath);
22              var contentType = mime[path.extname(filePath)];
23              res.writeHead(200,{
24                  'content-type': contentType
25              });
26              res.write(data);
27              res.end();
28          }else{
29  /*不存在则返回404 */
30              res.end('404');
31          }
32      })
33  });
34  /*设置服务器端口*/
35  server.listen(3000, function() {
36      console.log('listening port 3000');
37  });
```

这里通过 req.url 对路径处理的判断来返回不同的资源，从而做到简单的路由控制。

6.4 利用 UDP 协议传输数据与发送消息

TCP 数据传输是一种可靠的数据传输方式，在数据传输之前必须建立客户端与服务器之间的连接。而 UDP 则是一种面向非连接的协议，所以其传输速度比 TCP 更加快速。

6.4.1 创建 UDP 服务器

为了使用 Node.js 创建 UDP 服务器，首先要使用 require('dgram')加载 dgram 模块。

使用 dgram 模块中的 createSocket()方法来创建一个 UDP 服务器。这个方法接收一个必需参数和一个可选参数，必需参数是一个表示 UDP 协议的类型，可指定为"udp4"或者"udp6"，代码如下：

```
/*引入dgram模块*/
var dgram = require('dgram');
/*创建UDP服务器*/
var socket = dgram.createSocket('udp4');
```

createSocket()方法中的可选参数为一个回调函数，是 UDP 服务器接收数据时触发的回调函数，可接收两个参数：一个为接收到的数据，另一个为存放发送者信息的对象。代码如下：

```
/*引入dgram模块*/
var dgram = require('dgram');
/*创建UDP服务器*/
var socket = dgram.createSocket('udp4', function (msg, rinfo) {
  // your code
});
```

rinfo 对象的属性及属性值如下：

- address：表示发送者地址。
- family：表示发送者使用的地址为IPv4或者IPv6。
- port：表示发送者的端口号。
- size：表示发送者发送数据的字节数大小。

创建完一个 socket 端口对象后，还需要绑定一个端口号才能创建 UDP 服务器，可利用 socket.bind()方法绑定一个端口号。这个方法接收一个必需参数、两个可选参数。必需参数为需要绑定的端口号，两个可选参数为地址和回调函数，代码如下：

【代码 6-17】

```
01  /*引入dgram模块*/
02  var dgram = require('dgram');
03  /*创建UDP服务器*/
04  var socket = dgram.createSocket('udp4', function (msg, rinfo) {
05    // your code
06  });
07  /*绑定端口*/
```

```
08 socket.bind(41234, 'localhost', function () {
09   console.log('bind 41234');
10 });
```

这里创建的是一个简单的 UDP 服务器,其用法与 net 和 http 方法类似,因为 createSocket 方法返回的是一个 socket 对象。一个 socket 对象主要有以下事件:

- message: 接收数据时触发。
- listening: 开始监听数据报文时触发。
- close: 关闭 socket 时触发。
- error: 发生错误时触发。

显然上面使用 createSocket()方法中的回调函数就是用来监听 message 事件,因此使用 createSocket()方法时可以不指定回调函数,直接显式监听 message 事件,同样可以达到相应的效果:

【代码 6-18】

```
01 /*引入 dgram 模块*/
02 var dgram = require('dgram');
03 /*创建 UDP 服务器*/
04 var socket = dgram.createSocket('udp4');
05 /*绑定端口*/
06 socket.bind(41234, 'localhost', function () {
07   console.log('bind 41234');
08 });
09 /*监听 message 事件*/
10 socket.on('message', function (msg, rinfo) {
11   console.log(msg.toString());
12 });
```

将事件综合使用,代码如下:

【代码 6-19】

```
01 /*引入 dgram 模块*/
02 var dgram = require('dgram');
03 /*创建 UDP 服务器*/
04 var socket = dgram.createSocket('udp4');
05 /*绑定端口*/
06 socket.bind(41234, 'localhost', function () {
07   console.log('bind 41234');
08 });
09 /*监听 message 事件*/
10 socket.on('message', function (msg, rinfo) {
11   console.log(msg.toString());
12 });
13 /*监听 listening 事件*/
14 socket.on('listening', function() {
15   console.log('listening begin');
16 });
```

```
17  /*监听close事件*/
18  socket.on('close', function(){
19    console.log('server closed');
20  });
21  /*监听error事件*/
22  socket.on('error', function (err) {
23    console.log(err);
24  });
```

一个socket对象主要有以下方法：

- bind()：绑定端口号。
- send()：发送数据。
- address()：获取该socket端口对象相关的地址信息。
- close()：关闭socket对象。

bind()方法在上面代码中已经使用了，send()方法用来发送数据，其完整的参数使用如下：

```
socket.send(buf, offset, length, port, address[,callback])
```

参数说明：

- buf：代表需要发送的消息，可以是缓存对象或者字符串。
- offset：是一个整数数字，代表消息在缓存中的偏移量。
- length：是一个整数数字，代表消息的比特数。
- port：代表发送数据的端口号。
- address：代表接收数据的socket端口对象的地址。
- callback：当数据发送完毕时所需调用的回调函数。这个回调函数的第一个参数是error对象，第二个参数为数据发送的比特数。

因此，使用send()方法的代码看起来会是这样：

【代码6-20】

```
01  /*引入dgram模块*/
02  var dgram = require('dgram');
03  /*创建buffer*/
04  var message = new Buffer('some message');
05  /*创建UDP服务器*/
06  var socket = dgram.createSocket('udp4', function (msg, rinfo) {
07    console.log(msg.toString());
08  /*发送数据*/
09    socket.send(message, 0, message.length, rinfo.port, rinfo.address,
function (err, bytes) {
10      if(err) {
11        console.log(error);
12        return;
13      }
14      console.log("send " + bytes + ' message');
15    })
```

```
16 });
17 /*绑定端口*/
18 socket.bind(41234, 'localhost', function () {
19   console.log('bind 41234');
20 });
```

6.4.2 创建 UDP 客户端

因为 UDP 客户端本质上其实也是一个 socket 端口对象,所以同样可以通过创建一个 socket 对象来构建 UDP 客户端,这样得到的也是一个 socket 对象。因此,可以使用 6.4.1 节介绍的相关方法。如下代码就可以实现一个简单的 UDP 客户端:

【代码 6-21】

```
01 /*引入dgram模块*/
02 var dgram = require('dgram');
03 /*创建buffer*/
04 var message = new Buffer('some message from client');
05 /*创建UDP服务器*/
06 var socket = dgram.createSocket('udp4');
07 /*发送数据*/
08 socket.send(message, 0, message.length, 41234, 'localhost',
09 function (err, bytes) {
10   if(err) {
11     console.log(err);
12     return;
13   }
14   console.log('client send ' + bytes + 'message');
15 });
16 /*监听message事件*/
17 socket.on('message', function (msg, rinfo) {
18   console.log("some message form server");
19 });
```

通过创建一个 socket 对象作为客户端和一个 socket 对象作为服务器,就可以实现 UDP 协议的通信了。

【代码 6-22】

```
01 /*引入dgram模块*/
02 var dgram = require('dgram');
03 /*创建buffer*/
04 var message = new Buffer('some message from server');
05 /*创建UDP服务器*/
06 var socket = dgram.createSocket('udp4', function (msg, rinfo) {
07 console.log(msg.toString());
08 /*发送数据*/
09 socket.send(message, 0, message.length, rinfo.port, rinfo.address,
10     function (err, bytes) {
11       if(err) {
```

```
12            console.log(error);
13            return;
14        }
15        console.log("send " + bytes + ' message');
16    })
17 });
18 /*绑定端口*/
19 socket.bind(41234, 'localhost', function () {
20    console.log('bind 41234');
21 });
```

【代码 6-23】

```
01 /*引入 dgram 模块*/
02 var dgram = require('dgram');
03 /*创建 buffer*/
04 var message = new Buffer('some message from client');
05 /*创建 UDP 服务器*/
06 var socket = dgram.createSocket('udp4');
07 /*发送数据*/
08 socket.send(message, 0, message.length, 41234, 'localhost',
09 function (err, bytes) {
10        if(err) {
11            console.log(err);
12            return;
13        }
14        console.log('client send ' + bytes + 'message');
15 });
16 /*监听 message 事件*/
17 socket.on('message', function (msg, rinfo) {
18        console.log("some message form server");
19 });
```

运行【代码 6-22】和【代码 6-23】的代码，依次启动 UDP 服务器和 UDP 客户端，可以发现已经实现了 UDP 服务器和 UDP 客户端的通信，如图 6.11 和图 6.12 所示。

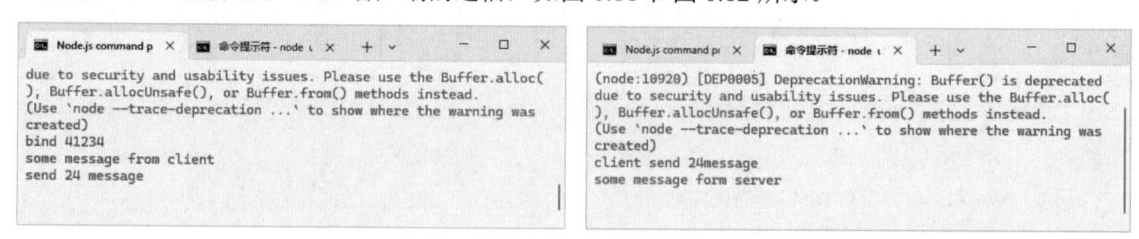

图 6.11 UDP 服务器

图 6.12 UDP 客户端

第 7 章

Node.js 数据库开发

数据库在互联网中的重要性不言而喻。数据库中存放着大量的信息，是很多互联网公司的命脉。目前运用广泛的有关系数据库和非关系数据库。MySQL 数据库是关系数据库的杰出代表，MongoDB 则是近几年大热的非关系数据库。本章将主要介绍 Node.js 与这两种数据库的连接和交互操作。

通过本章的学习可以：

- 掌握连接MongoDB数据库并进行操作的方法。
- 掌握连接MySQL数据库并进行操作的方法。
- 了解数据库的基础知识。

7.1 使用 mongoose 连接 MongoDB

MongoDB 是一个基于分布式文件存储的数据库，由 C++语言编写，目的是让 Web 应用提供可拓展的高性能数据存储解决方案。

7.1.1 MongoDB 介绍

目前，MongoDB 是非关系数据库中功能最丰富、最像关系数据库的产品。MongoDB 由 10gen 团队在2007年发起，2009年2月首度推出。MongoDB 支持的数据结构类似于JSON 的BSON 格式。这种数据结构非常松散，可以很方便地存储比较复杂的数据类型。MongoDB 的主要特点是高性能、易存储、易使用、易部署。

MongoDB 的最小数据单位是文档（类似于关系数据库中的行）。文档是由多个键及其对应的值组成的（类似于 JSON），一组文档共同组成了一个集合。集合类似于关系数据库中的表，但是一个集合中的文档可以是各式各样的，一组集合就组成了一个数据库。MongoDB 可以承载多个数据库，这些数据库可以看作是相互独立的。

（1）MongoDB 的官方网站是 https://www.mongodb.com/，根据安装环境主要分为适用于云服务的 Atlas 版本，以及适用于本地的企业高级版和社区版。本书选用完全免费的社区版，读者可以在 MongoDB 官方网站中社区版的下载页面 https://www.mongodb.com/try/download/community 选择相应的版本进行下载，如图 7.1 所示。

（2）这里以 Windows 版本为例，将下载下来的 MongoDB 软件按照常规软件的步骤安装即可。需要提醒的是，在安装过程中，MongoDB 默认安装在 C 盘，读者可以自己选择一个安装路径（因为 MongoDB 的操作需要用到这个路径，所以要选择一个合适的路径进行安装），如图 7.2 和图 7.3 所示。

图 7.1　MongoDB 下载页面 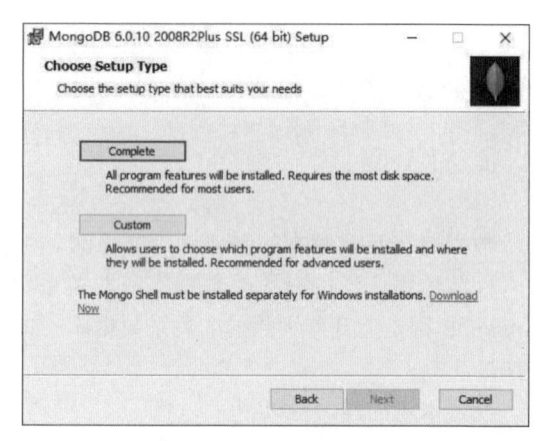　　　　图 7.2　MongoDB 选择 Custom

（3）安装过程中，需要配置数据存储的文件夹和 MongoDB 的日志文件夹，如图 7.4 所示。

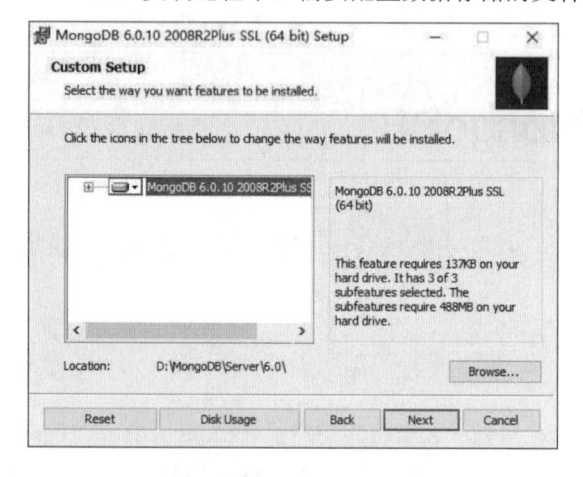

图 7.3　MongoDB 选择 Browse 自定义路径 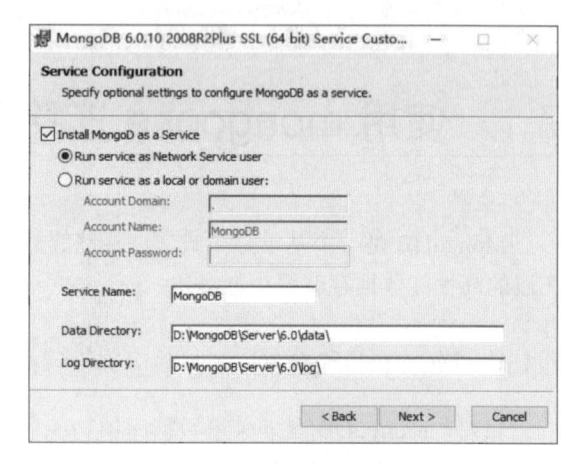　　　　图 7.4　MongoDB 配置目录

另外，也可以手动在 MongoDB 安装的路径中新建一个名为"data"的文件夹作为数据库存储的文件夹，同时新建一个名为"log"的文件夹作为日志文件存储的文件夹。在 data 文件夹的同级目录下新建一个名为"mongo.config"的文件作为配置文件，写入以下内容：

```
##数据文件
dbpath= ##你的数据存储文件夹地址
##日志文件
```

```
logpath=  ##你的日志文件地址
```

（4）打开 CMD 工具，输入以下命令，就可以启动 MongoDB 了：

```
mongod --dbpath 你的 db 文件夹地址
```

这里仅对 MongoDB 进行了简单的介绍，感兴趣的读者可以通过阅读相关的书籍学习更多的知识。

7.1.2 连接 MongoDB

mongoose 是一个基于 node-mongodb-native 开发的 MongoDB 的 Node.js 驱动，可以很方便地在异步环境中使用。

mongoose 的 GitHub 地址是 https://github.com/Automattic/mongoose。mongoose 的官方网站是 https://mongoosejs.com/，读者可以在 mongoose 的官方网站中阅读相应的说明文档。

使用 mongoose 模块前，首先需要通过 npm 安装这个模块：

```
npm install mongoose
```

mongoose 模块通过 connect()方法与 MongoDB 建立连接。connect()方法中需要传递一个 URI 地址，用来说明需要连接的 MongoDB 数据库。如下代码就和本地的 MongoDB 数据库 article 建立了连接。

【代码 7-1】

```
01  /*引入 mongoose 模块*/
02  const mongoose = require('mongoose');
03  /*定义 mongodb 地址*/
04  const uri = 'mongodb://localhost/article';
05  /*连接 mongodb*/
06  mongoose.connect(uri, function(err) {
07      if(err) {
08          console.log('connect failed');
09          console.log(err);
10          return;
11      }
12      console.log('connect success');
13  });
```

【代码说明】

- 使用 connect()方法建立与 MongoDB 的连接，回调函数中 err 为参数，出现连接错误则打印 "connect failed"，连接成功则打印 "connect success"。

运行这段代码，如果 MongoDB 服务已经正常开启，就会在命令行中打印 "connect success" 字样。

需要说明的是，connect()方法中 uri 参数的完整示例应该是：

```
mongodb://user:pass@localhost:port/database
```

- user：代表 MongoDB 的用户名。

- pass：代表用户名对应的密码。
- port：代表MongoDB服务的端口号。

7.1.3 操作 MongoDB

mongoose 中的一切从 schema 开始。schema 是一种以文件形式存储的数据库模型骨架，并不具备数据库的操作能力。schema 中定义 model 中的所有属性，而 model 则对应一个 MongoDB 中的 collection。以下代码定义一个 schema，并且注册成了一个 model。

【代码 7-2】

```
01  /*引入mongoose模块*/
02  const mongoose = require('mongoose');
03  /*定义mongodb地址*/
04  const uri = 'mongodb://localhost/article';
05  /*连接mongodb*/
06  mongoose.connect(uri, function(err) {
07      if(err) {
08          console.log('connect failed');
09          console.log(err);
10          return;
11      }
12      console.log('connect success');
13  });
14  /*定义Schema*/
15  const ArticleSchema = new mongoose.Schema({
16      title: String,
17      author: String,
18      content: String,
19      publishTime: Date
20  });
21  mongoose.model('Article',ArticleSchema);
```

【代码说明】

- 这段代码通过实例化一个mongoose.Schema()对象定义一个model的所有属性，类似于关系数据库中的字段及其数据类型。schema合法的类型有string、number、date、buffer、boolean、mixed、objectid和array。mongoose中通过mongoose.model()方法注册一个model。

在 mongoose 中，可以使用 save() 方法将一个新的文档插入已有的 collection 中，示例代码如下：

【代码 7-3】

```
01  /*引入mongoose模块*/
02  const mongoose = require('mongoose');
03  /*定义mongodb地址*/
04  const uri = 'mongodb://localhost/article';
05  /*连接mongodb*/
06  mongoose.connect(uri, function(err) {
07      if(err) {
```

```
08          console.log('connect failed');
09          console.log(err);
10          return;
11      }
12      console.log('connect success');
13 });
14 /*定义Schema*/
15 const ArticleSchema = new mongoose.Schema({
16      title: String,
17      author: String,
18      content: String,
19      publishTime: Date
20 });
21 mongoose.model('Article',ArticleSchema);
22 const Article = mongoose.model('Article');
23 var art = new Article({
24      title: 'node.js',
25      author: 'node',
26      content: 'node.js is great!',
27      publishTime: new Date()
28 });
29 /*将文档插入集合中*/
30 art.save(function(err) {
31      if(err) {
32          console.log('save filed');
33          console.log(err);
34      }else{
35          console.log('save success');
36      }
37 });
```

【代码说明】

- 这段代码调用名为"Article"的model，之后定义一个Article的文档，最后使用save将记录插入相应的collection中。save()方法中的回调函数监听是否出错。

运行这段代码，在 MongoDB 运行正常的情况下，命令行中将输出"save success"字样。

可以在命令行对 MongoDB 进行操作来查看 MongoDB 中是否存在这样一条记录，连接完 MongoDB 后打开命令行，输入以下命令切换至 article 数据库：

use article

切换至 article 数据库后，可以使用以下命令查看数据库中存在的所有 collection：

show collections

这时，可以看到命令行中存在一个名为"articles"的 collection，如图 7.5 所示。

```
> show collections
articles
```

图 7.5　查看数据库中的 collection

通过以下命令可以查看这个名为"articles"的 collection 中的所有文档：

db.articles.find()

如果刚才的文档插入成功，命令执行结果中就会显示这个文档的相关信息，如图 7.6 所示。

```
> db.articles.find()
{ "_id" : ObjectId("587a01f9b65e3707d477afb0"), "title" : "node.js", "author
" : "node", "content" : "node.js is great!", "publishTime" : ISODate("2017-0
1-14T10:48:25.386Z"), "__v" : 0 }
>
```

图 7.6 文档插入成功

名为"articles"的 collection 中出现了插入的这个文档，说明 MongoDB 中的确保存了刚刚插入的这条记录。当然，使用 mongoose 同样可以查询相应的数据。如下代码的功能就是在名为"articles"的 collection 中将所有的文档查询出来。

【代码 7-4】

```
01  /*引入mongoose模块*/
02  const mongoose = require('mongoose');
03  /*定义mongodb地址*/
04  const uri = 'mongodb://localhost/article';
05  /*连接mongodb*/
06  mongoose.connect(uri, function(err) {
07      if(err) {
08          console.log('connect failed');
09          console.log(err);
10          return;
11      }
12      console.log('connect success');
13  });
14  /*定义Schema*/
15  const ArticleSchema = new mongoose.Schema({
16      title: String,
17      author: String,
18      content: String,
19      publishTime: Date
20  });
21  mongoose.model('Article',ArticleSchema);
22  const Article = mongoose.model('Article');
23  /*查询mongodb*/
24  Article.find({},function(err, docs) {
25      if(err) {
26          console.log('error');
27          return;
28      }
29      console.log("result: " + docs);
30  });
```

【代码说明】

- 这段代码通过find()方法查找相应的数据记录。find()方法中的第一个参数是一个json对象，定义查找的条件；第二个参数为回调函数，回调函数中的第一个参数是 error，第二个参数是查询的结果。

运行这段代码，可以发现命令行中输出相应的数据记录，如图 7.7 所示。

```
connect success
result: { _id: 587a01f9b65e3707d477afb0,
    title: 'node.js',
    author: 'node',
    content: 'node.js is great!',
    publishTime: 2017-01-14T10:48:25.386Z,
    __v: 0 }
```

图 7.7 mongoose 查询记录

在 find() 方法的第一个参数中，可以传入筛选条件，以便更加精确地查找数据。现将 find() 方法的代码修改如下：

【代码 7-5】

```
01  Article.find({title:'node.js'},function(err, docs) {
02  if(err) {
03          console.log('error');
04          return;
05      }
06      console.log("result: " + docs);
07  });
```

运行这段代码，同样可以查询出记录。

与 find 方法类似的还有 findOne() 方法，find() 方法是查询完所有符合要求的数据后返回结果，而 findOne() 方法则是查询一条数据，返回的是查询到的第一条数据。

在 mongoose 中，可以直接在查询记录后修改记录的值，修改后直接调用保存即可。如下代码查询数据后直接修改数据的 title 值为 javascript。

【代码 7-6】

```
01  /*引入 mongoose 模块*/
02  const mongoose = require('mongoose');
03  /*定义 mongodb 地址*/
04  const uri = 'mongodb://localhost/article';
05  /*连接 mongodb*/
06  mongoose.connect(uri, function(err) {
07      if(err) {
08          console.log(err);
09      }
10  });
11  /*定义 Schema*/
12  const ArticleSchema = new mongoose.Schema({
13      title: String,
14      author: String,
15      content: String,
16      publishTime: Date
17  });
```

```
18  mongoose.model('Article',ArticleSchema);
19  const Article = mongoose.model('Article');
20  /*查询mongodb*/
21  Article.find({title:'node.js'},function(err, docs) {
22      if(err) {
23          console.log('error');
24          return;
25      }
26  /*修改数据*/
27      docs[0].title = 'javascript';
28  /*保存修改后的数据*/
29      docs[0].save();
30      console.log("result: " + docs);
31  });
```

同样地，在命令行中查询记录 MongoDB，可以发现原来这个文档中的 title 值已经被修改，如图 7.8 所示。

图 7.8　mongoose 修改数据

类似于修改数据，如果要删除 MongoDB 的文档，也可以在查询出文档后直接调用 remove 方法。如下代码可以删除 articles 集合中的所有文档。

【代码 7-7】

```
01  /*引入mongoose模块*/
02  const
03  /*定义mongodb地址*/
04  const uri = 'mongodb://localhost/article';
05  /*连接mongodb*/
06  mongoose.connect(uri, function(err) {
07      if(err) {
08          console.log(err);
09      }
10  });
11  /*定义Schema*/
12  const ArticleSchema = new mongoose.Schema({
13      title: String,
14      author: String,
15      content: String,
16      publishTime: Date
17  });
18  mongoose.model('Article',ArticleSchema);
19  const Article = mongoose.model('Article');
20  /*查询mongodb*/
21  Article.find({},function(err, docs) {
22      if(err) {
```

```
23            console.log('error');
24            return;
25        }
26        if(docs) {
27 /*删除数据*/
28            docs.forEach(function(ele) {
29                ele.remove();
30            })
31        }
32 });
```

提示：只有单个文档可以使用 remove()方法，因为 find()方法返回的是一个由符合查询条件的所有文档组成的数组，所以这里调用数组的 forEach()方法，逐个删除所有的文档。同样地，在命令行中查询记录 MongoDB，可以发现原来 articles 集合中的所有文档已经为空了。

以上的示例代码，实现了使用 mongoose 对 MongoDB 数据库进行简单的增、删、查、改操作。更多关于 mongoose 的使用，读者可以通过阅读 mongoose 的官方文档进行学习。

7.2 直接连接 MongoDB

在 7.1 节中，提到了 mongoose 模块是基于 node-mongodb-native 开发的 MongoDB 的 Node.js 驱动，因此，使用 node-mongodb-native 这个原生 MongoDB 驱动也可以对 MongoDB 进行相应的操作。node-mongodb-native 模块的 GitHub 地址是 https://github.com/ mongodb/node-mongodb- native，官方网站为 https://mongodb.github.io/node-mongodb-native/，读者可以在官方网站查看相应的说明和文档进行学习。

7.2.1 使用 node-mongodb-native 连接 MongoDB

使用 node-mongodb-native 模块前，需要通过 npm 安装这个模块：

```
npm install mongodb
```

node-mongodb-native 通过 connect()方法传递一个 URI 地址，用来说明需要连接的 MongoDB 数据库。如下代码即和本地的 MongoDB 数据库 student 建立了连接。

【代码 7-8】

```
01 /*引入模块*/
02 var MongoClient = require('mongodb').MongoClient;
03 /*定义mongodb地址*/
04 var url = 'mongodb://localhost:27017/student';
05 /*连接mongodb*/
06 MongoClient.connect(url, function(err, db) {
07     if(err) {
08         console.log('connect failed');
09         console.log(err);
```

```
10        return;
11      }
12      console.log('connect success!');
13 })
```

【代码说明】

- 因为mongoose是基于node-mongodb-native开发的，所以两者的API还是有相似的地方。运行以上这段代码，如果MongoDB运行正常，将会打印出"connect success"字样。

7.2.2 使用 node-mongodb-native 操作 MongoDB

使用node-mongodb-native驱动需要注意：每次操作完MongoDB，都应该调用close方法来关闭MongoDB，否则会影响其他代码对MongoDB的操作。利用insertOne方法可以插入一条数据，如前面提到的一样，node-mongodb-native 插入的数据依旧是 JSON 格式，代码如下：

【代码7-9】

```
01 /*引入模块*/
02 var MongoClient = require('mongodb').MongoClient;
03 var Db = require('mongodb').Db;
04 var server = require('mongodb').Server;
05 var studentDb = new Db('student', new server('localhost', '27017'));
06 /*定义数据*/
07 var student = {
08     id: '1101',
09     name: 'jack',
10     age: 12
11 };
12 /*打开数据库*/
13 studentDb.open(function(err, db) {
14     if(err) {
15         console.log('open err');
16         console.log(err);
17         return;
18     }
19 /*打开集合*/
20     db.collection('student', function(err, collection) {
21         if(err) {
22             console.log('collection error');
23             studentDb.close();
24             console.log(err);
25             return;
26         }
27 /*插入文档*/
28         collection.insertOne(student, function(err, doc) {
29 /*关闭数据库*/
30             studentDb.close();
31             if(err) {
32                 console.log('document error');
```

```
33                console.log(err);
34                return;
35            }
36            console.log(doc[0]);
37        });
38    });
39 });
```

【代码说明】

- 这段代码将一个名为"jack"的学生数据插入student数据库下的student集合中,整个过程是打开数据库→打开集合→插入数据→关闭数据库。

运行这段代码,在 MongoDB 数据库运行正常的情况下将打印出"undefined"。因为这是插入数据操作,并没有文档会被查询出来,所以 console.log(doc[0])语句打印出"undefined"。同样地,通过命令行工具可以查询出 student 数据库中的 student 集合中已经存在这样一条记录,如图 7.9 所示。

```
> use student
switched to db student
> show collections
student
> db.student.find()
{ "_id" : ObjectId("587b94f71d8a2b258cb40ff2"), "id" : "1101", "name" : "jack", "age" : 12 }
```

图 7.9 通过命令查看数据

利用 node-mongodb-native 提供的 findOne 方法也可以将这条数据查询出来,代码如下:

【代码 7-10】

```
01 /*引入模块*/
02 var MongoClient = require('mongodb').MongoClient;
03 var Db = require('mongodb').Db;
04 var server = require('mongodb').Server;
05 var studentDb = new Db('student', new server('localhost', '27017'));
06 /*打开数据库*/
07 studentDb.open(function(err, db) {
08    if(err) {
09        console.log('open err');
10        console.log(err);
11        return;
12    }
13 /*打开集合*/
14    db.collection('student', function(err, collection) {
15 /*出错则关闭数据库*/
16        if(err) {
17            console.log('collection error');
18            studentDb.close();
19            console.log(err);
20            return;
21        }
22 /*查找文档*/
23        collection.findOne({}, function(err, doc) {
```

```
24  /*关闭数据库*/
25          studentDb.close();
26          if(err) {
27              console.log('document error');
28              console.log(err);
29              return;
30          }
31          console.log(doc);
32      });
33  });
34  });
```

【代码说明】

- 整个过程也是按照打开数据库→打开集合→查询数据→关闭数据库这个流程严格执行的。整段代码依旧严格遵循打开MongoDB数据库后必须关闭的原则。

运行这段代码，在 MongoDB 数据库运行正常的情况下，将会打印出 jack 这条数据，如图 7.10 所示。

```
{ _id: 587b94f71d8a2b258cb40ff2,
  id: '1101',
  name: 'jack',
  age: 12 }
```

图 7.10　利用 findOne()方法查询数据

node-mongodb-native 模块也支持一次插入多条数据和查询多条数据，只需要使用 insertMany() 和 find()方法即可。其中，在 insertMany 中插入多条数据时，只需将这些数据组成一个数组并传递给 insertMany 方法即可。如下代码就一次性插入了 3 条记录。

【代码 7-11】

```
01  /*引入模块*/
02  var MongoClient = require('mongodb').MongoClient;
03  var Db = require('mongodb').Db;
04  var server = require('mongodb').Server;
05  var studentDb = new Db('student', new server('localhost', '27017'));
06  /*定义数据*/
07  var student1 = {
08      id: 1201,
09      name: '张三',
10      age:13
11  };
12  var student2 = {
13      id: 1202,
14      name: '李四',
15      age:14
16  };
17  var student3 = {
18      id: 1203,
```

```
19      name: '王五',
20      age:10
21 };
22 /*打开数据库*/
23 studentDb.open(function(err, db) {
24     if(err) {
25         console.log('open err');
26         console.log(err);
27         return;
28     }
29 /*打开集合*/
30     db.collection('student', function(err, collection) {
31 /*出错则关闭数据库*/
32         if(err) {
33             console.log('collection error');
34             studentDb.close();
35             console.log(err);
36             return;
37         }
38 /*插入多条数据*/
39         collection.insertMany([student1, student2, student3], function(err, doc) {
40             studentDb.close();
41             if(err) {
42                 console.log('document error');
43                 console.log(err);
44                 return;
45             }
46             console.log('insert success');
47         });
48     });
49 });
```

运行这段代码，在 MongoDB 运行正常的情况下，可以发现命令行中打印出"insert success"字样。

利用 find() 方法可以验证 MongoDB 是否真的存在刚刚插入的这些数据。使用 find 方法之后，需要使用 toArray() 方法将这些数据转换为一个数组。以下代码可以查询出 student 数据库下 student 集合中的所有数据记录。

【代码 7-12】

```
01 /*引入模块*/
02 var MongoClient = require('mongodb').MongoClient;
03 var Db = require('mongodb').Db;
04 var server = require('mongodb').Server;
05 var studentDb = new Db('student', new server('localhost', '27017'));
06 /*定义数据*/
07 var student1 = {
```

```
08       id: 1201,
09       name: '张三',
10       age:13
11   };
12   var student2 = {
13       id: 1202,
14       name: '李四',
15       age:14
16   };
17   var student3 = {
18       id: 1203,
19       name: '王五',
20       age:10
21   };
22   /*打开数据库*/
23   studentDb.open(function(err, db) {
24       if(err) {
25           console.log('open err');
26           console.log(err);
27           return;
28       }
29   /*打开集合*/
30       db.collection('student', function(err, collection) {
31   /*出错则关闭数据库*/
32           if(err) {
33               console.log('collection error');
34               studentDb.close();
35               console.log(err);
36               return;
37           }
38   /*将查询记录转换为数组*/
39           collection.find().toArray(function(err, docs) {
40               studentDb.close();
41               if(err) {
42                   console.log('document error');
43                   console.log(err);
44                   return;
45               }
46               console.log(docs);
47           });
48       });
49   });
```

运行这段代码，在 MongoDB 运行正常的情况下，可以发现所有的数据都已经组织成一个数组，刚刚插入的数据也在这个数组内，说明上面的插入操作和查询操作都是成功的，如图 7.11 所示。

```
[ { _id: 587b94f71d8a2b258cb40ff2,
    id: '1101',
    name: 'jack',
    age: 12 },
  { _id: 587b9ebe51c2fd36283cbe9f, id: 1201, name: '张三', age: 13 },
  { _id: 587b9ebe51c2fd36283cbea0, id: 1202, name: '李四', age: 14 },
  { _id: 587b9ebe51c2fd36283cbea1, id: 1203, name: '王五', age: 10 } ]
```

图 7.11 利用 find()方法查询数据

使用 node-mongodb-native 模块提供的 deleteOne()方法可以对数据进行删除，与 findOne()方法类似。deleteOne()方法的第一个参数是查询条件，第二个参数是一个处理错误和结果的回调函数。如下代码可以删除最初插入的 jack 数据。

【代码 7-13】

```
01  /*引入模块*/
02  var MongoClient = require('mongodb').MongoClient;
03  var Db = require('mongodb').Db;
04  var server = require('mongodb').Server;
05  var studentDb = new Db('student', new server('localhost', '27017'));
06  /*打开数据库*/
07  studentDb.open(function(err, db) {
08      if(err) {
09          console.log('open err');
10          console.log(err);
11          return;
12      }
13  /*打开集合*/
14      db.collection('student', function(err, collection) {
15  /*出错则关闭数据库*/
16  if(err) {
17          console.log('collection error');
18          studentDb.close();
19          console.log(err);
20          return;
21      }
22  /*删除单个数据*/
23          collection.deleteOne({name:'jack'}, function(err, doc) {
24          studentDb.close();
25          if(err) {
26              console.log('delete failed');
27              console.log(err);
28              return;
29          }
30          console.log('delete success')
31      });
32      });
33  });
```

【代码说明】

- 运行这段代码，在MongoDB运行正常的情况下，可以发现命令行中打印出了"delete success"字样。利用命令行工具查询student集合下的所有文档，同样可以发现jack这条数据已经被删除。

node-mongodb-native 模块的 updateOne()方法可以更改数据，与查询方法类似。updateOne()方法的第一个参数是查询条件，第二个参数是更改后的数据，第三个参数是一个处理错误和结果的回调函数。如下代码就可以将"张三"这条数据的名字改为"张四"。

【代码7-14】

```
01  /*引入模块*/
02  var MongoClient = require('mongodb').MongoClient;
03  var Db = require('mongodb').Db;
04  var server = require('mongodb').Server;
05  var studentDb = new Db('student', new server('localhost', '27017'));
06  /*打开数据库*/
07  studentDb.open(function(err, db) {
08      if(err) {
09          console.log('open err');
10          console.log(err);
11          return;
12      }
13      /*打开集合*/
14      db.collection('student', function(err, collection) {
15          if(err) {
16              console.log('collection error');
17              studentDb.close();
18              console.log(err);
19              return;
20          }
21          /*更新数据*/
22  collection.updateOne({name:'张三'},{$set:{name:'张四'}},function(err,doc){
23              studentDb.close();
24              if(err) {
25                  console.log('update failed');
26                  console.log(err);
27                  return;
28              }
29              console.log('update success')
30          });
31      });
32  });
```

运行这段代码，在 MongoDB 运行正常的情况下，可以发现命令行中打印出了"update success"字样。利用命令行工具查询 student 集合下的所有文档，同样可以发现"张三"这条数据的名字已经被改为"张四"。

以上示例代码就已经实现了使用 node-mongodb-native 对 MongoDB 数据库进行简单的增、删、查、改。更多关于 node-mongodb-native 的使用，读者可以通过阅读 node-mongodb-native 的官方文档进行学习。

这里需要提出的是，使用 mongoose 会相对简单一点，毕竟 mongoose 是基于 node-mongodb-native 开发的。如果读者对它感兴趣，可以学习一下 node-mongodb-native，这对使用 mongoose 很有帮助。另外，读者应该掌握 MongoDB 基本的增、删、查、改操作，以便在学习过程中验证数据的操作是否成功。

7.3 连接 MySQL

MySQL 作为一种典型的关系数据库在互联网中被大量使用。本节将使用 mysql 模块进行 MySQL 数据库的连接。

7.3.1 MySQL 介绍

MySQL 数据库由瑞典 MySQL AB 公司开发，目前属于 Oracle 公司。MySQL 采用双授权模式，分为商业版和社区版。MySQL 数据库凭借其体积小、速度快、总成本低等特点被广泛应用在 Web 开发中。经典的开源软件架构 LAMP 中的 M 便是指 MySQL。

MySQL 的官方网站是 https://www.mysql.com/。读者可以在社区版（网址 https://dev.mysql.com/downloads/mysql/）中选择下载相应系统的版本，如图 7.12 所示。

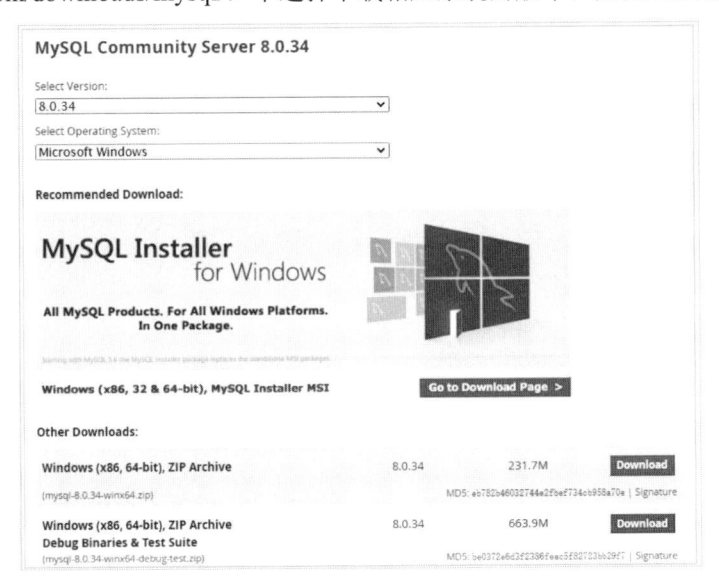

图 7.12　MySQL 下载页面

这里以 Windows 版本为例，安装过程大致如下：

步骤 01　将下载的 MySQL 软件按照常规软件的步骤安装即可。需要提醒的是，在安装过程中，可以设置 MySQL 服务的端口，默认为 3306，如图 7.13 所示。

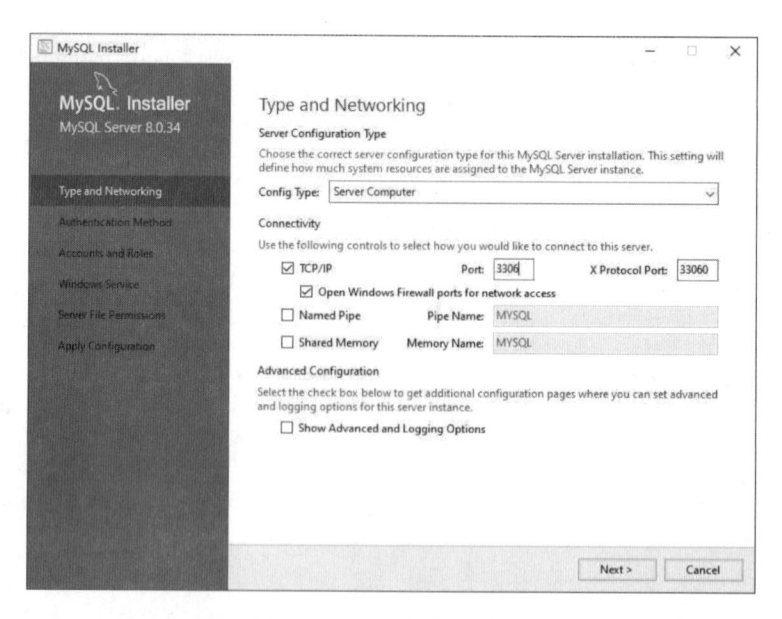

图 7.13 MySQL 设置端口

步骤 02 在安装过程中可以设置 root 用户的密码、添加用户，如图 7.14 所示。

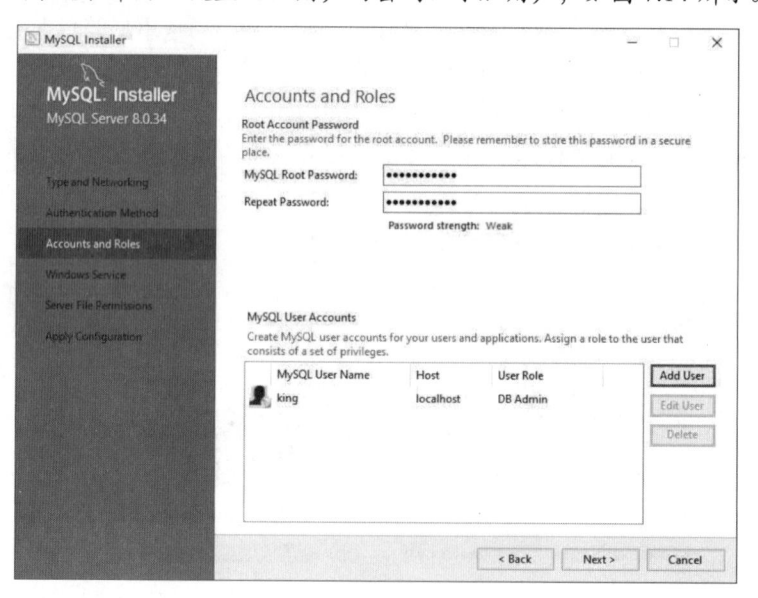

图 7.14 添加 MySQL 用户并设置密码

步骤 03 安装完成后，可以在命令行中使用以下命令来启动 MySQL：

```
// net start commandline
net start mysql80
```

提示：上面命令中 mysql80 是已经安装的带有版本号的 MySQL 软件名。

同样地，也可以在 Windows 的服务中找到 MySQL 服务，然后进行启动、停止操作，如图 7.15 所示。

图 7.15　从 Windows 服务中启动 MySQL

步骤 04　启动 MySQL 后，通过以下命令进入 MySQL：

```
mysql -u root -p
```

提示：root 是用户名，MySQL 自带 root 用户，读者设置自己的用户名进入。

步骤 05　输入命令后，紧接着会要求输入密码。输入用户的密码后，可以看到如图 7.16 所示的界面，表示成功进入了 MySQL。

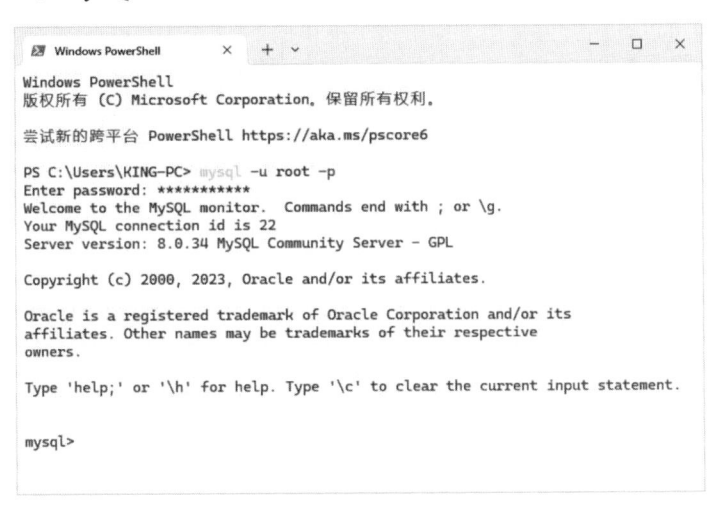

图 7.16　进入 MySQL

步骤 06　进入 MySQL 后，可以通过输入"help"或者"\h"查看 MySQL 命令的帮助，如图 7.17 所示。

步骤 07　当不需要使用 MySQL 时，可以通过 quit 命令退出 MySQL，如图 7.18 所示。

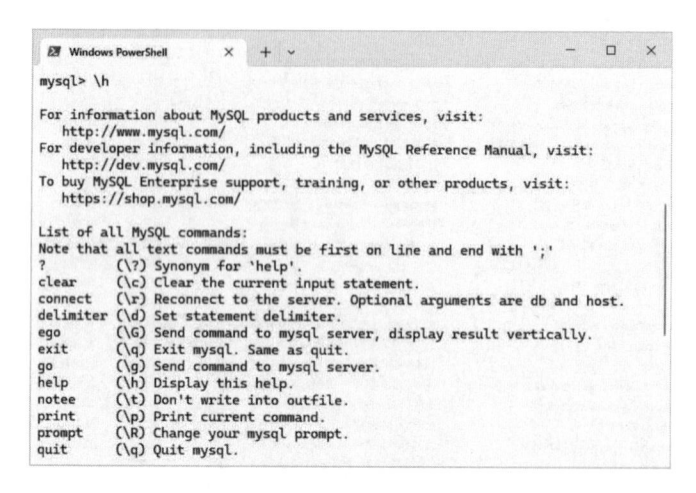

图 7.17　MySQL 的帮助

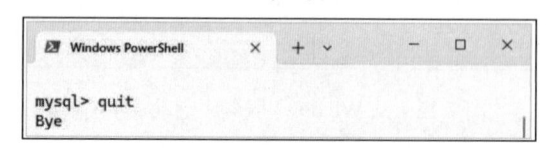

图 7.18　退出 MySQL

这里仅对 MySQL 进行简单介绍，读者可以通过阅读相关的书籍学习更多知识。

7.3.2　Node.js 连接 MySQL

Node.js 连接 MySQL 使用的是 mysql 模块。mysql 模块的 GitHub 地址是 https://github.com/mysqljs/mysql，从中可以查到官方文档。使用这个模块前，需要通过 npm 来安装：

```
npm install mysql
```

mysql 模块通过 createConnection()方法建立与 MySQL 的连接。如下代码即和本地的 MySQL 数据库建立了连接。

【代码 7-15】

```
/*引入mysql模块*/
const mysql = require('mysql');

/*创建连接*/
const connection = mysql.createConnection({
    host: 'localhost',
    user: 'root',
    password: 'secret'
});

/*连接mysql*/
connection.connect(function(err) {
/*连接出错的处理*/
if (err) {
```

```
            console.error('error connecting: ' + err.stack);
            return;
        }
        console.log('connected as id ' + connection.threadId);
});
```

【代码说明】

- CreateConnection()方法用于创建连接，connection.connect()方法用于判断连接是否成功。
- CreateConnection()方法接收一个json对象参数。json对象主要使用的字段有：
    - host：需要连接数的据库地址，默认为localhost。
    - port：所需连接的地址默认的端口，默认为3306。
    - user：连接MySQL时使用的用户名。
    - password：用户名对应的密码。
    - database：所需要连接的数据库的名称。

通过 end()方法可以正常地终止一个连接：

```
connection.end(function(err) {
console.log(err);
})
```

当然，使用 destory()方法也可以终止连接。该方法会立即终止底层套接字，不会触发更多的事件和回调函数。

```
connection.destory()
```

7.3.3 Node.js 操作 MySQL

连接 MySQL 成功后，就需要通过 Node.js 来操作数据库了。mysql 模块提供了一个 query()方法，可以用来执行 SQL 语句，从而对 MySQL 数据库进行相应的操作。

假设连接的数据库有一张名为 "data" 的数据表，可以使用以下代码将 data 数据表中的所有记录查询出来。

【代码 7-16】

```
/*引入mysql模块*/
const mysql = require('mysql');

/*创建连接*/
const connection = mysql.createConnection({
    host: 'localhost',
    user: 'root',
    password : 'secret',
    database : 'database'
});

/*连接mysql*/
connection.connect(function(err) {
```

```js
    /*连接出错的处理*/
    if (err) {
        console.error('error connecting: ' + err.stack);
        return;
    }
    console.log('connected as id ' + connection.threadId);
});

/*查询数据*/
connection.query('SELECT * FROM data', function(err, rows) {
    if(err) {
        console.log(err);
    } else {
        console.log(rows);
    }
});
```

运行这段代码，可以看到所有的记录被打印出来了。

上述代码中 connection.query() 方法的第一个参数是一条 SQL 语句，第二个参数是一个回调函数。回调函数中的第一个参数是 err，第二个参数是执行 SQL 语句后返回的记录。

connection.query() 方法还有一个 paramInfo 参数可选。当 SQL 语句中含有一些变量的时候，可以将"?"作为占位符放置在 SQL 语句中，通过 paramInfo 参数传递给 SQL 语句。

【代码 7-17】

```js
/*引入 mysql 模块*/
const mysql = require('mysql');

/*创建连接*/
const connection = mysql.createConnection({
    host: 'localhost',
    user: 'root',
    password: 'secret',
    database: 'database'
});

/*连接 mysql*/
connection.connect(function(err) {
/*连接出错的处理*/
    if (err) {
        console.error('error connecting: ' + err.stack);
        return;
    }
    console.log('connected as id ' + connection.threadId);
});
const table = 'mytable';

/*查询数据*/
connection.query('SELECT * FROM ?',[table], function(err, rows) {
    if(err) {
```

```
        console.log(err);
    } else {
        console.log(rows);
    }
});
```

运行这段代码，同样可以从 mytable 数据表中取出所有的数据记录。

mysql 模块还提供了一个 escape()方法，用来防止 SQL 注入攻击。SQL 注入攻击的本质就是：黑客在提交给服务器的数据中带有 SQL 语句，试图欺骗服务器，让服务器运行自己的恶意 SQL 语句。使用 escape 方法处理用户提交的数据，可以防止 SQL 注入攻击。

假设 userid 为用户提供的数据，可以先通过 connection.escape()方法处理一遍，之后再执行相关的 SQL 语句。

【代码 7-18】

```
/*引入mysql模块*/
const mysql = require('mysql');

/*创建连接*/
const connection = mysql.createConnection({
    host: 'localhost',
    user: 'root',
    password : 'secret',
    database : 'database'
});

/*连接mysql*/
connection.connect(function(err) {
/*连接出错的处理*/
    if (err) {
        console.error('error connecting: ' + err.stack);
        return;
    }
    console.log('connected as id ' + connection.threadId);
});

/*定义SQL语句*/
let sql = 'SELECT * FROM users WHERE userid=' + connection.escape(userid);

/*执行SQL语句*/
connection.query(sql, function(err, rows) {
    if(err) {
        console.log(err);
    } else {
        console.log(rows);
    }
});
```

第 8 章

Vue.js 数据、方法与生命周期

随着互联网技术的迅猛发展，前端技术也在不断演进，了解和掌握当前的主流前端开发技术是每个 Web 开发人员的必修课。本章将讲解 Vue.js 数据、方法与生命周期。

通过本章的学习可以：

- 了解Vue.js的数据与方法。
- 了解Vue.js生命周期的概念。
- 掌握通过Vue.js设计一个单页面应用的方法。

8.1 Vue.js 数据

本节介绍 Vue.js 数据属性与实例属性等方面的内容，Vue.js 针对数据与视图进行了特殊设计，并内置了一系列属性实现数据与视图的交互响应功能。

8.1.1 Vue.js 数据同步

对于 Vue.js 框架编程而言，当创建一个新的 Vue 实例对象时，它会将数据对象中所有的 property 属性加入 Vue.js 框架的响应式系统中。该操作带来的最直接效果就是，当 property 属性值发生改变时，视图将会随之发生"响应"——也就是同时更新为新匹配的属性值。以上关于 Vue.js 数据的描述看起来比较难以理解，下面通过具体实例进行解释。

（1）在 HTML 页面中定义一个分区（<div>）元素，用于显示 Vue 组件定义的对象，代码如下：

【代码 8-1】（详见源代码 vuedata 目录中的 vuedata.html 文件）

```
01  <div id="id-div-number">
02      {{ dNum }}
03  </div>
```

【代码说明】

- 在第01行代码中，定义<div>元素的id属性（"id-div-number"）。
- 在第02行代码中，通过Vue.js框架的插值模板语法（{{ }}）引用一个对象（dNum）。

（2）通过 JavaScript 脚本代码定义一个对象（oNum），在该对象内定义一个属性（n），并进行初始化操作，代码如下：

【代码 8-2】（详见源代码 vuedata 目录中的 vuedata.html 文件）

```
01  var oNum = {
02      n: 1
03  };
```

（3）通过 Vue 脚本代码定义一个 Vue 对象（vm），将对象（oNum）所定义的数据写进该 Vue 对象（vm），代码如下：

【代码 8-3】（详见源代码 vuedata 目录中的 vuedata.html 文件）

```
01  var vm = new Vue({
02      el: '#id-div-number',
03      data: {
04          dNum: oNum
05      }
06  })
```

【代码说明】

- 在第01～06行代码中，通过new Vue()构造函数实例化Vue对象（vm）。同时，这段代码创建了Vue对象的入口，并将该对象所定义的内容渲染到页面中对应的DOM元素中。具体说明如下：
  - 在第02行代码中，通过el属性绑定DOM元素（id = 'id-div-number'），该DOM元素定义在【代码8-1】中。
  - 在第03～05行代码中，通过data属性绑定数据操作。其中，在第04行代码中定义一个property属性（dNum），并将该属性值初始化为【代码8-2】中定义的对象（oNum）。

下面，通过 Visual Studio Code 开发工具启动 FireFox 浏览器，测试 vuedata.html 页面，效果如图 8.1 所示。

图 8.1　测试 Vue.js 数据对象（1）

如图 8.1 中的箭头所示，【代码 8-3】中定义的 Vue 对象成功渲染到【代码 8-1】中定义的页面

DOM 元素中去了。

这里需要特别关注的是，Vue 对象中 data 属性的 property 属性表现出"响应式"的特性。也就是当这些数据发生改变时，页面视图会随之进行重新渲染。为了验证这个 Vue.js 数据的特性，我们在页面中添加一个文本输入框和一个关联按钮，通过人工输入修改 property 属性（dNum）的值，并观察页面视图的变化。首先添加文本输入框和关联按钮，代码如下：

【代码 8-4】（详见源代码 vuedata 目录中的 vuedata.html 文件）

```
01  <div>
02      ViewModel:
03      <input type="text" id='id-input-text-vm' value='' />
04      <input
05          type="button"
06          id='id-input-btn-vm'
07          value='Set VM'
08          onclick="onBtnVMClk(this.id)" />
09  </div>
```

【代码说明】

- 在第03行代码中，通过<input type="text">元素定义一个文本输入框。
- 在第04～08行代码中，<input type="button">元素定义一个按钮。

然后，定义按钮控件（id='id-input-btn-vm'）的 onclick 方法（onBtnVMClk()），以修改 property 属性（dNum）的值，代码如下：

【代码 8-5】（详见源代码 vuedata 目录中的 vuedata.html 文件）

```
01  function onBtnVMClk(thisid) {
02      let vData = document.getElementById('id-input-text-vm').value;
03      console.log("onBtnVMClk: " + vData);
04      vm.dNum.n = parseInt(vData);
05  }
```

【代码说明】

- 在第04行代码中，将从文本输入框中获取的用户输入值，赋给vm对象的property属性（dNum）。

下面，通过 Visual Studio Code 开发工具启动 FireFox 浏览器，测试 vuedata.html 页面，效果如图 8.2 所示。

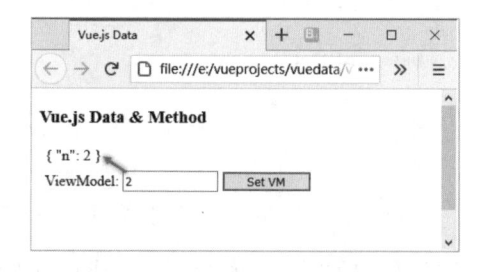

图 8.2　测试 Vue.js 数据对象（2）

如图 8.2 中的箭头所示，获取人工输入的数值并赋值给 property 属性（dNum）后，页面视图中的 DOM 元素的内容也进行了同步更新。注意，这个过程是通过修改 vm 对象实现的。那如果直接修改【代码 8-2】中定义的对象（oNum）呢？

为了验证这个 Vue.js 数据的特性，我们在页面中再添加一个文本输入框和一个关联按钮，通过人工输入修改对象（oNum）的值，并观察页面视图的变化。添加文本输入框和关联按钮的代码如下：

【代码 8-6】（详见源代码 vuedata 目录中的 vuedata.html 文件）

```
01  <div>
02     Data:
03     <input type="text" id='id-input-text-data' value='' />
04     <input
05         type="button"
06         id='id-input-btn-data'
07         value='Set Data'
08         onclick="onBtnDataClk(this.id)" />
09  </div>
```

【代码说明】

- 在第03行代码中，通过<input type="text">元素定义一个文本输入框。
- 在第04～08行代码中，<input type="button">元素定义一个按钮。

然后，定义按钮控件（id='id-input-btn-data'）的 onclick 方法（onBtnDataClk()），以修改对象（oNum）的值，代码如下：

【代码 8-7】（详见源代码 vuedata 目录中的 vuedata.html 文件）

```
01  function onBtnDataClk(thisid) {
02     let vData = document.getElementById('id-input-text-data').value;
03     console.log("onBtnDataClk: " + vData);
04     oNum.n = parseInt(vData);
05  }
```

【代码说明】

- 在第04行代码中，将从文本输入框中获取的用户输入值赋给对象（oNum）的属性（n）。

下面，还是通过 Visual Studio Code 开发工具启动 FireFox 浏览器，测试 vuedata.html 页面，效果如图 8.3 所示。

如图 8.3 中的箭头所示，获取人工输入的数值并赋值给对象（oNum）的属性（n）后，页面视图中的 DOM 元素的内容也同步进行了更新。

注意：只有当 Vue 对象实例被创建时就已经存在于 data 属性中的 property 属性才是响应式的。如果在晚些时候才需要使用某个 property 属性，那么还是需要在一开始初始化时就定义好该 property 属性。即使一开始该 property 属性为空或不存在，也需要设置一些初始值（例如空字符串）。

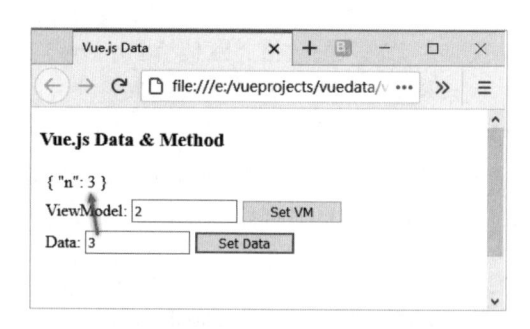

图 8.3　测试 Vue.js 数据对象（3）

8.1.2　Vue.js 数据冻结

Vue.js 数据"同步更新"的功能很实用，页面渲染效果也很惊艳。不过，我们不总是需要全部数据都保持同步更新，那么该如何操作呢？Vue.js 框架为数据对象定义"冻结"方法，可以实现阻止 property 属性同步更新的功能。

这个方法就是由 object 对象所提供的 freeze()方法，通过在一个对象上使用 freeze()方法，就会阻止修改现有的 property 属性，这也就意味着 Vue.js 框架的视图响应系统无法追踪 property 属性的变化。下面，通过一个具体的代码实例进行详细介绍。

（1）在 HTML 页面中定义一个分区(<div>)元素，用于显示 Vue 组件定义的对象，代码如下：

【代码 8-8】（详见源代码 vuedata 目录中的 vuedata.html 文件）

```
01  <div id="id-div-number">
02      <span>{{ dNumA }}</span><br>
03      <span>{{ dNumB }}</span><br>
04  </div>
```

【代码说明】

- 在第02行和第03行代码中，分别通过Vue.js框架的插值模板语法（{{　}}）引用了两个对象（dNumA和dNumB）。

（2）通过 JavaScript 脚本代码定义两个对象（oNumA 和 oNumB），分别在两个对象内定义一个属性（a 和 b），并进行初始化操作，代码如下：

【代码 8-9】（详见源代码 vuedata 目录中的 vuedata.html 文件）

```
01  var oNumA = {
02      a: 1
03  };
04  var oNumB = {
05      b: 1
06  };
```

【代码说明】

- 我们的设计想法是，通过Object.freeze()方法冻结其中一个对象（oNumB），这样就可以与另一个对象（oNumA）进行对比。

（3）通过 Vue 脚本代码定义一个 Vue 对象（vm），将对象（oNumA 和 oNumB）所定义的数据写进该 Vue 对象（vm），代码如下：

【代码 8-10】（详见源代码 vuedata 目录中的 vuedata.html 文件）

```
01   var vm = new Vue({
02       el: '#id-div-number',
03       data: {
04           dNumA: oNumA,
05           dNumB: oNumB,
06       }
07   })
```

【代码说明】

- 在第03～06行代码中，通过data属性进行绑定数据操作。具体说明如下：
  - 在第04行代码中定义一个property属性（dNumA），并将该属性值初始化为【代码8-8】中定义的对象（oNumA）。
  - 在第05行代码中定义一个property属性（dNumB），并将该属性值初始化为【代码8-8】中定义的对象（oNumB）。

下面，通过 Visual Studio Code 开发工具启动 FireFox 浏览器，测试 vuedata.html 页面，效果如图 8.4 所示。

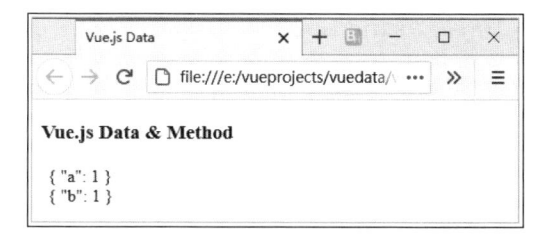

图 8.4 测试 Vue.js 数据冻结（1）

如图 8.4 所示，【代码 8-10】中定义的 Vue 对象成功渲染到【代码 8-8】中定义的页面 DOM 元素中去了。

（4）通过 Object.freeze()方法冻结对象 dNumB，代码如下：

【代码 8-11】（详见源代码 vuedata 目录中的 vuedata.html 文件）

```
01   Object.freeze(oNumB);
```

为了验证上面这个 Vue.js 数据冻结的特性，我们在页面中添加相应的文本输入框和关联按钮，通过人工输入修改 property 属性的值，并观察页面视图的变化。代码如下：

【代码 8-12】（详见源代码 vuedata 目录中的 vuedata.html 文件）

```
01   <div>
02       ViewModel:
```

```
03      <input type="text" id='id-input-text-vm' value='' />
04      <input
05          type="button"
06          id='id-input-btn-vm'
07          value='Set VM'
08          onclick="onBtnVMClk(this.id)" />
09  </div>
10  <div>
11      Data:
12      <input type="text" id='id-input-text-data' value='' />
13      <input
14          type="button"
15          id='id-input-btn-data'
16          value='Set Data'
17          onclick="onBtnDataClk(this.id)" />
18  </div>
19  <script>
20      function onBtnVMClk(thisid) {
21          let vData = document.getElementById('id-input-text-vm').value;
22          console.log("onBtnVMClk: " + vData);
23          vm.dNumA.a = parseInt(vData);
24          vm.dNumB.b = parseInt(vData);
25      }
26      function onBtnDataClk(thisid) {
27          let vData = document.getElementById('id-input-text-data').value;
28          console.log("onBtnDataClk: " + vData);
29          oNumA.a = parseInt(vData);
30          oNumB.b = parseInt(vData);
31      }
32  </script>
```

【代码说明】

- 在第23行和第24行代码中，将从文本输入框中获取的用户输入值分别赋给vm对象的property属性（dNumA和dNumB）。
- 在第29行和第30行代码中，将从文本输入框中获取的用户输入值分别赋给对象（oNumA和oNumB）的属性（a和b）。

下面，通过 Visual Studio Code 开发工具启动 FireFox 浏览器，测试 vuedata.html 页面，效果如图 8.5 和图 8.6 所示。

如图 8.5 中的实线箭头所示，获取人工输入的数值并赋值给 property 属性（dNumA）后，页面视图中的 DOM 元素的内容也进行了同步更新。而图 8.5 中的虚线箭头表示，获取人工输入的数值并赋值给 property 属性（dNumB）后，页面视图中的 DOM 元素的内容没有进行同步更新，这就表明【代码 8-11】中的数据冻结操作生效了。

同样如图 8.6 中的箭头（实线和虚线）所示，获取人工输入的数值并赋值给对象（oNumA）的属性（a）和对象（oNumB）的属性（b）后，页面视图中的 DOM 元素（对应 oNumA 对象）的内容同样也进行了同步更新，而 DOM 元素（对应 oNumB 对象）的内容没有进行同步更新，同样表明

【代码 8-11】中的数据冻结操作生效了。

图 8.5　测试 Vue.js 数据冻结（2）

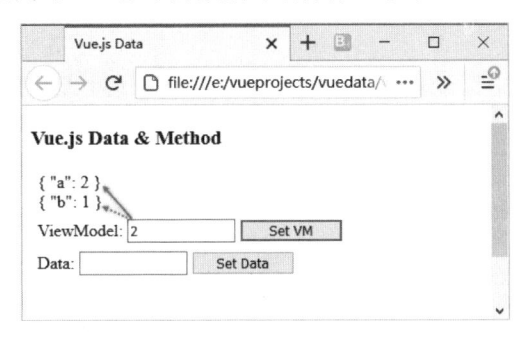

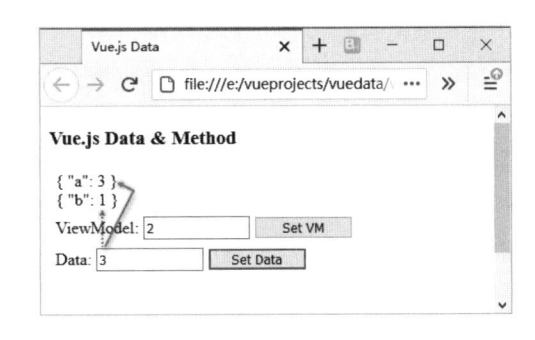

图 8.6　测试 Vue.js 数据冻结（3）

8.1.3　Vue.js 实例 property 属性

除了前面介绍的 Vue 数据 property 属性之外，Vue.js 框架还定义一个非常有用的"Vue 实例 property 属性"的概念。需要注意的是，在使用该功能时必须加上前缀"$"符号，主要是为了与用户定义的数据 property 属性进行区分。

首先，介绍一下"Vue 实例 property 属性"的内容。为了便于理解这个"Vue 实例 property 属性"术语，下面通过具体实例进行解释。请看下面的代码。

【代码 8-13】（详见源代码 vuedata 目录中的 vuedata.html 文件）

```
01  <div id="id-div-number">
02      {{ dNum }}
03  </div>
04  <div>
05      Test:
06      <input
07          type="button"
08          id='id-input-btn-test'
09          value='Test Method'
10          onclick="onBtnTestClk(this.id)" />
11  </div>
12  <script>
13      var oNum = {
14          n: 1
15      };
16      var vm = new Vue({
17          el: '#id-div-number',
18          data: {
19              dNum: oNum
20          }
21      })
22      function onBtnTestClk(thisid) {
23          console.log(vm.$data.dNum.n);
24          console.log(vm.$el);
25      }
```

```
26    </script>
```

【代码说明】

- 在第23行代码中，通过vm对象实例property属性（$data）的引用，代理对vm对象中data属性中property属性（dNum）的访问。这里，通过命令行输出"vm.$data.dNum.n"的数值。
- 在第24行代码中，通过vm对象实例property属性（$el）的引用，代理对vm对象中el属性DOM元素的访问。这里，通过命令行输出"vm.$el"代表的内容。

下面，通过 Visual Studio Code 开发工具启动 FireFox 浏览器，测试 vuedata.html 页面，效果如图 8.7 所示。

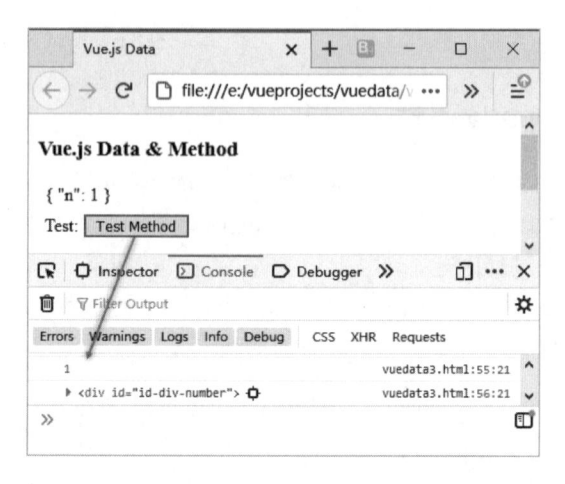

图 8.7 Vue 实例 property 属性

如图 8.7 中的箭头所示，在浏览器的命令行中，【代码 8-13】的第 23 行代码输出数值"1"，第 24 行代码输出 DOM 元素。

现在，估计读者已经能大概理解"Vue 实例 property 属性"的含义了。Vue.js 框架定义这个概念的目的，就是帮助设计人员以更简洁的方式操作 Vue 对象中定义的各个字段属性。

下面，在【代码 8-13】的基础上稍作修改，看一下如何实际使用"Vue 实例 property 属性"进行操作。请看下面的代码。

【代码 8-14】（详见源代码 vuedata 目录中的 vuedata.html 文件）

```
01  <div id="id-div-number">
02      {{ dNum }}
03  </div>
04  <div>
05      Test:
06      <input
07          type="button"
08          id='id-input-btn-test'
09          value='Test Method'
10          onclick="onBtnTestClk(this.id)" />
11  </div>
12  <script>
```

```
13      var oNum = {
14          n: 1
15      };
16      var vm = new Vue({
17          el: '#id-div-number',
18          data: {
19              dNum: oNum
20          }
21      })
22      function onBtnTestClk(thisid) {
23          let divText = vm.$el.innerText;
24          console.log(divText);
25          vm.$data.dNum.n += 1;
26      }
27  </script>
```

【代码说明】

- 在第23～24行代码中，通过vm对象实例property（$el）的引用，获取了其DOM元素的innerText属性内容，并将该内容输出到命令行中。
- 在第25行代码中，通过vm对象实例property（$data）的引用，代理了对其data属性中property属性（dNum）的访问，并对其n属性值进行了"+1"操作。

下面，通过 VS Code 开发工具启动 FireFox 浏览器，测试 vuedata.html 页面，效果如图 8.8 所示。在浏览器的命令行中，【代码 8-14】的第 24 行代码输出 DOM 元素的 innerText 属性内容，第 25 行代码输出 n 属性经过 "+1" 操作后的数值。

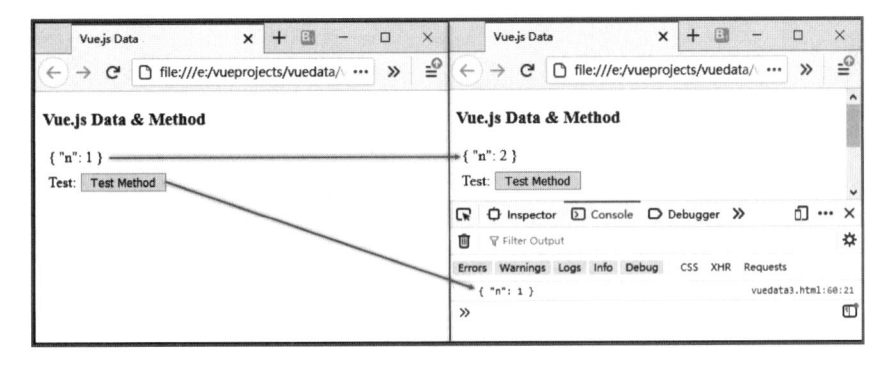

图 8.8　Vue 实例 property 属性应用

8.2　Vue.js 方法

本节介绍 Vue.js 实例方法的相关内容。Vue.js 实例方法包含几大类，这里先介绍基于数据和基于事件这两类。

8.2.1 观察属性方法

Vue.js 框架设计了一个 "$watch" 方法，用于 "观察" Vue 实例上的属性是否发生变化。这里的属性变化，具体可以是一个属性表达式的变化，也可以是稍微复杂的一个函数计算结果的变化。如果$watch 方法观察到了变化，就会通过一个回调函数得到两个参数，分别表示变化后的新值和变化前的旧值。

$watch 方法的基本语法格式如下：

```
语法：vm.$watch(expOrFn, callback, [options])>
参数说明：
{string | Function} expOrFn
{Function | Object} callback
返回值：{Function} unwatch    // 返回一个取消观察函数，用来停止触发回调
```

关于$watch 方法如何实现 "观察" Vue 实例上的属性变化，我们还是通过具体的代码实例进行讲解。请看下面这个 "观察" 计数器变化的代码。

【代码 8-15】（详见源代码 vuemethod 目录中的 vuewatch.html 文件）

```
01  <div id="id-div-counter">
02      Current counter is <b>{{ counter }}</b>.
03  </div>
04  <div>
05      Click "Start Watch" to start watch & add counter:
06      <input
07          type="button"
08          id='id-btn-start-watch'
09          value='Start Watch'
10          onclick="onBtnStartWatch(this.id)"/>
11      Click "Cancel Watch" to stop watch:
12      <input
13          type="button"
14          id='id-btn-cancel-watch'
15          value='Cancel Watch'
16          onclick="onBtnCancelWatch(this.id)"/>
17  </div>
18  <script>
19      // define Vue entry
20      var vm = new Vue({
21          el: '#id-div-counter',
22          data: {
23              counter: 1
24          }
25      })
26      // define watch on counter
27      var unwatch = vm.$watch('counter', function(newVal, oldVal) {
28          console.log("counter from " + oldVal + " turns to " + newVal + ".");
29      })
30      // start watch
31      function onBtnStartWatch(thisid) {
```

```
32              vm.$data.counter += 1;
33              console.log('counter = ' + vm.$data.counter);
34          }
35          // cancel watch
36          function onBtnCancelWatch(thisid) {
37              unwatch();
38          }
39  </script>
```

【代码说明】

- 在第01～03行代码中，在页面中通过<div>元素定义一个分区，并定义其id属性值（"id-div-counter"）。在第02行代码中，通过Vue.js框架的插值模板语法（{{ }}）引用了一个对象（counter），实现了一个计数器的展示功能。
- 在第20～25行的脚本代码中，通过new Vue()构造函数实例化Vue对象（vm）。同时，这段代码创建了Vue对象的入口，并将该对象所定义的内容渲染到页面中对应的DOM元素中。具体说明如下：
  - 在第21行代码中，通过el属性绑定DOM元素（"id-div-counter"）。
  - 在第22～24行代码中，通过data属性进行绑定数据操作。其中，在第23行代码中定义一个计数器属性（counter），并初始化为数值1。该计数器属性（counter）对应第02行代码引用的对象（counter），实现了页面数据同步渲染的功能。
- 第27～29行的脚本代码定义的就是vm.$watch()"观察"函数，具体说明如下：
  - 在第27行代码中，指定的观察对象就是计数器（counter）。
  - 在第27行代码中，回调函数定义两个参数（newVal, oldVal），分别表示计数器对象（counter）变化后和变化前的值。
  - 在第28行代码中，将两个参数（newVal, oldVal）的调试信息输出到命令行中显示。
  - 第27行代码中vm.$watch()函数的返回值（unwatch），定义的就是取消观察函数，用来停止触发回调。
- 在第31～34行代码中定义的onBtnStartWatch()函数，实现了第06～10行代码定义的<input>控件的单击事件方法。其中，第32行代码通过对vm对象实例property（$data）的引用，将计数器对象（counter）的数值进行累加（+1）。
- 在第36～38行代码中定义的onBtnCancelWatch()函数，实现了第12～16行代码定义的<input>控件的单击事件方法。其中，第37行代码通过调用unwatch()方法，实现了取消观察函数并停止触发回调的操作。

下面，通过 Visual Studio Code 开发工具启动 FireFox 浏览器，测试 vuewatch.html 页面，页面初始效果如图 8.9 所示。

如图 8.9 中的箭头所示，页面中显示了计数器（counter）的初始值（1）。然后，单击 Start Watch 按钮，页面更新效果如图 8.10 所示。

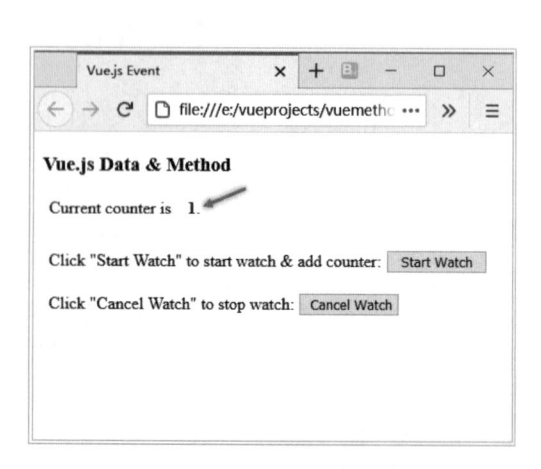

图 8.9　Vue 实例$watch 方法（1）　　　　　图 8.10　Vue 实例$watch 方法（2）

如图 8.10 中的箭头和标识所示，在单击 Start Watch 按钮后，计数器（counter）的数值从 1 变为 2。同时，命令行中也同步输出体现计数器（counter）旧值到新值变化的调试信息。下面，我们可以多次尝试，观察浏览器页面的变化以及命令行跟踪的调试信息，如图 8.11 所示。

再单击 Cancel Watch 按钮，取消观察函数及其回调函数。最后单击"Start Watch"按钮再次测试，效果如图 8.12 所示。

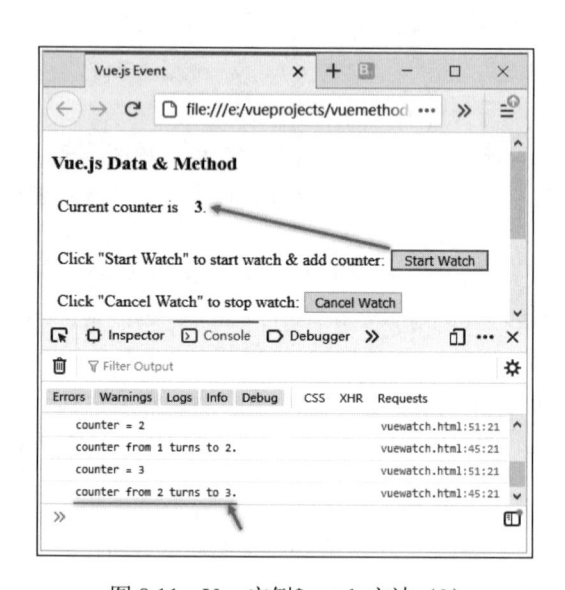

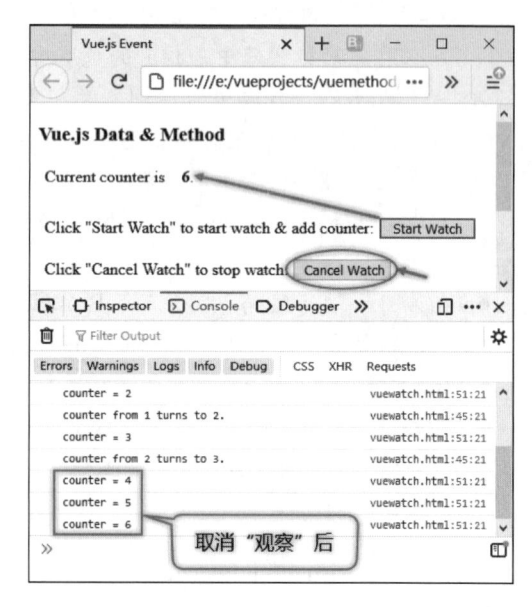

图 8.11　Vue 实例$watch 方法（3）　　　　　图 8.12　Vue 实例 unwatch 方法

如图 8.12 中的箭头和标识所示，在单击 Cancel Watch 按钮取消"观察"函数后，每次单击 Start Watch 按钮，页面视图中的数值会同步增加，但命令行中不再同步输出体现计数器（counter）从旧值到新值变化的调试信息了。

在【代码 8-15】中"观察"的是一个对象表达式，根据"$watch"方法的语法描述，它还可以"观察"一个函数方法，这种情况适用于较复杂的场景。下面，通过具体的代码实例进行讲解，

"观察"计算算术和变化的代码如下：

【代码 8-16】（详见源代码 vuemethod 目录中的 vuewatchfunc.html 文件）

```
01  <div id="id-div-sum">
02      Expression :    {{a}} + {{b}} = {{ sum }}
03  </div>
04  <div>
05      Click "Start Watch" to start watch sum:
06      <input
07          type="button"
08          id='id-btn-start-watch'
09          value='Start Watch'
10          onclick="onBtnStartWatch(this.id)" />
11      Click "Cancel Watch" to stop watch:
12      <input
13          type="button"
14          id='id-btn-cancel-watch'
15          value='Cancel Watch'
16          onclick="onBtnCancelWatch(this.id)" />
17  </div>
18  <script>
19      // define Vue entry
20      var vm = new Vue({
21          el: '#id-div-sum',
22          data: {
23              a: 1,
24              b: 1,
25              sum: 2
26          }
27      })
28      // define watch on a & b
29      var unwatch = vm.$watch(function() {
30          return this.a + this.b;
31      }, function(newVal, oldVal) {
32          console.log("sum from " + oldVal + " turns to " + newVal + ".");
33      })
34      // start watch
35      function onBtnStartWatch(thisid) {
36          vm.$data.a = Math.round(Math.random() * 100);
37          console.log('a = ' + vm.$data.a);
38          vm.$data.b = Math.round(Math.random() * 100);
39          console.log('b = ' + vm.$data.b);
40          vm.$data.sum = vm.$data.a + vm.$data.b;
41          console.log('sum = ' + vm.$data.sum);
42      }
43      // cancel watch
44      function onBtnCancelWatch(thisid) {
45          unwatch();
46      }
47  </script>
```

【代码说明】

- 在第01～03行代码中，在页面中通过<div>元素定义一个分区，并定义其id属性值（"id-div-sum"）。其中，在第02行代码中，通过Vue.js框架的插值模板语法（{{ }}）引用了一个表达式（a+b=sum），实现了一个计算算术和的展示功能。
- 在第20～27行的脚本代码中，通过new Vue()构造函数实例化Vue对象（vm）。同时，这段代码创建了Vue对象的入口，并将该对象所定义的内容渲染到页面中对应的DOM元素中。具体说明如下：
  - 在第21行代码中，通过el属性绑定DOM元素（"id-div-sum"）。
  - 在第22～26行代码中，通过data属性进行绑定数据操作。其中，在第23、24行代码中分别定义两个加数属性（a和b），并均初始化为数值1。第25行代码中定义算术和属性（sum），并初始化为数值2。这3个属性（a、b、sum）对应第02行代码引用的对象（a、b、sum），实现了页面数据同步渲染的功能。
- 第29～33行的脚本代码定义的就是vm.$watch()"观察"函数，具体说明如下：
  - 在第29～31行代码中，指定的观察对象是一个自定义函数，该函数返回两个加数属性（a和b）的算术和，实际对应的是属性（sum）。
  - 在第31～33行代码中，回调函数定义两个参数（newVal, oldVal），分别表示算术和属性（sum）变化后和变化前的值。在第32行代码中，将两个参数（newVal, oldVal）的调试信息输出到命令行中显示。
  - 第29行代码中vm.$watch()函数的返回值（unwatch），定义的就是取消观察函数，用来停止触发回调。
- 在第35～42行代码中定义的onBtnStartWatch()函数，实现了第06～10行代码定义的<input>控件的单击事件方法，具体说明如下：
  - 第36行和第38行代码通过对vm对象实例property（$data）的引用，分别将两个加数属性（a和b）重新赋值为一个随机自然数（0～100）。
  - 第40行代码通过对vm对象实例property（$data）的引用，将两个加数属性（a和b）的算术和赋值给属性（sum）。
- 在第44～46行代码中定义的onBtnCancelWatch()函数，实现了第12～16行代码定义的<input>控件的单击事件方法。其中，第45行代码通过调用unwatch()方法，实现了取消观察函数，并停止触发回调的操作。

下面，通过Visual Studio Code开发工具启动FireFox浏览器，测试vuewatchfunc.html页面，页面初始效果如图8.13所示。

如图8.13中的箭头所示，页面中显示了计算算术和的表达式初始值（1+1=2）。然后，单击Start Watch按钮，页面更新效果如图8.14所示。

如图8.14中的箭头和标识所示，在单击Start Watch按钮后，算术表达式从"1+1=2"变化为"26+60=86"。同时，命令行中也同步输出算术和（sum）从旧值变化到新值的调试信息。

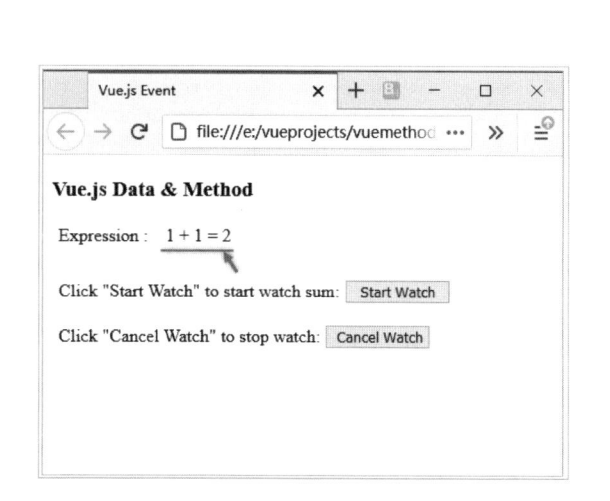

图 8.13　Vue 实例$watch 方法——"观察"函数（1）　　图 8.14　Vue 实例$watch 方法——"观察"函数（2）

再单击 Cancel Watch 按钮，取消观察函数及其回调函数。最后单击 Start Watch 按钮再次测试，效果如图 8.15 所示。

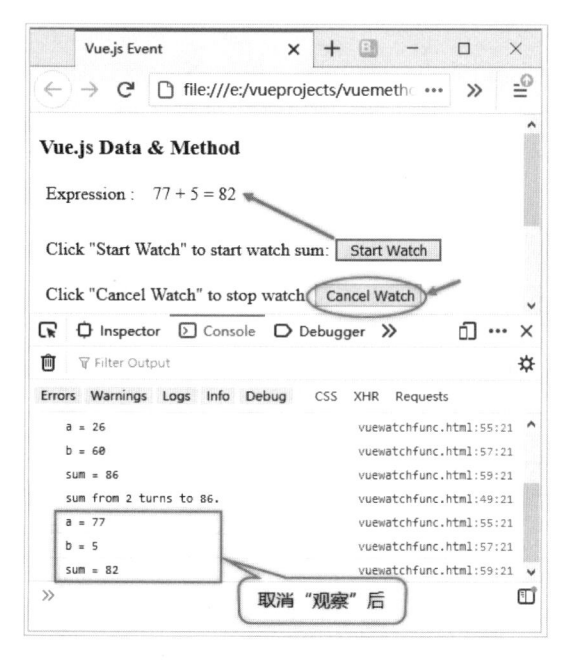

图 8.15　Vue 实例$watch 方法——"观察"函数（3）

如图 8.15 中的箭头和标识所示，在单击 Cancel Watch 按钮取消"观察"函数后，每次单击 Start Watch 按钮，页面视图中的算术表达式会同步更新，但命令行中不再同步输出体现算术和（sum）从旧值到新值变化的调试信息了。

8.2.2 事件触发方法

Vue.js 框架设计了一个 $emit 事件触发方法,用于触发 Vue 实例上定义的事件。$emit 方法的基本语法格式如下:

```
语法: vm.$emit(eventName, [...args])
参数说明:
{string} eventName        // 事件名称
[...args]                 // 附加参数
```

关于如何使用 $emit 事件触发方法,我们还是通过具体的代码实例进行讲解。请看下面这个"消息按钮"的代码。

【代码 8-17】(详见源代码 vuemethod 目录中的 vueemit.html 文件)

```
01  <div id="id-div-vue-emit">
02      <welbutton v-on:evhello="sayHello"></welbutton>
03  </div>
04  <script>
05      // define vue component
06      Vue.component('welbutton', {
07          template: `<button v-on:click="$emit('evhello')">
08              Click me to say hello
09          </button>`
10      });
11      // define vm
12      var vm = new Vue({
13          el: '#id-div-vue-emit',
14          methods: {
15              sayHello: function() {
16                  console.log('Hello Vue --- vm.$emit!');
17              }
18          }
19      })
20  </script>
```

【代码说明】

- 在第 01～03 行代码中,在页面中通过 <div> 元素定义一个分区,并定义其 id 属性值 ("id-div-vue-emit")。在第 02 行代码中,通过 Vue.js 框架的组件 (Component) 语法 ({{ }}) 引用了一个"消息按钮 <welbutton>",实现了一个可以输出消息的按钮控件功能。
- 在第 06～10 行的脚本代码中,通过 Vue.component() 方法实现了第 02 行代码中引用的"消息按钮 <welbutton>"组件。具体说明如下:
  - 在第 06 行代码中,定义组件的名称 (welbutton)。
  - 在第 07～09 行代码中,通过 template 模板属性定义组件的内容,一个基于 <button> 元素实现的功能按钮。同时,通过 Vue.js 框架定义的 v-on 指令绑定了单击 (click) 事件,实现了 $emit('evhello') 事件触发方法。注意,参数 evhello 为定义在"消息按钮 <welbutton>"组件上的自定义事件名称,在实际使用时需要绑定该自定义事件(见第

02行代码）。
- 在第12～19行的脚本代码中，通过new Vue()构造函数实例化Vue对象的（vm）。具体说明如下：
  - 在第13行代码中，通过el属性绑定DOM元素（"id-div-vue-emit"）。
  - 在第14～18行代码中，通过methods属性进行绑定方法操作。其中，在第15～17行代码中实现了sayHello方法，该方法对应第02行代码中自定义事件（'evhello'）所触发的方法。

下面，通过 Visual Studio Code 开发工具启动 FireFox 浏览器，测试 vueemit.html 页面，页面初始效果如图 8.16 所示。

单击页面中的 Click me to say hello 按钮，页面更新效果如图 8.17 所示。

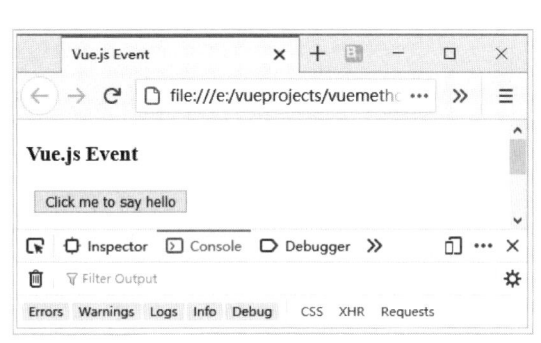

图 8.16　Vue 实例$emit 方法（1）　　　　图 8.17　Vue 实例$emit 方法（2）

如图 8.17 中的箭头所示，命令行中输出【代码 8-17】中第 16 行代码中定义的日志消息，定义的"消息按钮<welbutton>"组件通过$emit 事件触发方法实现了单击响应功能。

8.2.3　自定义事件方法

Vue.js 框架还设计了一组自定义事件触发方法（"$on"和"$once"），用于触发 Vue 实例上用户自定义的事件。其中，$once 方法只能触发一次，而$on 方法在触发次数上是没有限制的。

首先，介绍$on 自定义事件触发方法的基本语法格式。

语法：`vm.$on(event, callback)`
参数说明：
`{string | Array<string>} event`   // 数组只在 2.2.0+版本中支持
`{Function} callback`   // 回调函数

关于如何使用$on 自定义事件触发方法，我们还是通过具体的代码实例进行讲解。请看下面这个自定义"测试事件"按钮的代码。

【代码 8-18】（详见源代码 vuemethod 目录中的 vueon.html 文件）

```
01  <div id="id-div-event-on">
02      {{ msg }}
```

```
03    </div>
04    <div>
05        Test Event On:
06        <button
07            id='id-btn-event-on'
08            onclick="onBtnTestOn(this.id)">
09        Test On
10        </button>
11    </div>
12    <script>
13        // define global variables
14        var _times = 0;
15        // define vm
16        var vm = new Vue({
17            el: '#id-div-event-on',
18            data: {
19                msg: 'vm.$on()  ' + _times++ + '  times.'
20            }
21        })
22        // vm event --- $on
23        vm.$on('test', function(msg) {
24            console.log(msg);
25            vm.$data.msg = msg;
26        })
27        //
28        function onBtnTestOn(thisid) {
29            // generate msg
30            let i_msg = 'vm.$on()  ' + _times++ + '  times.';
31            // vm event --- $emit
32            vm.$emit('test', i_msg.toString());
33        }
34    </script>
```

【代码说明】

- 在第01～03行代码中，在页面中通过<div>元素定义一个分区，并定义其id属性值（"id-div-vue-on"）。在第02行代码中，通过Vue.js框架的插值模板语法（{{ }}）引用一个对象（msg），实现了一个页面消息展示的功能。
- 在第06～10行代码中，通过<button id='id-btn-event-on'>元素定义一个按钮，用于触发用户自定义的test事件。
- 在第14行的脚本代码中，定义一个全局计数器变量（_times），初始化数值为0。
- 在第16～21行的脚本代码中，通过new Vue()构造函数实例化Vue对象（vm）。具体说明如下：
  - 在第17行代码中，通过el属性绑定DOM元素（"id-div-vue-on"）。
  - 在第18～20行代码中，通过data属性进行绑定数据操作。其中，在第19行代码中定义一个消息属性（msg），对应第02行代码引用的对象（msg），用于显示用户单击按钮（<button id='id-btn-event-on'>）次数的信息，该信息在页面中同步渲染出来。
- 在第23~26行代码中，通过vm.$on()方法定义用户自定义test事件。具体说明如下：
  ➤ 在第23~26行代码定义的回调函数中，接收一个msg消息参数。
  ➤ 在第25行代码中，通过vm.$data将msg参数绑定到第19行代码定义的消息属性（msg）上。
- 第28~33行代码是第08行代码定义的按钮单击事件（onBtnTestOn()）的具体实现过程。具体说明如下：
  ➤ 在第30行代码中，通过自增表达式（_times++）对计数器变量（_times）进行（+1）算术运算。
  ➤ 在第32行代码中，通过$emit()事件触发方法实现对用户自定义test事件的触发操作。

下面，通过Visual Studio Code开发工具启动FireFox浏览器，测试vueon.html页面，页面初始效果如图8.18所示。

如图8.18中的箭头所示，页面初始显示的单击次数为0。然后，单击页面中的Test On按钮，页面更新效果如图8.19所示。

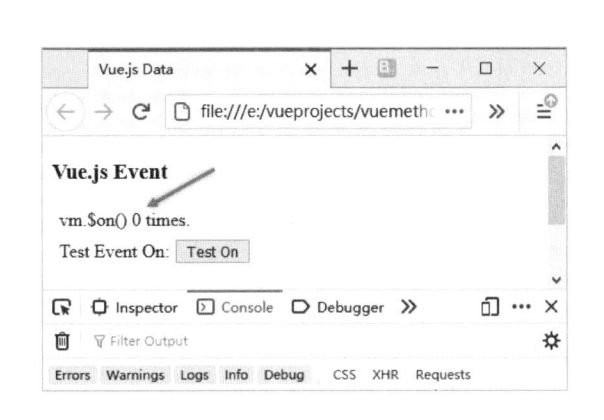

图 8.18　Vue 实例$on 方法（1）　　　　图 8.19　Vue 实例$on 方法（2）

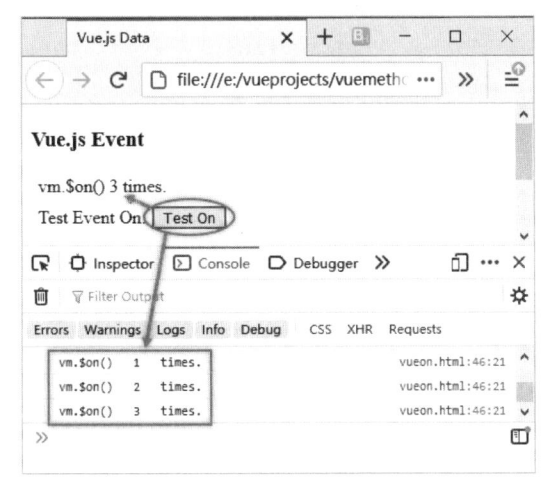

如图 8.19 中的箭头所示，每单击一次 Test On 按钮，就会触发一次用户自定义的 test 事件，页面中渲染更新的信息与命令行中输出的日志消息是同步的。

在 Vue.js 框架中，除了 "$on" 自定义事件之外，还定义一个类似的 "$once" 自定义事件。如上文所述，二者的区别主要就体现在触发次数上，$once 自定义事件只能触发一次。$once 自定义事件触发方法的基本语法格式如下：

```
语法：vm.$once(event, callback)
参数说明：
{string} event
{Function} callback    // 回调函数
```

关于如何使用$once 自定义事件触发方法，我们还是通过具体的代码实例进行讲解。请看下面这个自定义"测试事件"按钮的代码。

【代码 8-19】（详见源代码 vuemethod 目录中的 vueonce.html 文件）

```
01  <div id="id-div-event-once">
02      {{ msg }}
03  </div>
04  <div>
05      Test Event Once:
06      <button
07          id='id-btn-event-once'
08          onclick="onBtnTestOnce(this.id)">
09      Test Once
10      </button>
11  </div>
12  <script>
13      // define global variables
14      var _times = 0;
15      // define vm
16      var vm = new Vue({
17          el: '#id-div-event-once',
18          data: {
19              msg: 'vm.$once()  ' + _times++ + '  times.'
20          }
21      })
22      // vm event --- $once
23      vm.$once('test', function(msg) {
24          console.log(msg);
25          vm.$data.msg = msg;
26      })
27      //
28      function onBtnTestOnce(thisid) {
29          // log click times
30          console.log('click button  ' + _times + '  times.');
31          // generate msg
32          let i_msg = 'vm.$once()  ' + _times++ + '  times.';
33          // vm event --- $emit
34          vm.$emit('test', i_msg.toString());
35      }
36  </script>
```

【代码说明】

- 【代码8-19】与【代码8-18】基本类似，主要的区别如下：
  - 在第23~26行代码中，是通过"vm.$once()"方法（仅触发一次）定义用户自定义test事件的。
  - 在第34行代码中，另外记录了用户单击按钮<button id='id-btn-event-once'>的次数，用以和用户自定义test事件触发次数区分开来。

下面，通过 Visual Studio Code 开发工具启动 FireFox 浏览器，测试 vueonce.html 页面，页面初始效果如图 8.20 所示。

如图 8.20 中的箭头所示，页面初始显示的单击次数为 0。然后，单击页面中的 Test Once 按钮，页面更新效果如图 8.21 所示。

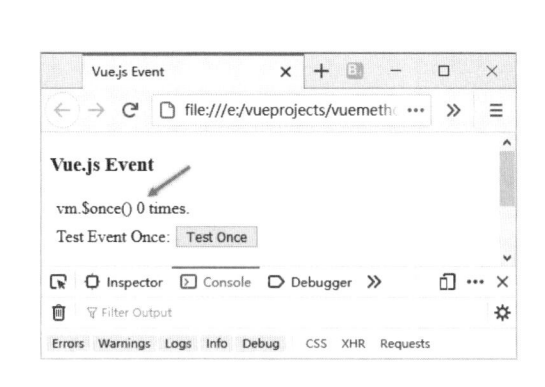

图 8.20　Vue 实例$once 方法（1）　　　　图 8.21　Vue 实例$once 方法（2）

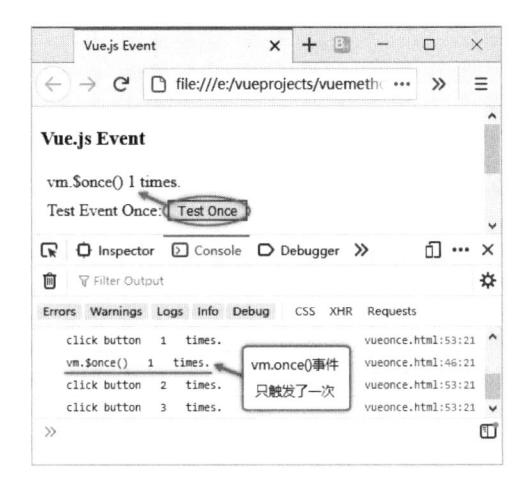

如图 8.21 中的箭头和标识所示，无论单击多少次 Test Once 按钮，都只会触发一次用户自定义的 test 事件（由 vm.$once()事件触发），而用户单击按钮的次数是同步增加的。另外，对比页面中渲染更新的信息与命令行中输出的日志消息，可以清楚地看到$on 和$once 的区别。

8.3　Vue.js 生命周期

本节介绍 Vue.js 框架中关于生命周期和生命周期钩子方面的内容。Vue.js 生命周期是创建 Vue.js 应用的核心基础。

8.3.1　Vue.js 生命周期图示

在 Vue.js 应用中，每个 Vue 实例在被创建（new Vue()）时，都要经过一系列的初始化过程，例如，设置数据监听、编译模板、将实例挂载到 DOM 上，以及在数据变化时更新 DOM 等。一般地，在前端应用框架中将这个过程称为应用的"生命周期"。

同时，在 Vue 应用的"生命周期"过程中，会根据进程演化的不同阶段定义一组相关过程方法（回调函数的形式）。前端框架将这组过程方法称为"生命周期的钩子函数"。"钩子函数"给用户提供了在这些回调函数中添加自定义代码的机会。因此，"生命周期的钩子函数"类似于事件方法中的回调函数，只不过是只有存在于前端框架的"生命周期"中才会有意义。

关于 Vue.js 框架的"生命周期"的详细内容，其官网上提供了一幅非常详细的示意图（地址：

https://cn.vuejs.org/v2/guide/instance.html#生命周期图示），如图 8.22 所示。

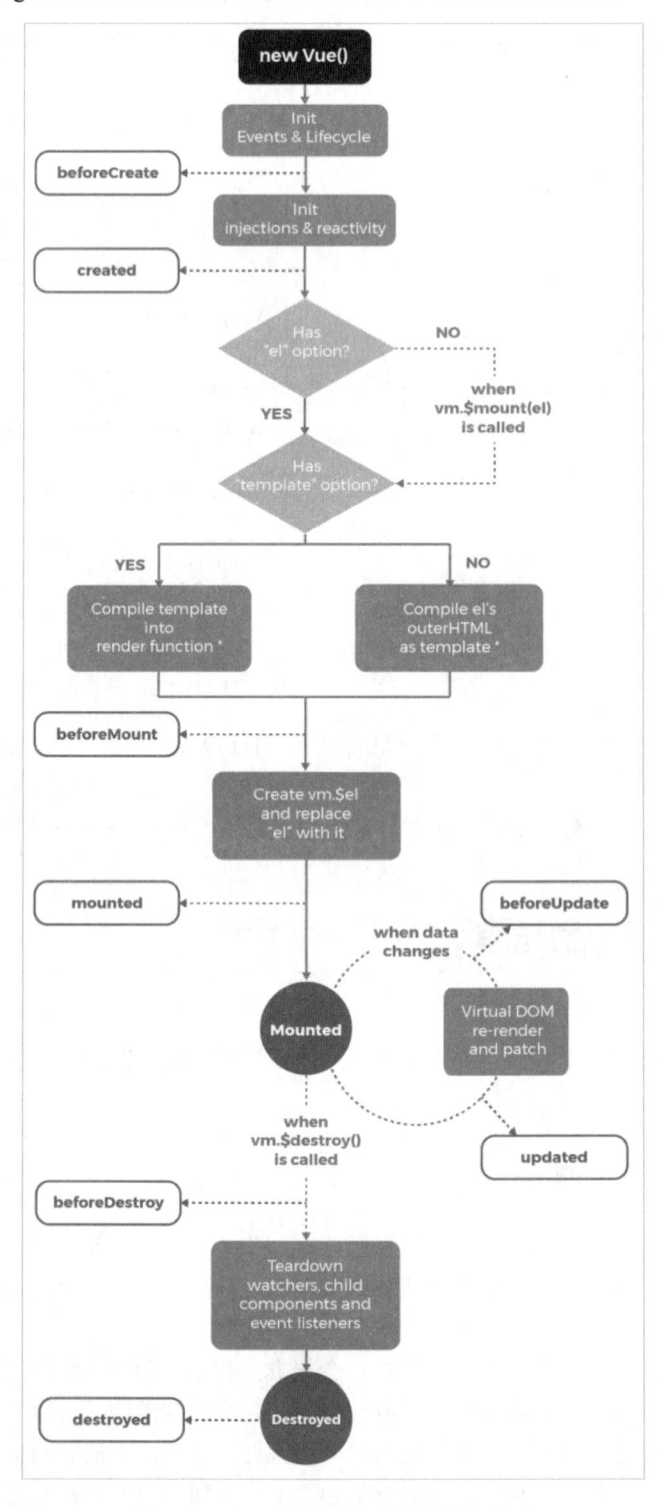

图 8.22 Vue.js 框架"生命周期"图示

从 Vue 实例的创建（new Vue()）开始，其"生命周期"就按部就班地开始了。下面，列举几个最常用的"生命周期"阶段进行介绍。

- beforeCreate：在Vue实例（vm）初始化之后，在数据观测（data observer）和（event/watcher）事件配置之前被调用。
- created：在Vue实例（vm）创建完成后立即被调用。
- beforeMount：在Vue实例（vm）挂载开始之前被调用，此时相关的render函数首次被调用。
- mounted：在Vue实例（vm）挂载后调用，这时el已被新创建的vm.$el替换了。
- beforeUpdate：在数据更新时调用，发生在虚拟DOM打补丁之前。
- updated：由于数据更改导致的虚拟DOM重新渲染和打补丁，在这之后会调用该钩子函数。
- activated：被keep-alive缓存的组件激活时调用。
- deactivated：被keep-alive缓存的组件停用时调用。
- beforeDestroy：在Vue实例（vm）销毁之前调用，在这一阶段的Vue实例仍然完全可用。
- destroyed：在Vue实例（vm）销毁后调用。该钩子函数被调用后，对应Vue实例的所有指令都被解绑，所有的事件监听器被移除，所有的子实例也都会被销毁。

8.3.2 Vue.js 生命周期钩子

前一小节详细介绍了 Vue.js 框架的"生命周期"和"生命周期钩子"的相关内容。在 Vue.js 应用中，利用"生命周期钩子函数"可以为设计人员实现功能丰富的自定义代码功能。下面通过具体的代码实例进行介绍。

首先，先看下面这个关于 beforeCreate 和 created 钩子的代码实例。

【代码 8-20】（详见源代码 vuelifecycle 目录中的 vuelifecycle.html 文件）

```
01  <div class="text-wrapper" id="id-div-vue-lifecycle" v-html="msg">
02      {{ msg }}
03  </div>
04  <script>
05      // define Vue entry
06      var vm = new Vue({
07          el: '#id-div-vue-lifecycle',
08          data: {
09              msg: ''
10          },
11          beforeCreate: function() {
12              // this.$data.msg += 'beforeCreate' + '<br/>';
13              console.log('Lifecycle hook --- beforeCreate.');
14              console.log('$el: ' + this.$el);
15              console.log('$data: ' + this.$data);
16          },
17          created: function() {
18              this.$data.msg += 'created' + '<br/>';
19              console.log('Lifecycle hook --- created.');
```

```
20              console.log('$el: ' + this.$el);
21              console.log('$data: ' + this.$data);
22          },
23      })
24  </script>
```

【代码说明】

- 在第01～03行代码中，在页面中通过<div>元素定义一个分区，并定义其id属性值（"id-div-vue-lifecycle"）。在第02行代码中，通过Vue.js框架的插值模板语法（{{ }}）引用了一个对象（msg），实现了一个页面消息展示的功能。
- 在第06～23行的脚本代码中，通过new Vue()构造函数实例化Vue对象（vm）。具体说明如下：
  - 在第07行代码中，通过el属性绑定DOM元素（"id-div-vue-lifecycle"）。
  - 在第08～10行代码中，通过data属性进行绑定数据操作。其中，第09行代码定义一个消息属性（msg），对应第02行代码引用的对象（msg），用于在页面中进行同步渲染操作。
  - 第11～16行代码定义beforeCreate钩子函数，尝试将el和data属性作为日志信息在浏览器控制台中输出。另外，第12行代码通过实例property属性（$data）更新了msg属性（不过，该行代码先是注释的状态）。
  - 第17～22行代码定义created钩子函数，尝试将el和data属性作为日志信息在浏览器控制台中输出。另外，第18行代码通过实例property属性（$data）更新了msg属性。

下面，通过Visual Studio Code开发工具启动FireFox浏览器，测试vuelifecycle.html页面，页面初始效果如图8.23所示。

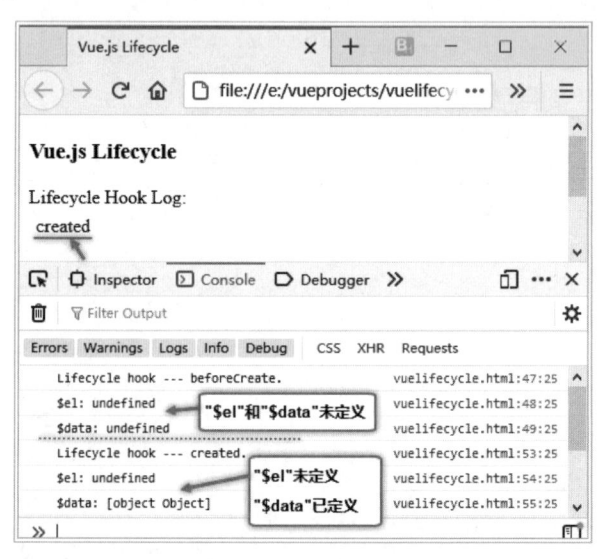

图8.23 Vue.js框架"生命周期钩子函数"（1）

如图8.23中的箭头和标识所示，在Vue.js生命周期的beforeCreate钩子阶段，$el和$data均是"未定义"的状态。而在Vue.js生命周期的created钩子阶段，$el仍旧是"未定义"的状态，但是

$data 已经是"已定义"的状态了，这一点与 Vue.js 官方文档中对于 created 钩子的描述是一致的。

另外，上面的第 12 行代码是注释的状态，那为什么要注释掉这行代码呢？因为，此时的 msg 属性还未定义，所以执行该行代码会导致 JavaScript 解释器报错，感兴趣的读者可以自行测试一下。

然后，看下面这个关于 beforeMount 和 mounted 钩子的代码实例。

【代码 8-21】（详见源代码 vuelifecycle 目录中的 vuelifecycle.html 文件）

```
01  <div class="text-wrapper" id="id-div-vue-lifecycle" v-html="msg">
02      {{ msg }}
03  </div>
04  <script>
05      // define Vue entry
06      var vm = new Vue({
07          el: '#id-div-vue-lifecycle',
08          data: {
09              msg: ''
10          },
11          beforeMount: function() {
12              this.$data.msg += 'beforeMount' + '<br/>';
13              console.log('Lifecycle hook --- beforeMount.');
14              console.log(this.$el);
15              console.log(this.$data);
16          },
17          mounted: function() {
18              this.$data.msg += 'mounted' + '<br/>';
19              console.log('Lifecycle hook --- mounted.');
20              console.log(this.$el);
21              console.log(this.$data);
22          },
23      })
24  </script>
```

【代码说明】

- 【代码8-21】与【代码8-20】类似，区别就是使用的是beforeMount和mounted钩子函数。具体说明如下：
  - 第11～16行代码定义beforeMount钩子函数，尝试将el和data属性作为日志信息在浏览器控制台中输出。另外，第12行代码通过实例property属性（$data）更新了msg属性。
  - 第17～22行代码定义mounted钩子函数，尝试将el和data属性作为日志信息在浏览器控制台中输出。另外，第18行代码通过实例property属性（$data）更新了msg属性。

下面，通过 Visual Studio Code 开发工具启动 FireFox 浏览器，测试 vuelifecycle.html 页面，页面初始效果如图 8.24 所示。

如图 8.24 中的箭头和标识所示，在 Vue.js 生命周期的 beforeMount 和 mounted 钩子阶段，$el 和$data 均是"已定义"的状态。这一点与 Vue.js 官方文档中对于 beforeMount 和 mounted 钩子的描述是一致的。

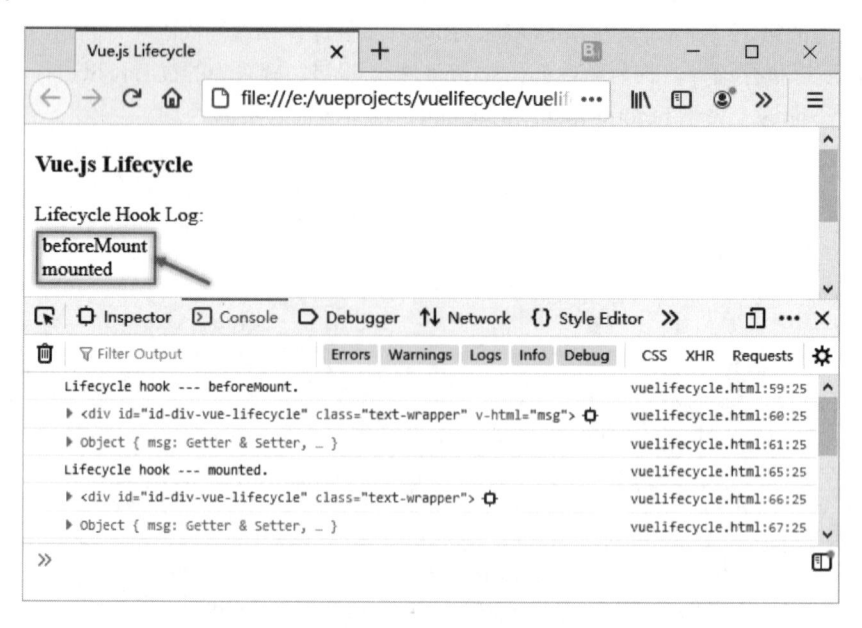

图 8.24　Vue.js 框架"生命周期钩子函数"（2）

不过，beforeMount 和 mounted 这两个钩子还是有些区别的。在 beforeMount 钩子阶段，DOM 元素虽然已定义，但还未加载进页面。而在 mounted 钩子阶段，DOM 元素才会被加载进页面。关于这一点，可以借助浏览器内置的 JavaScript 调试器进行测试验证，具体页面效果如图 8.25 和图 8.26 所示。

图 8.25　Vue.js 框架"生命周期钩子函数"（3）

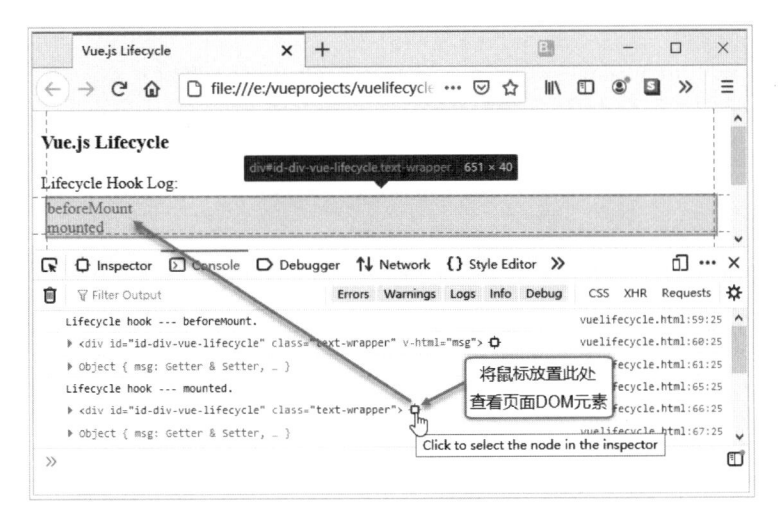

图 8.26　Vue.js 框架"生命周期钩子函数"（4）

如图 8.25 和图 8.26 中的箭头和标识所示，两幅图的对比效果比较清楚。在 beforeMount 钩子阶段时，页面中还没有加载 DOM 元素（<div id="id-div-vue-lifecycle">），而在 mounted 钩子阶段时，页面中已经加载了 DOM 元素（<div id="id-div-vue-lifecycle">）。

其次，看一下关于 beforeUpdate 和 updated 钩子的代码实例。

【代码 8-22】（详见源代码 vuelifecycle 目录中的 vuelifecycle.html 文件）

```
01  <div class="text-wrapper" id="id-div-vue-lifecycle" v-html="msg">
02      {{ msg }}
03  </div>
04  <div>
05      Lifecycle Hook:
06      <button id='id-btn-hook-update' onclick="onBtnHookUpdate(this.id)">
07          Hook Update
08      </button>
09  </div>
10  <script>
11      // define Vue entry
12      var vm = new Vue({
13          el: '#id-div-vue-lifecycle',
14          data: {
15              msg: ''
16          },
17          beforeUpdate: function() {
18              this.$data.msg += 'beforeUpdate' + '<br/>';
19              console.log('Lifecycle hook --- beforeUpdate.');
20              this.$data.msg += 'updated' + '<br/>';
21          },
22          updated: function() {
23              console.log('Lifecycle hook --- updated.');
24          }
25      })
26      // func --- Hook Update
```

```
27      function onBtnHookUpdate(thisid) {
28          vm.$data.msg += 'manual to update' + '<br/>';
29          // vm.$forceUpdate();
30      }
31  </script>
```

【代码说明】

- 【代码8-22】在【代码8-20】的基础上修改而成，它们的区别就是是否使用 beforeUpdate和 updated钩子函数。由于beforeUpdate和updated钩子在data属性的数据被修改后才会触发，因此在这段代码中是通过人工修改msg属性值来实现的。具体说明如下：
  - 在第06～08行代码中，通过<button>元素定义一个按钮及其单击事件（onBtnHookUpdate()）方法，用于触发实现人工修改msg属性值。
  - 第17～21行代码定义beforeUpdate钩子函数，通过实例property属性（$data）更新了msg属性值，并在浏览器控制台中输出相关的日志信息。
  - 第22～24行代码定义updated钩子函数，在浏览器控制台中输出相关的日志信息。
  - 第27～30行代码是单击事件（onBtnHookUpdate()）方法的实现过程，以人工方式通过实例property属性（$data）更新了msg属性值。

下面，通过Visual Studio Code开发工具启动FireFox浏览器，测试vuelifecycle.html页面，页面初始效果如图8.27所示。

如图 8.27 中的箭头和标识所示，由于 data 属性的数据没有发生改变，因此 beforeUpdate 和 updated 钩子也没有被触发。单击 Hook Update 按钮，以人工方式改变 data 属性的数据，页面效果如图 8.28 所示。

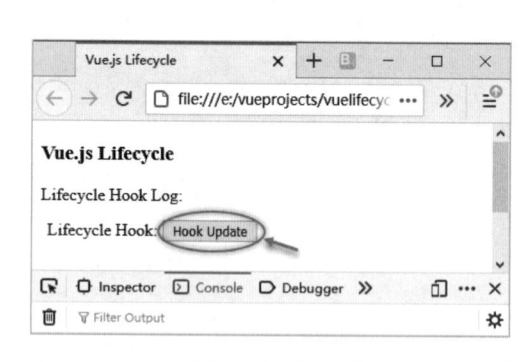

图 8.27　Vue.js 框架"生命周期钩子函数"（5） 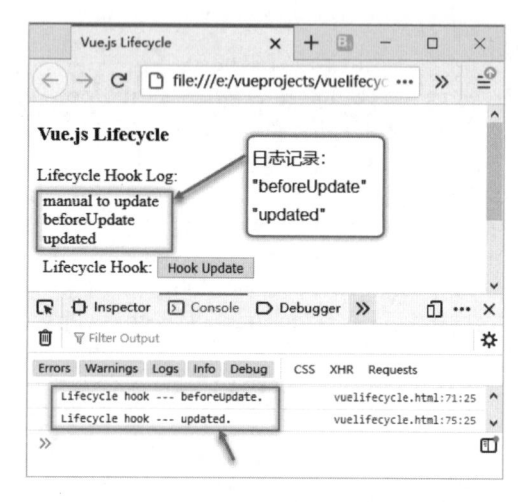　　图 8.28　Vue.js 框架"生命周期钩子函数"（6）

如图 8.28 中的箭头和标识所示，单击 Hook Update 按钮以人工方式改变 data 属性的数据后，beforeUpdate 和 updated 钩子函数被触发了。页面中的信息显示了按钮触发和data 属性的数据被修改后的内容，浏览器控制台输出的是 beforeUpdate 和 updated 钩子函数定义的日志信息。

最后，看一下关于 beforeDestroy 和 destroyed 钩子的代码实例。

【代码 8-23】（详见源代码 vuelifecycle 目录中的 vuelifecycle.html 文件）

```
01  <div class="text-wrapper" id="id-div-vue-lifecycle" v-html="msg">
02      {{ msg }}
03  </div>
04  <div>
05      Lifecycle Hook:
06      <button id='id-btn-hook-destroy' onclick="onBtnHookDestroy(this.id)">
07          Hook Destroy
08      </button>
09      <button id='id-btn-hook-destroy2' onclick="onBtnHookDestroy2(this.id)">
10          Hook Destroy Again
11      </button>
12  </div>
13  <script>
14      // define Vue entry
15      var vm = new Vue({
16          el: '#id-div-vue-lifecycle',
17          data: {
18              msg: ''
19          },
20          beforeDestroy: function() {
21              console.log('Lifecycle hook --- beforeDestroy.');
22              console.log(this.$el);
23              console.log(this.$data);
24          },
25          destroyed: function() {
26              console.log('Lifecycle hook --- destroyed.');
27              console.log(this.$el);
28              console.log(this.$data);
29          },
30          errorCapture: function() {}
31      })
32      // func --- Hook Destroy
33      function onBtnHookDestroy(thisid) {
34          console.log('manual destroy.');
35          vm.$destroy();
36      }
37      // func --- Hook Destroy Again
38      function onBtnHookDestroy2(thisid) {
39          console.log('manual destroy again.');
40          vm.$destroy();
41      }
42  </script>
```

【代码说明】

- **【代码8-23】** 在【代码8-20】的基础上修改而成，它们的区别就是是否使用beforeDestroy和destroyed钩子函数。由于beforeDestroy和destroyed钩子在Vue实例销毁之后被触发，因此在【代码8-23】中是通过人工销毁Vue实例的方式来实现的。具体说明如下：

➢ 在第06～08行代码中，通过<button>元素定义第一个按钮及其单击事件（onBtnHookDestroy()）方法，用于实现人工销毁Vue实例（vm）。

➢ 在第09～11行代码中，通过<button>元素定义第二个按钮，定义单击事件（onBtnHookDestroy2()）方法，用于尝试再次人工销毁Vue实例（vm）。

➢ 第20～24行代码定义beforeDestroy钩子函数，尝试将el和data属性作为日志信息在浏览器控制台中输出，并在浏览器控制台中输出相关的日志信息。

➢ 第25～29行代码定义destroyed钩子函数，同样尝试将el和data属性作为日志信息在浏览器控制台中输出，并在浏览器控制台中输出相关的日志信息。

➢ 第33～36行代码是单击事件（onBtnHookDestroy()）方法的实现过程，其中第35行代码通过调用$destroy()方法以人工方式销毁Vue实例（vm）。

➢ 第38～41行代码是单击事件（onBtnHookDestroy2()）方法的实现过程，其中第40行代码通过调用$destroy()方法再次以人工方式销毁Vue实例（vm）。

下面，通过Visual Studio Code开发工具启动FireFox浏览器，测试vuelifecycle.html页面，页面初始效果如图8.29所示。

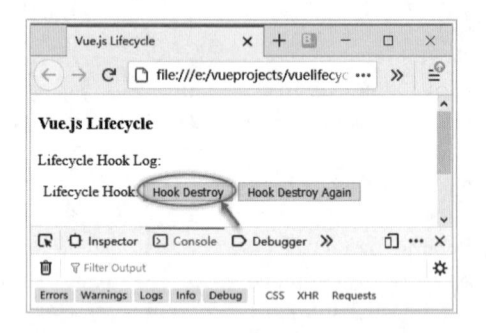

图8.29　Vue.js框架"生命周期钩子函数"（7）

如图8.29中的箭头和标识所示，单击Hook Destroy按钮以人工方式销毁Vue实例（vm），页面效果如图8.30所示。

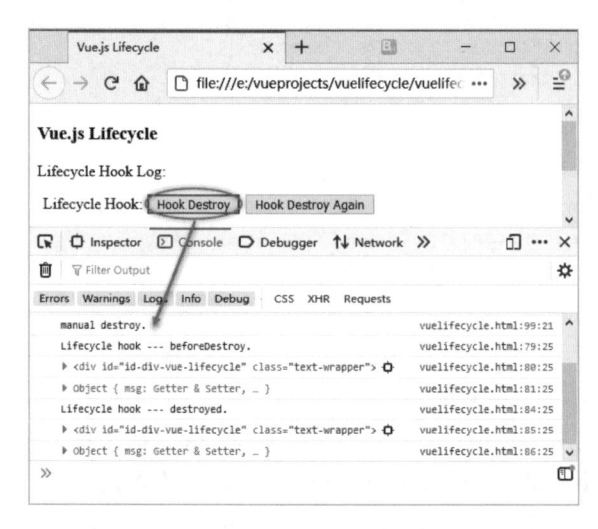

图8.30　Vue.js框架"生命周期钩子函数"（8）

如图 8.30 中的箭头和标识所示，浏览器控制台输出 beforeDestroy 和 destroyed 钩子函数定义的日志信息。再次单击 Hook Destroy Again 按钮以人工方式销毁 Vue 实例（vm），页面效果如图 8.31 所示。

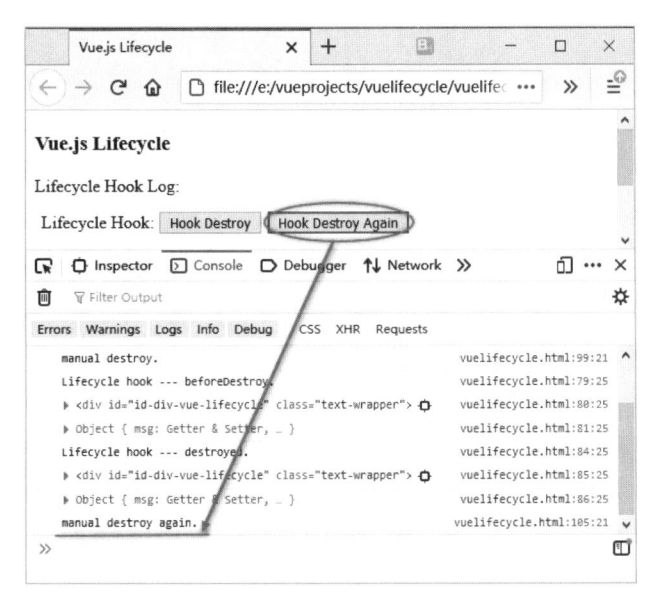

图 8.31　Vue.js 框架"生命周期钩子函数"（9）

如图 8.31 中的箭头和标识所示，浏览器控制台输出 Hook Destroy Again 按钮单击事件处理方法中定义的日志信息，却没有再次输出 beforeDestroy 和 destroyed 钩子函数定义的日志信息，说明 Vue 实例（vm）此时已经被销毁了。

第 9 章

Vue.js 模板语法

Vue.js 框架使用了基于 HTML 语义的模板语法，这也是 Vue.js 框架能够受到大多数前端开发人员喜爱的原因之一。本章将重点介绍 Vue.js 框架中关于模板语法的相关知识点。

通过本章的学习可以：

- 了解Vue.js的插值方法。
- 掌握Vue.js指令的使用方式。
- 理解关于Vue.js模板语法中缩写的内容。

9.1 Vue.js 模板语法介绍

Vue.js 框架使用了基于 HTML 语义的模板语法，允许开发者声明式地将 DOM 元素绑定至底层 Vue 实例的数据上。在 Vue.js 框架中，所有的模板都是合法的 HTML 语法，自然也能被遵循规范的浏览器和 HTML 解析器解析。

Vue.js 框架的底层是通过将模板语法编译成虚拟 DOM 元素的渲染函数来实现的。结合 Vue.js 框架自身的响应系统，Vue 应用能够智能地计算出需要重新渲染的最少组件，同时把操作 DOM 的次数减至最少。

另外，如果设计人员熟悉虚拟 DOM 并且偏爱原生 JavaScript 代码的开发方式，Vue.js 框架也允许不使用模板，而采用直接写渲染（render）函数的方式，并借助 JSX 语法进行开发。

9.2 Vue.js 插值

本节介绍 Vue.js 框架模板语法中插值的内容，并讲解如何通过插值实现数据绑定的功能。

9.2.1 文本插值

在Vue.js框架中，进行数据绑定最常见的方式就是使用遵循Mustache语法的双花括号({{ }})形式的文本插值。下面看一个最简单的、使用文本插值的代码实例。

【代码9-1】（详见源代码vuetemplate目录中的vuetemplate.html文件）

```
01  <div id="id-div-templ-text">
02      <table>
03          <caption></caption>
04          <tr>
05              <th>id</th>
06              <th>Name</th>
07              <th>Age</th>
08          </tr>
09          <tr>
10              <td>{{ id }}</td>
11              <td>{{ name }}</td>
12              <td>{{ age }}</td>
13          </tr>
14      </table>
15  </div>
16  <script>
17      var vm = new Vue({
18          el: '#id-div-templ-text',
19          data: {
20              id: 1,
21              name: 'King',
22              age: '26'
23          }
24      })
25  </script>
```

【代码说明】

- 在第01～15行代码中，通过<div>元素定义一个分区（id="id-div-templ-text"），在该层内部定义一个表格（<table>）。在该表格内，通过Vue.js框架的文本插值模板语法（{{ }}）引用了一组对象（id、name和age）。
- 在第17～24行代码中，通过new Vue()构造函数实例化Vue对象（vm）。同时，这段代码创建了Vue对象的入口，并将该对象所定义的内容渲染到页面中对应的DOM元素中。具体说明如下：
  - 在第18行代码中，通过el属性绑定了第01～15行代码中定义的DOM元素（id="id-div-templ-text"）。
  - 在第19～23行代码中，通过data属性进行绑定数据操作。其中，在第20～22行代码中定义一组property属性（id、name和age）并进行了初始化操作，一一对应上面表格（<table>）中通过Vue文本插值模板语法引用的对象（id、name和age）。

下面，通过Visual Studio Code开发工具启动FireFox浏览器，测试vuetemplate.html页面，效

果如图 9.1 所示。

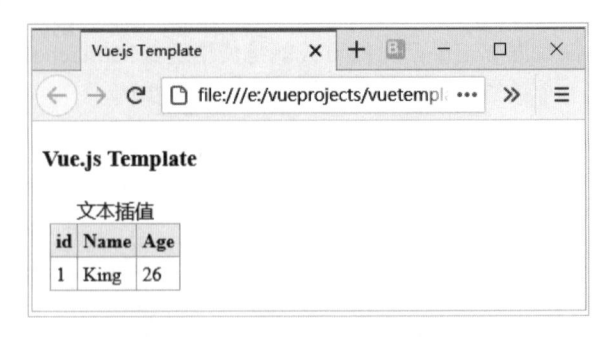

图 9.1 Vue.js 之文本插值模板语法应用

Mustache 语法的双花括号（{{   }}）文本插值标签被替代为对应的 data 对象上的 property 属性值。在 Vue.js 框架下，当绑定的数据对象上的 property 属性值发生改变时，插值标签处的内容也都会随之进行更新。

9.2.2 原始 HTML 插值

在 Vue.js 框架中，使用 Mustache 语法的双花括号（{{   }}）形式的文本插值，会将任何内容都转换为文本形式。这样就会带来一个问题，即无法实现在页面展示 HTML 代码定义的内容，因为文本插值会将 HTML 标签直接作为文本输出。

因此，Vue.js 框架设计了一个 v-html 指令，用于直接输出原始 HTML 代码定义的内容。下面看一个使用原始 HTML 文本插值的代码实例。

【代码 9-2】（详见源代码 vuetemplate 目录中的 vuetemplate.html 文件）

```
01  <div id="id-div-templ-html">
02     <table>
03        <caption>原始 HTML 插值</caption>
04        <tr>
05           <th>Msg</th>
06           <td>{{ msg }}</td>
07        </tr>
08        <tr>
09           <th>Msg HTML</th>
10           <td v-html="msgHtml"></td>
11        </tr>
12     </table>
13  </div>
14  <script>
15     var vm = new Vue({
16        el: '#id-div-templ-html',
17        data: {
18           msg: 'King is a leader.<br>He is a good leader.',
19           msgHtml: 'King is a leader.<br>He is a good leader.'
20        }
21     })
```

```
22        </script>
```

【代码说明】

- 在第06行代码中，通过Vue.js框架的文本插值模板语法（{{　}}）引用了第一个对象（msg），对象（msg）在Vue构造函数中的第18行代码中定义。
- 在第10行代码中，通过Vue.js框架的v-html指令插值语法引用了第二个对象（msgHtml），对象（msgHtml）在Vue构造函数中的第19行代码中定义。
- 在第15～21行代码中，定义Vue构造函数。其中，第17～20行代码通过data属性进行绑定数据操作。具体说明如下：
  > 在第18行代码中，定义第一个property属性（msg），并初始化为一行字符串信息，对应第06行代码中通过Vue文本插值模板语法引用的对象（msg）。不过请读者注意，该字符串中包含了一个换行元素（
），因此实际上是一段HTML代码。
  > 在第19行代码中，定义第二个property属性（msgHtml），并初始化为与msg相同的字符串信息，对应第10行代码中通过v-html指令插值语法引用的对象（msgHtml）。通过第18行和第19行代码在页面上的显示效果的对比，可以看到文本插值与v-html指令插值的功能差别。

下面，通过 Visual Studio Code 开发工具启动 FireFox 浏览器，测试 vuetemplate.html 页面，效果如图 9.2 所示。

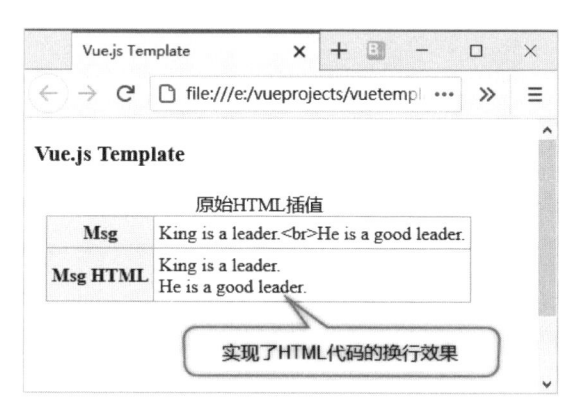

图 9.2　Vue.js 之 "v-html" 指令插值语法应用

如图 9.2 中的标识所示，使用 Mustache 语法的双花括号（{{　}}）文本插值方式，是将 HTML 换行标签（
）识别成普通文本进行显示。而使用 v-html 指令插值语法方式，才可以实现 HTML 代码的换行效果。

9.2.3　使用 JavaScript 表达式

在前面的代码实例中，使用 Mustache 语法的文本插值基本都是绑定的简单的 property 属性值。其实，Vue.js 框架对于所有的数据绑定，都支持一个完整的 JavaScript 表达式。不过需要注意，这里支持的仅是 JavaScript 表达式，而 JavaScript 语句是不支持的。下面看一个使用 JavaScript 表达式插值的代码实例。

【代码 9-3】（详见源代码 vuetemplate 目录中的 vuetemplate.html 文件）

```
01  <div id="id-div-templ-js">
02      <table>
03          <caption>JavaScript 表达式</caption>
04          <tr>
05              <th>id</th>
06              <th>Name</th>
07              <th>Gender</th>
08          </tr>
09          <tr>
10              <td>{{ id + 1 }}</td>
11              <td>{{ name.toLowerCase() }}</td>
12              <td>{{ gender ? 'male' : 'female' }}</td>
13          </tr>
14          <tr>
15              <td>{{ id * id }}</td>
16              <td>{{ name.toUpperCase() }}</td>
17              <td>{{ gender ? 'female' : 'male' }}</td>
18          </tr>
19          <tr>
20              <td>{{ Math.round(Math.random() * 100) }}</td>
21              <td>{{ name.split('').reverse().join('') }}</td>
22              <td>{{ (new Date()).getYear() + 1900 }}</td>
23          </tr>
24      </table>
25  </div>
26  <script>
27      var vm = new Vue({
28          el: '#id-div-templ-js',
29          data: {
30              id: 1,
31              name: 'King',
32              gender: true
33          }
34      })
35  </script>
```

【代码说明】

- 在第10行代码中，通过文本插值模板语法（{{ }}）引用了property属性（id），并改写成为JavaScript算术运算表达式（id + 1）。同样地，第15行代码也引用了property属性（id），并改写成为JavaScript算术运算表达式（id * id）。
- 在第11行代码中，通过文本插值模板语法（{{ }}）引用property属性（name），并通过JavaScript的String对象方法toLowerCase()，将属性（name）的字符串修改为小写格式。第15行代码将属性（name）的字符串修改为大写格式，第21行代码将属性（name）的字符串进行反转操作。
- 在第12行和第17行代码中，通过文本插值模板语法（{{ }}）引用property属性（gender），并通过三元表达式判断属性（gender）的布尔值，并计算出结果（'male' or 'female'）。
- 在第20行代码定义的文本插值模板语法（{{   }}）中，通过引用JavaScript的Math对象方法计算出了一个随机数（100以内）。
- 在第22行代码定义的文本插值模板语法（{{   }}）中，通过引用JavaScript的Date对象方法获取当前时间的年份。

下面，通过 Visual Studio Code 开发工具启动 FireFox 浏览器，测试 vuetemplate.html 页面，效果如图 9.3 所示。

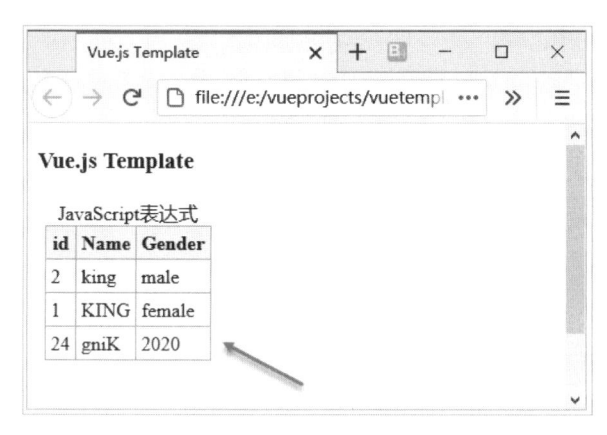

图 9.3　Vue.js 之 JavaScript 表达式插值应用

如图 9.3 中的箭头所示，在 Mustache 语法的文本插值方式中，JavaScript 表达式插值语法可以被 Vue.js 框架正确解析。

9.3　Vue.js 指令

本节介绍 Vue.js 框架中指令的内容。Vue.js 指令可以绑定到 HTML 页面代码中使用，从而实现较为复杂的功能。

9.3.1　Vue 指令概述

Vue.js 框架设计了一个复杂且完整的"指令"系统，用于实现较为复杂的动态页面渲染功能。在 Vue.js 框架下，一般的指令（Directives）都是指带有前缀"v-"的特殊属性（Attribute）。

Vue 指令的功能是，当表达式的值（一般对应 property 属性）发生改变时，将其产生的连带变化"响应式"地作用于 DOM，从而完成页面的渲染操作。关于 Vue 指令的具体形式，可参考下面的简单示例：

```
<p v-if="seen">Now, you can see me!</p>
```

在上面代码示例中，v-if 就是一个 Vue 指令，它由前缀"v-"开头，连接具体参数指令 if。顾名思义，v-if 就是一个条件表达式指令。从这个代码示例中可以看到，Vue 指令的预期值是一个单个的 JavaScript 表达式。当然也有例外情况，例如 v-for 指令，后面会单独对它进行介绍。

9.3.2　v-if 条件表达式指令

Vue.js 框架设计了一个 v-if 指令，用于实现条件表达式的判断功能。这个 v-if 指令实现了 JavaScript 脚本语言的"if | if else | if elseif else"条件表达式的功能，也就是将条件表达式逻辑嵌入 Vue 代码中去执行。

在 Vue 代码中使用 v-if 指令，与在 JavaScript 代码中使用 if-elseif-else 语法略有不同，使用 v-if 指令的 Vue 代码在格式上略显烦琐，需要设计人员仔细审查代码逻辑，从而避免出现逻辑错误。

下面还是通过具体的代码实例进行讲解，请看这个通过 v-if 指令"显示"和"隐藏"页面元素的应用。

【代码 9-4】（详见源代码 vuederectives 目录中的 vuederectives.html 文件）

```
01  <div id="id-div-derectives-if">
02      <p>Which language do you like, JavaScript or Vue.js?</p>
03      <p>I like <b v-if="js">JavaScript</b><b v-if="vue">Vue.js</b>.</p>
04  </div>
05  <script>
06      var vm = new Vue({
07          el: '#id-div-derectives-if',
08          data: {
09              js: true,
10              vue: false
11          }
12      })
13  </script>
```

【代码说明】

- 在第 01～04 行代码中，在页面中通过 <div> 元素定义一个分区，并定义其 id 属性值（"id-div-derectives-if"）。在第 03 行代码中，通过 v-if 指令判断两个对象（js 和 vue）的布尔值，从而实现在页面中"显示"和"隐藏"元素的功能。
- 在第 06～12 行的脚本代码中，通过 new Vue() 构造函数实例化 Vue 对象（vm）。同时，这段代码创建了 Vue 对象的入口，并将该对象所定义的内容渲染到页面中对应的 DOM 元素中。

  具体说明如下：
  - 在第 07 行代码中，通过 el 属性绑定 DOM 元素（"id-div-derectives-if"）。
  - 在第 08～11 行代码中，通过 data 属性进行绑定数据操作。其中，第 09、10 行代码分别定义两个布尔类型的属性（js 和 vue），并初始化为布尔值（true 和 false），对应第 03 行代码中引用的两个对象（js 和 vue）。

下面，通过 Visual Studio Code 开发工具启动 FireFox 浏览器，测试 vuederectives.html 页面，页面效果如图 9.4 所示。

如图 9.4 中的箭头所示，页面中仅显示了 JavaScript 信息，而 Vue.js 信息没有显示出来。这个结果与第 09、10 行代码定义的两个布尔属性值(js: true 和 vue: false)相对应，v-if 指令判断为 true，则显示页面元素，v-if 指令判断为 false，则隐藏页面元素。

图 9.4　v-if 指令应用

下面通过代码再介绍一个通过 v-if 和 v-else 指令实现"显示"和"隐藏"页面元素的应用。

【代码 9-5】（详见源代码 vuederectives 目录中的 vuederectives.html 文件）

```
01  <div id="id-div-derectives-if">
02      <p>Which language do you like, JavaScript or Vue.js?</p>
03      <p>I like <b v-if="b_tf">Angular</b><b v-else>Vue.js</b>.</p>
04  </div>
05  <script>
06      var vm = new Vue({
07          el: '#id-div-derectives-if',
08          data: {
09              b_tf: false
10          }
11      })
12  </script>
```

【代码说明】

- 在第 01～04 行代码中，在页面中通过 <div> 元素定义一个分区及其 id 属性值（"id-div-derectives-if"）。在第 03 行代码中，通过 v-if 指令判断对象（b_tf）的布尔值，如果值为 false，则执行相对应的 v-else 指令，从而实现在页面中"显示"和"隐藏"元素的功能。
- 在第 06～12 行的脚本代码中，通过 new Vue() 构造函数实例化 Vue 对象（vm）。其中，第 09 行代码定义一个布尔属性（b_tf），并初始化为布尔值（false），对应第 03 行代码中引用的对象（b_tf）。

下面，通过 Visual Studio Code 开发工具启动 FireFox 浏览器，测试 vuederectives.html 页面，页面效果如图 9.5 所示。

如图 9.5 中的箭头所示，页面中仅显示了 Vue.js 信息，而 JavaScript 信息没有显示出来，这个结果与第 09 行代码定义的布尔属性值（b_tf: false）相对应，v-if 指令判断为 false，则会去执行 v-else 指令引用的页面元素。

图 9.5　v-if 和 v-else 指令应用

最后通过代码介绍一下如何通过完整的 v-if、v-else-if 和 v-else 指令，来实现"显示"和"隐藏"页面元素的方法。

【代码9-6】（详见源代码 vuederectives 目录中的 vuederectives.html 文件）

```
01  <div id="id-div-derectives-if">
02      <p>Which language do you like, JavaScript, Vue.js or both of them?</p>
03      <p>I like
04          <b v-if="type == 'J'">JavaScript</b>
05          <b v-else-if="type == 'V'">Vue.js</b>
06          <b v-else-if="type == 'A'">both JavaScript and Vue.js</b>
07          <b v-else>None</b>.
08      </p>
09  </div>
10  <script>
11      var vm = new Vue({
12          el: '#id-div-derectives-if',
13          data: {
14              type: 'A'
15          }
16      })
17  </script>
```

【代码说明】

- 在第01～09行代码中，在页面中通过<div>元素定义一个分区，并定义其id属性值（"id-div-derectives-if"）。其中，第04～07行代码通过v-if、v-else-if和v-else指令实现多重条件的判断，具体说明如下：
  > 在第04行代码中，通过v-if指令判断对象（type）的值是否等于字符"J"，如果结果为真则在页面中显示字符串"JavaScript"。
  > 在第05行代码中，通过v-else-if指令判断对象（type）的值是否等于字符"V"，如果结果为真，则在页面中显示字符串"Vue.js"。
  > 在第06行代码中，通过v-else-if指令判断对象（type）的值是否等于字符"A"，如果结果为真，则在页面中显示字符串"both JavaScript and Vue.js"。
  > 在第07行代码中，如果前面的判断结果没有一个为真，则在页面中显示字符串"None"。
- 在第11～16行的脚本代码中，通过new Vue()构造函数实例化Vue对象（vm）。其中，第14行代码定义一个属性（type），并初始化为字符（'A'），对应第04～07行代码中引用的对象（type）。

下面，通过 Visual Studio Code 开发工具启动 FireFox 浏览器，测试 vuederectives.html 页面，页面效果如图9.6所示。

如图 9.6 中的箭头所示，页面中显示了"type='A'"对应的信息。假设在第 14 行代码中将属性（type）的值初始化为任意字符（例如'N'），则页面效果如图9.7所示。由于条件判断结果没有任一项为真，因此页面中显示了第 07 行代码中 v-else 指令对应的信息。

图 9.6　v-if、v-else-if 和 v-else 指令应用（1）　　图 9.7　v-if、v-else-if 和 v-else 指令应用（2）

9.3.3　v-show 显示指令

Vue.js 框架还设计了一个 v-show 指令，用于实现"显示"或"隐藏"页面元素的功能。虽然看起来 v-show 指令实现的效果与 v-if 指令实现的效果类似，但是在底层实现上还是有区别的。

使用 v-if 指令"隐藏"的页面元素会真正地被删除，在最终的 HTML 页面的 DOM 树中不会出现这些元素。而使用 v-show 指令"隐藏"的页面元素仅仅就是隐藏起来，在最终的 HTML 页面的 DOM 树中还是存在的，只是被 CSS 代码隐藏不显示而已。

下面通过具体的代码实例进行讲解，请看这个通过 v-show 和 v-if 指令"显示"和"隐藏"页面元素的应用。

【代码 9-7】（详见源代码 vuederectives 目录中的 vuederectives.html 文件）

```
01  <div id="id-div-derectives-show">
02      <p>Which language do you like, JavaScript or Vue.js?</p>
03      <p>I like
04          <b v-show="noshow">JavaScript</b>
05          <b v-show="show">Vue.js</b>.
06      </p>
07      <p>I like
08          <b v-if="js">JavaScript</b>
09          <b v-if="vue">Vue.js</b>.
10      </p>
11  </div>
12  <script>
13      var vm = new Vue({
14          el: '#id-div-derectives-show',
15          data: {
16              noshow: false,
17              show: true,
18              js: true,
19              vue: false
20          }
21      })
22  </script>
```

【代码说明】
- 在第 01～11 行代码中，在页面中通过<div>元素定义一个分区，并定义其 id 属性值

（"id-div-derectives-show"）。第04、05行代码分别通过v-show指令判断两个对象（noshow和show）的布尔值。第08、09行代码分别通过v-if指令判断另外两个对象（js和vue）的布尔值。这样写代码，就可以针对v-show指令和v-if指令在页面中的执行结果进行对比。

- 在第13~21行的脚本代码中，通过new Vue()构造函数实例化Vue对象（vm）。其中，第15~20行代码通过data属性进行绑定数据操作，具体说明如下：
  - 第16、17行代码分别定义两个布尔属性（noshow和show），并初始化为布尔值（false和true），对应第04行和第05行代码中引用的两个对象（noshow和show）。
  - 第18、19行代码分别定义两个布尔属性（js和vue），并初始化为布尔值（true和false），对应第08行和第09行代码中引用的两个对象（js和vue）。

下面，通过 Visual Studio Code 开发工具启动 FireFox 浏览器，测试 vuederectives.html 页面，页面效果如图 9.8 所示。

如图 9.8 中的箭头所示，页面中显示了第 05 行代码定义的 Vue.js 信息，第 04 行代码定义的 JavaScript 信息没有显示出来。这个结果与第 16、17 行代码中定义的两个布尔属性值（noshow: false 和 show: true）相对应。另外，页面中显示了第 08 行代码定义的 JavaScript 信息，第 09 行代码定义的 Vue.js 信息没有显示出来。这个结果与第 18、19 行代码中定义的两个布尔属性值（js: true 和 vue: false）相对应。

可以看到，v-show 指令和 v-if 指令执行后，在页面中得到了相同的显示效果。但是需要注意，在底层代码逻辑上二者是不同的，如图 9.9 所示。

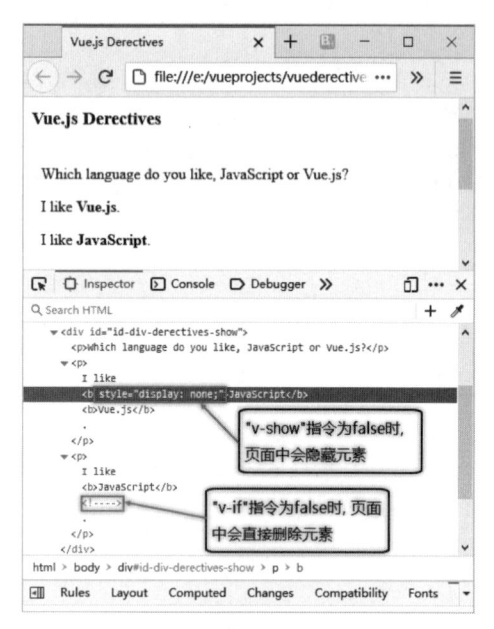

图 9.8　v-show 指令应用（1）　　　　图 9.9　v-show 指令应用（2）

如图 9.9 中的箭头和标识所示，v-show 指令判断结果为 false 时，会通过 CSS 代码将元素隐藏（display: none）起来。而 v-if 指令判断结果为 false 时，则会将元素直接删除掉。

9.3.4 使用<template>元素渲染分组

本小节介绍一下 Vue.js 框架的<template>元素，这个<template>元素本质上是一个虚拟元素，在最终的页面代码中是不体现的。但是，这个<template>元素在 Vue.js 框架下又十分有用，可以配合 v-if 指令完成很多强大的功能。

在 Vue.js 框架中，v-if 指令必须和页面元素配合在一起使用。从前面介绍的代码实例中可以看到，通过 v-if 指令的条件选择功能，可以实现一组页面元素的切换效果。这时候，就可以通过<template>元素将这组页面元素包裹起来，而这个<template>元素在最终的页面中不会渲染出来。从这个意义上讲，Vue.js 框架定义的<template>元素更像是一个抽象的页面元素包裹器。

下面通过具体的代码实例进行讲解，请看这个通过<template>元素包裹一组页面元素的应用。

【代码 9-8】（详见源代码 vuederectives 目录中的 vuederectives.html 文件）

```
01  <div id="id-div-derectives-templ">
02      <p>Login Region</p>
03      <template>
04          <p><label>Username:</label></p>
05      </template>
06      <template>
07          <p><label>Email:</label></p>
08      </template>
09  </div>
10  <script>
11      // Vue Entry
12      var vm = new Vue({
13          el: '#id-div-derectives-templ'
14      })
15  </script>
```

【代码说明】

- 在第 01～09 行代码中，在页面中通过<div>元素定义一个分区，并定义其 id 属性值（"id-div-derectives-templ"）。第 03～05 行代码和第 06～08 行代码分别通过<template>元素包裹 "用户名（Username）" 和 "邮箱（E-mail）" 两组页面元素，后面会在这段代码的基础上进行功能扩展。
- 在第 11～14 行的脚本代码中，通过 new Vue() 构造函数实例化 Vue 对象（vm）。其中，第 13 行代码通过 el 属性绑定了页面元素（"id-div-derectives-templ"）。

下面，通过 Visual Studio Code 开发工具启动 FireFox 浏览器，测试 vuederectives.html 页面，页面效果如图 9.10 所示。

如图 9.10 中的箭头所示，页面中显示了第 04 行和第 07 行代码定义的登录信息，但从浏览器调试窗口中是看不到<template>元素信息的。这一点印证了前文中关于<template>元素的介绍，该元素在最终的页面中不会被渲染出来。

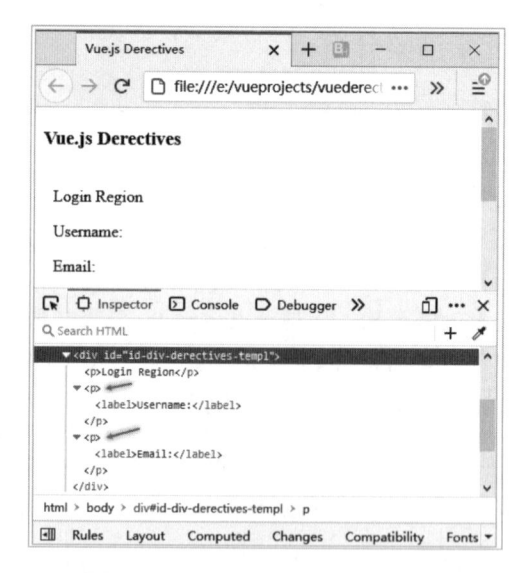

图 9.10 <template>元素应用（1）

那么，<template>元素在实际中如何使用呢？请看下面这个通过<template>元素切换显示登录信息的应用。

【代码 9-9】（详见源代码 vuederectives 目录中的 vuederectives.html 文件）

```
01  <div id="id-div-derectives-templ">
02      <p>Login Region</p>
03      <template v-if="logintype">
04          <p><label>Username:</label></p>
05      </template>
06      <template v-else>
07          <p><label>Email:</label></p>
08      </template>
09      <p>
10          <button
11              id="id-btn-logintype"
12              onclick="on_btn_logintype(this.id)">
13              Change Login Type
14          </button>
15      </p>
16  </div>
17  <script>
18      // Vue Entry
19      var vm = new Vue({
20          el: '#id-div-derectives-templ',
21          data: {
22              logintype: true
23          }
24      })
25      // func - button click eventlogintype
26      function on_btn_logintype(thisid) {
27          vm.$data.logintype = !vm.$data.logintype;
```

```
28      }
29 </script>
```

【代码说明】

- 在第03行代码中，通过<template>元素包裹了一个"用户名（Username）"页面元素，并通过v-if指令判断对象（logintype）的布尔值，根据判断结果显示该"用户名（Username）"页面元素。
- 在第07行代码中，通过<template>元素包裹了一个"邮箱（Email）"页面元素，并通过v-else指令根据前面v-if指令的判断结果显示该"邮箱（Email）"页面元素。
- 在第10～14行代码中，通过<button>元素定义一个按钮，并注册它的单击事件方法（on_btn_logintype()），用于执行切换对象（logintype）布尔值的操作。
- 在第19～24行的脚本代码中，通过new Vue()构造函数实例化Vue对象（vm）。其中，第21～23行代码通过data属性进行绑定数据操作，具体说明如下：
  > 第22行定义一个布尔属性（logintype），并初始化为布尔值（true），对应第03行代码中引用的对象（logintype）。
- 第26～28行的脚本代码是单击事件方法（on_btn_logintype()）的具体实现过程。其中，第27行代码通过vm对象的$data实例引用对象（logintype），并进行布尔值取反操作，从而实现在页面中动态切换显示登录信息的效果。

下面，通过 Visual Studio Code 开发工具启动 FireFox 浏览器，测试 vuederectives.html 页面，页面初始效果如图 9.11 所示。

如图 9.11 中的箭头和标识所示，初始页面中只显示第 04 行代码定义的"用户名（Username）"信息。尝试单击 Change Login Type 按钮来改变登录信息，页面效果如图 9.12 所示。

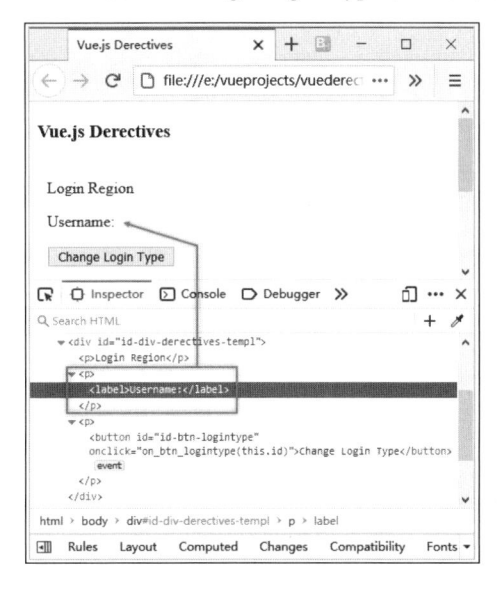

图 9.11　<template>元素应用（2）　　　　图 9.12　<template>元素应用（3）

如图 9.12 中的箭头和标识所示，单击 Change Login Type 按钮后，页面中的显示信息切换成第 07 行代码定义的"邮箱（E-mail）"信息。

另外，从图9.11和图9.12中可以看到，<template>元素在最终的页面中并没有被加载进去，在Vue.js框架中仅作为虚拟元素使用。

9.3.5 v-for 循环指令

既然Vue.js框架设计了v-if条件指令，自然也不会忽略掉v-for循环指令。v-for指令基本实现了JavaScript脚本语言的for循环语句功能，将循环表达式逻辑嵌入Vue代码中去执行。

下面通过具体的代码实例进行讲解，请看下面这个通过v-for指令定义页面列表的应用。

【代码 9-10】（详见源代码 vuederectives 目录中的 vuederectives.html 文件）

```
01  <div id="id-div-derectives-for">
02      <ul>
03          <li v-for="li in liArr">
04              {{ li.txt }}
05          </li>
06      </ul>
07  </div>
08  <script>
09      // Vue Entry
10      var vm = new Vue({
11          el: '#id-div-derectives-for',
12          data: {
13              liArr: [{
14                  txt: 'JavaScript',
15              }, {
16                  txt: 'Vue.js',
17              }, {
18                  txt: 'Vue-cli',
19              }, {
20                  txt: 'Vue router',
21              }, {
22                  txt: 'Vuex',
23              }, ]
24          }
25      })
26  </script>
```

【代码说明】

- 在第01～07行代码中，在页面中通过<div>元素定义一个分区，并定义其id属性值（"id-div-derectives-for"）。具体说明如下：
  - 在第02～06行代码中，通过<ul><li>元素定义一个列表。
  - 在第03行代码中，在<li>元素中通过v-for指令定义一个循环语句块（li in liArr）。其中，变量（li）是循环自变量，变量（liArr）是一个对象数组，变量（li）在对象数组（liArr）中迭代。
  - 在第04行代码中，通过变量（li）迭代对象（liArr）的txt属性值，在页面中生成一个列表。

- 在第10~25行的脚本代码中，通过new Vue()构造函数实例化Vue对象（vm）。具体说明如下：
  - 在第11行代码中，通过el属性绑定DOM元素（"id-div-derectives-for"）。
  - 在第12~24行代码中，通过data属性进行绑定数据操作。其中，第13~23行代码定义一个对象数组（liArr）和一个txt属性，并进行初始化操作，对应第04行代码中引用的对象（li.txt）。

下面，通过 Visual Studio Code 开发工具启动 FireFox 浏览器，测试 vuederectives.html 页面，页面效果如图 9.13 所示。

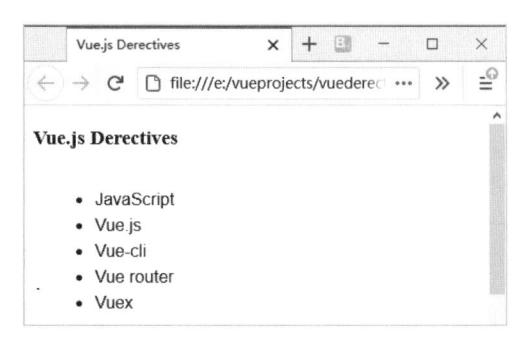

图 9.13　v-for 指令应用（1）

如图 9.13 中的箭头所示，页面中通过 v-for 循环指令显示出由对象数组（liArr）定义的一个列表。

通过上面的代码实例，我们已经体会到了 v-for 循环指令的强大。通常，在复杂的 HTML 页面设计中需要定义很多类型相同的元素，此时通过传统 JavaScript 脚本自动生成元素属性（如 id、class、style 等）的工作就会很烦琐。

而在 Vue.js 框架下，通过 v-for 循环指令自动生成这些元素属性就很方便，相信这也是优秀的 Vue.js 前端框架能够被广大设计人员喜爱的重要原因之一。下面通过具体的代码实例，讲解一下自动生成一组<button>元素的 id 属性的方法。

【代码9-11】（详见源代码 vuederectives 目录中的 vuederectives.html 文件）

```
01  <div id="id-div-derectives-for">
02      <template>
03          <button v-for="btn in btnArr" v-bind:id="genId(btn.id)">
04              {{ btn.txt }}
05          </button>
06      </template>
07  </div>
08  <script>
09      // Vue Entry
10      var vm = new Vue({
11          el: '#id-div-derectives-for',
12          data: {
13              btnArr: [{
14                  id: 1,
```

```
15              txt: 'JavaScript',
16          }, {
17              id: 2,
18              txt: 'Vue.js',
19          }, {
20              id: 3,
21              txt: 'Vue-cli',
22          }, {
23              id: 4,
24              txt: 'Vue router',
25          }, {
26              id: 5,
27              txt: 'Vuex',
28          }, ]
29      },
30      methods: {
31          genId: function(index) {
32              return "id-btn-" + index;
33          }
34      }
35  })
36  </script>
```

【代码说明】

- 在第01～07行代码中，在页面中通过<div>元素定义一个分区及其id属性值（"id-div-derectives-for"）。具体说明如下：
  - 在第02～06行代码中，通过<template>元素包裹一个<button>按钮元素。
  - 在第03行代码中，在<button>元素中通过v-for指令定义一个循环语句块（btn in btnArr），变量（btn）是循环自变量，变量（btnArr）是一个对象数组，变量（btn）在对象数组（btnArr）中迭代。另外，通过"v-bind:id"指令绑定id属性，id属性值通过一个自定义方法（genId()）自动获取。
  - 在第04行代码中，通过变量（btn）迭代对象（btnArr）的txt属性值，在页面中自动生成一组按钮。
- 在第10～35行的脚本代码中，通过new Vue()构造函数实例化Vue对象（vm）。具体说明如下：
  - 在第11行代码中，通过el属性绑定DOM元素（"id-div-derectives-for"）。
  - 在第12～29行代码中，通过data属性进行绑定数据操作。其中，第13～28代码定义一个对象数组（btnArr）、一个id属性和一个txt属性，并进行初始化操作。这里的id属性对应第03行代码中genId()方法的参数（btn.id），txt属性对应第04行代码中引用的对象（btn.txt）。
  - 第31～33行代码是genId()方法的具体实现过程，通过参数返回按钮<button>元素的id属性值。

下面，通过Visual Studio Code开发工具启动FireFox浏览器，测试vuederectives.html页面，页面效果如图9.14所示。

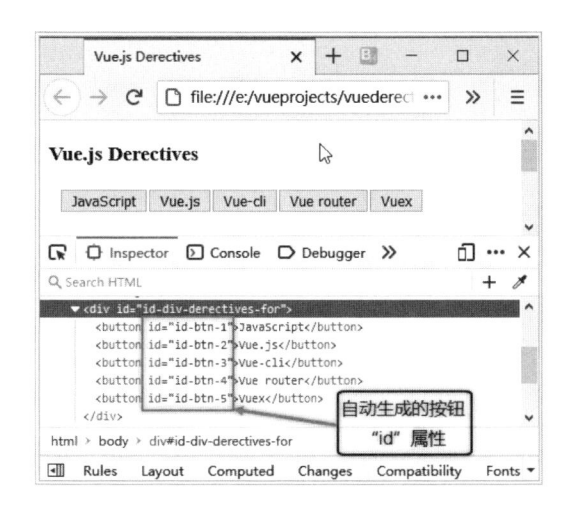

图 9.14　v-for 指令应用（2）

如图 9.14 中的箭头和标识所示，页面中显示了一组自动生成的按钮，在浏览器调试窗口中可查看到按钮自动生成的 id 属性值。

9.4　Vue.js 指令参数

本节介绍 Vue.js 框架中指令参数方面的内容。Vue.js 指令参数扩展了 Vue 指令的使用方式，可以实现更强大的页面功能。

9.4.1　Vue.js 指令接收参数

针对 Vue.js 框架中的一些指令，可以通过接收一个参数来绑定一些功能，这个接收的参数需要在指令名称之后用冒号（:）来连接。例如，在前面的【代码 9-10】中用到的绑定元素的 id 属性，就是通过用冒号（:）连接 v-bind 指令和 id 属性（v-bind:id）实现的。

下面介绍一个示例，演示通过 v-bind 指令接收 href 参数，绑定超链接<a>元素的地址属性。

【代码 9-12】（详见源代码 vuederectives 目录中的 vuederectives.html 文件）

```
01  <div id="id-div-derectives-bind-href">
02      <p>Which language do you like, JavaScript or Vue.js?</p>
03      <p>I like <a v-bind:href="url">Vue.js</a>.</p>
04  </div>
05  <script>
06      // Vue Entry
07      var vm = new Vue({
08          el: '#id-div-derectives-bind-href',
09          data: {
10              url: "https://cn.vuejs.org"
11          }
```

```
12     })
13 </script>
```

【代码说明】

- 在第01～04行代码中，在页面中通过<div>元素定义一个分区，并定义其id属性值（"id-div-derectives-bind-href"）。具体说明如下：
  - 在第03行代码中，在<a>元素中通过v-bind指令接收一个参数href，并绑定超链接<a>元素的地址属性，属性值为一个对象（url）。
- 在第07～12行的脚本代码中，通过new Vue()构造函数实例化Vue对象（vm）。具体说明如下：
  - 在第08行代码中，通过el属性绑定DOM元素（"id-div-derectives-bind-href"）。
  - 在第09～11行代码中，通过data属性进行绑定数据操作。其中，第10行代码定义一个对象（url），并初始化为Vue.js框架的中文官方地址（"https://cn.vuejs.org"）。

下面，通过 Visual Studio Code 开发工具启动 FireFox 浏览器，测试 vuederectives.html 页面，页面效果如图 9.15 所示。

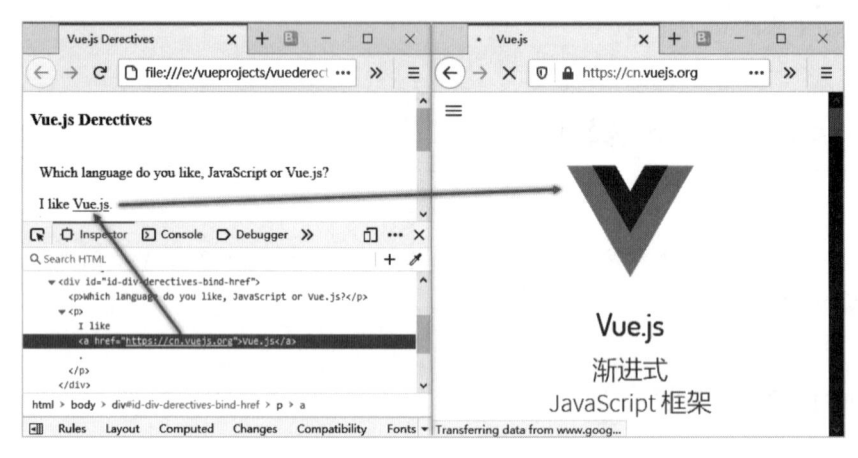

图 9.15　v-bind:href 指令应用

如图 9.15 中的箭头所示，页面中显示了第 03 行代码定义生成的超链接（目标地址见浏览器控制台中的信息），单击该超链接会跳转到目标地址（"https://cn.vuejs.org"）。

通过 v-bind 指令接收 id 属性参数、通过 v-bind 指令接收 href 属性参数，以及通过 v-on 指令绑定监听 click 事件等，都属于通过 Vue.js 指令接收参数的范畴。设计人员在 Vue.js 框架下，可以大胆地使用这些指令来接收相关参数，从而实现绑定 HTML 元素属性的操作。

9.4.2　Vue.js 指令接收动态参数

9.4.1节介绍了Vue.js指令接收参数的用法，读者应该会注意到，这些接收的参数都是已经定义好的"静态"参数。其实，还可以将这些接收的参数设计成为"动态"的，就是通过 JavaScript 表达式来定义这些参数。

将 Vue.js 指令接收的参数用 JavaScript 表达式来定义，就可以事先不指定具体取值，而是事后通过表达式的动态运算来获取具体值，从而实现"动态"参数的功能。Vue.js 指令接收的动态参数需要使用方括号（[ ]）来定义，方括号（[ ]）内为通过JavaScript表达式表示的参数。

下面介绍一个示例，演示通过v-on指令，在<input>元素上接收动态事件参数。

【代码9-13】（详见源代码vuederectives目录中的vuederectives.html文件）

```
01  <div id="id-div-derectives-bind-input">
02      <p>Which language do you like, JavaScript or Vue.js?</p>
03      <p>I like
04      <input type="text" v-on:[type?focus:change]="event" value="Vue.js"/>.
05      </p>
06      <button v-on:click="type=true">event:focus</button>
07      <button v-on:click="type=false">event:change</button>
08  </div>
09  <script>
10      // Vue Entry
11      var vm = new Vue({
12          el: '#id-div-derectives-bind-input',
13          data: {
14              type: null,
15              focus: 'focus',
16              change: 'change'
17          },
18          methods: {
19              event: function() {
20                  console.log("Emit " +
21                      (this.type ? 'focus' : 'change')
22                  + " event.");
23              }
24          }
25      })
26  </script>
```

【代码说明】

- 在第01～08行代码中，在页面中通过<div>元素定义一个分区，并定义其id属性值（"id-div-derectives-bind-input"）。具体说明如下：
  ➤ 在第04行代码中，在<input type="text">元素中通过v-on指令接收一个动态参数 "[type ? focus : change]"，通过判断对象type的布尔值来选取具体事件（focus事件或者change事件），参数值为一个事件方法（event）。
  ➤ 第06、07行代码定义一组<button>按钮元素，通过v-on指令接收单击事件click参数，用于切换对象（type）的布尔值。
- 在第11～25行的脚本代码中，通过new Vue()构造函数实例化Vue对象（vm）。具体说明如下：
  ➤ 在第13～17行代码中，通过data属性进行绑定数据操作。其中，第14行代码定义一个对象（type），并初始化为空（null）值。第15行代码定义一个对象（focus），并初始化为 "focus" 事件名称。第16行代码定义一个对象（change），并初始化为 "change" 事件名称。
  ➤ 在第18～24行代码中，通过methods属性进行绑定方法操作。其中，第19～23行代码是事件方法（event）的具体实现，通过判断对象（type）的布尔值向浏览器控制台中输出相应的日志信息。

下面，通过 Visual Studio Code 开发工具启动 FireFox 浏览器，测试 vuederectives.html 页面，页面初始效果如图 9.16 所示。

如图 9.16 中的箭头所示，在页面中单击文本输入框，使其获取用户输入焦点（focus），页面效果如图 9.17 所示。

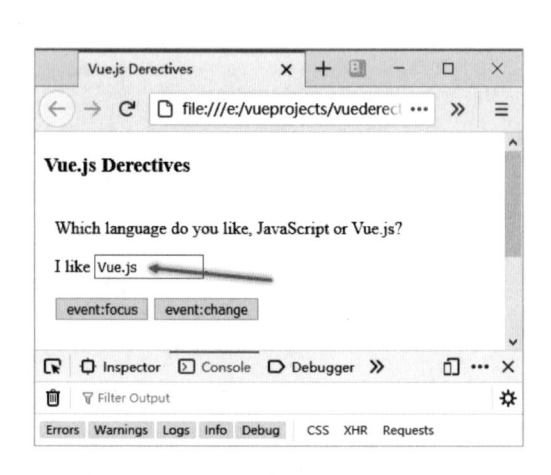

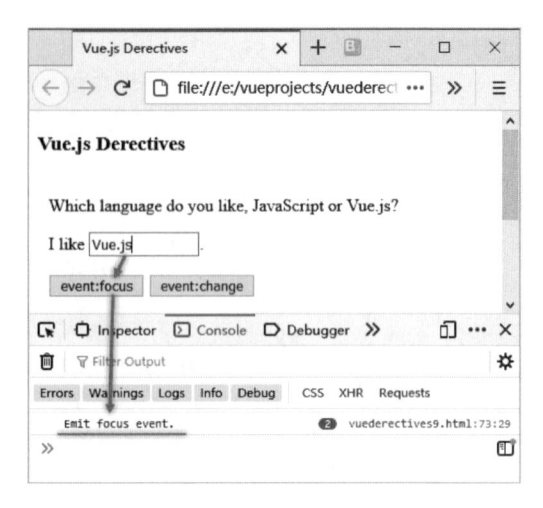

图 9.16　v-bind 指令接收动态参数应用（1）　　图 9.17　v-bind 指令接收动态参数应用（2）

如图 9.17 中的箭头所示，浏览器控制台中输出文本输入框获取用户输入焦点事件的日志信息。假如上述操作无信息反馈，可以先单击 event:focus 按钮，将当前<button>按钮的响应事件切换到 focus 事件上。

继续单击 event:change 按钮，将当前<button>按钮的响应事件切换到 change 事件上。然后，在页面中修改文本输入框中的文本内容，触发其文本改变事件（change），页面效果如图 9.18 所示。

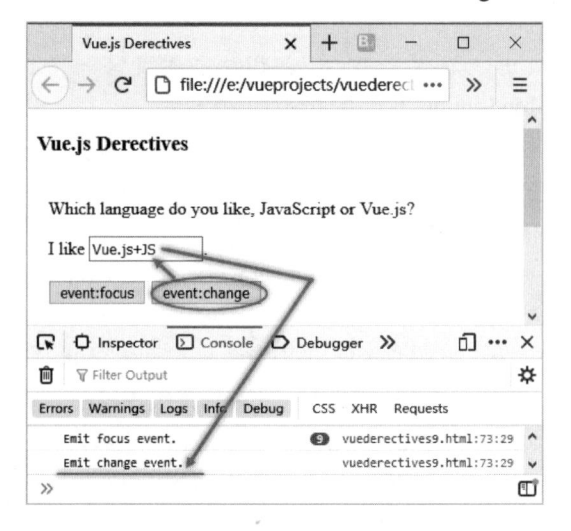

图 9.18　v-bind 指令接收动态参数应用（3）

如图 9.18 中的箭头和标识所示，当在页面中的文本输入框中修改文本后，浏览器控制台中输出文本改变事件（change）的日志信息。

9.4.3 通过 Vue.js 指令动态参数改变元素类型

Vue.js 指令动态参数的使用方式非常灵活，除了动态修改事件类型外，还可以动态修改元素类型。下面介绍一个示例，演示通过 Vue.js 指令接收动态参数的方式，动态切换文本输入框和按钮。

【代码 9-14】（详见源代码 vuederectives 目录中的 vuederectives.html 文件）

```
01  <div id="id-div-derectives-bind-input">
02      <p>Which language do you like, JavaScript or Vue.js?</p>
03      <p>I like
04      <input
05          v-bind:[attr.type.name]="attr.type.val"
06          v-bind:value="attr.value" />.
07      </p>
08      <p>
09          <button v-on:click="event(true)">type:text</button>
10          <button v-on:click="event(false)">type:button</button>
11      </p>
12  </div>
13  <script>
14      // Vue Entry
15      var vm = new Vue({
16          el: '#id-div-derectives-bind-input',
17          data: {
18              // property - attr
19              attr: {
20                  type: {
21                      name: "type",
22                      val: "text"
23                  },
24                  value: "Vue.js"
25              }
26          },
27          methods: {
28              // function - event
29              event: function(b) {
30                  if (b) {
31                      this.attr.type.name = 'type';
32                      this.attr.type.val = 'text';
33                      this.attr.value = 'Vue.js';
34                  } else {
35                      this.attr.type.name = 'type';
```

```
36                    this.attr.type.val = 'button';
37                    this.attr.value = 'Vue Button';
38                }
39            }
40        }
41    })
42 </script>
```

【代码说明】

- 在第01～12行代码中，在页面中通过<div>元素定义一个分区，并定义其id属性值（"id-div-derectives-bind-input"）。具体说明如下：
    - 在第04～06行代码中，在<input>元素中通过v-bind指令接收了一个动态参数对象"[attr.type.name]"，参数值为对象（attr.type.val）。还通过v-bind指令接收一个参数value，参数值为对象（attr.value）。
    - 第09行和第10行代码定义一组<button>按钮元素，通过v-on指令接收单击事件click参数，参数值为事件方法（event），通过在调用该方法时传递布尔值参数来实现元素类型的切换功能。
- 在第15～41行的脚本代码中，通过new Vue()构造函数实例化Vue对象（vm）。具体说明如下：
    - 在第17～26行代码中，通过data属性进行绑定数据操作。其中，第19～25行代码定义一个json对象（attr），该对象内部定义切换<input>元素类型所需的参数属性。
    - 在第27～40行代码中，通过methods属性进行绑定方法操作。其中，第29～39行代码是事件方法（event）的具体实现，通过判断参数（b）的布尔值实现<input>元素类型的动态切换操作。

下面，通过Visual Studio Code开发工具启动FireFox浏览器，测试vuederectives.html页面，页面初始效果如图9.19所示。

如图9.19中的箭头所示，页面中初始显示的是一个文本输入框元素。然后，在页面中单击type:button按钮来切换元素类型，页面效果如图9.20所示。

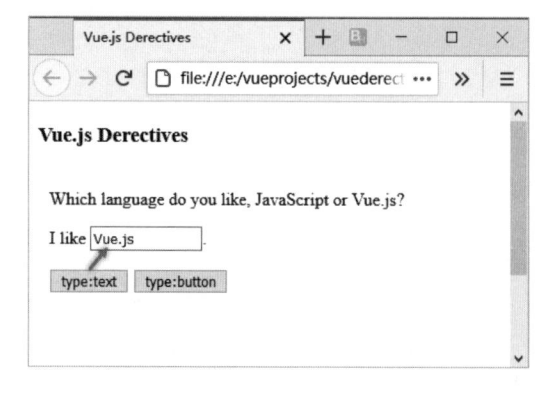

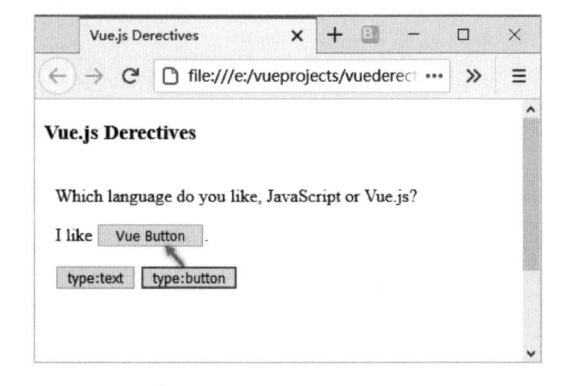

图9.19 v-bind 切换元素类型（1）　　　　图9.20 v-bind 切换元素类型（2）

如图9.20中的箭头所示，页面中所显示元素已经由一个文本输入框元素切换为一个按钮了。

9.5 Vue.js 指令修饰符

本节介绍 Vue.js 框架中指令修饰符方面的内容。Vue.js 指令修饰扩展了 Vue 指令的使用方式，可以利用更简洁的方式实现传统的页面功能。Vue.js 框架中定义很多指令修饰符，这里将介绍几个比较常用的修饰符来帮助读者学习和理解。

9.5.1 Vue.js 指令 prevent 修饰符

在 Vue.js 指令中，使用 prevent 修饰符可以阻止控件元素的默认行为，相当于调用了 event.preventDefault()方法。例如，表单的提交（submit）行为和超链接<a>元素的跳转行为，就是控件元素的默认事件行为。

在 Vue.js 指令中使用修饰符，需要在指令名称之后用英文句号（.）来连接，类似于引用对象属性的方式。例如，针对表单的提交（submit）行为使用 prevent 修饰符，就要写成 "v-on:submit.prevent" 的形式。针对超链接<a>元素的跳转行为使用 prevent 修饰符，就要写成 "v-on:click.prevent" 的形式。

下面介绍一个示例，演示通过在 Vue.js 指令中使用 prevent 修饰符，阻止超链接<a>元素默认跳转行为。

【代码 9-15】（详见源代码 vuederectives 目录中的 vuederectives.html 文件）

```
01  <div id="id-div-derectives-prevent">
02      <p>Which language do you like, JavaScript or Vue.js?</p>
03      <p>I like
04          <a name="language"
05              v-bind:href="url"
06              v-on:click.prevent="clk_prevent">
07              {{ language }}
08          </a>
09      </p>
10  </div>
11  <script>
12      // Vue Entry
13      var vm = new Vue({
14          el: '#id-div-derectives-prevent',
15          data: {
16              url: "https://cn.vuejs.org",
17              language: "Vue.js"
18          },
19          methods: {
20              clk_prevent: function() {
21                  console.log("href is prevented by modifier '.prevent'!");
22              }
23          }
24      })
25  </script>
```

【代码说明】

- 在第01～10行代码中，在页面中通过<div>元素定义一个分区，并定义其id属性值（"id-div-derectives-prevent"）。具体说明如下：
  - 在第04～08行代码中，通过<a>元素定义一个超链接。其中，第05行代码通过v-bind指令接收一个参数href，并绑定超链接<a>元素的地址属性，属性值为一个对象（url）。第06行代码通过v-on指令绑定单击（click）事件，并定义prevent修饰符，事件方法名称为"clk_prevent"。
- 在第13～24行的脚本代码中，通过new Vue()构造函数实例化Vue对象（vm）。具体说明如下：
  - 在第14行代码中，通过el属性绑定DOM元素（"id-div-derectives-prevent"）。
  - 在第15～18行代码中，通过data属性进行绑定数据操作。其中，第16行代码定义一个对象（url），并初始化为Vue.js框架的中文官方地址（"https://cn.vuejs.org"）。
  - 在第19～23行代码中，通过methods属性进行绑定方法操作。其中，第20～22行代码是事件方法（clk_prevent）的具体实现，第04～08行代码定义的超链接<a>元素所默认的跳转地址被阻止后会调用该方法。

下面，通过 Visual Studio Code 开发工具启动 FireFox 浏览器，测试 vuederectives.html 页面，页面初始效果如图 9.21 所示。

如图 9.21 中的箭头所示，单击页面中的超链接，预期会跳转到浏览器控制台中显示的目标地址（"https://cn.vuejs.org"）上去。但是，实际的结果会怎么样呢？页面效果如图 9.22 所示。

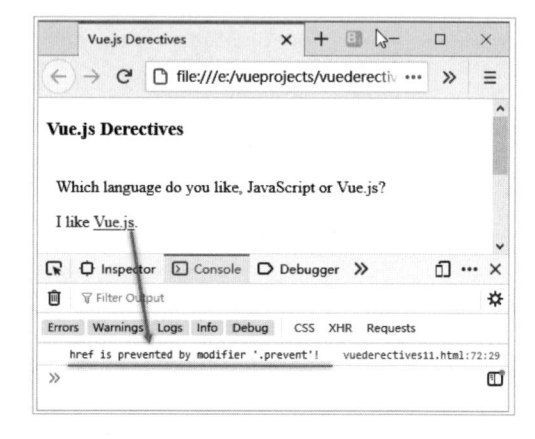

图 9.21　在<a>元素上使用 prevent 修饰符（1）　　图 9.22　在<a>元素上使用 prevent 修饰符（2）

如图 9.22 中的箭头所示，页面并没有跳转到超链接的目标地址上去，而是在浏览器控制台中打印了一行由第 21 行代码定义的日志信息。以上结果说明：在第 06 行代码中，通过 v-on 指令绑定的单击（click）事件被 prevent 修饰符成功阻止了。

下面介绍一个示例，演示通过在 Vue.js 指令中使用 prevent 修饰符，阻止表单<form>元素的默认提交行为。

【代码9-16】（详见源代码 vuederectives 目录中的 vuederectives.html 文件）

```
01  <div id="id-div-derectives-prevent">
02    <form
03      v-on:submit.prevent="submit_prevent"
04      action="server.php"
05      method="GET">
06      <p>Which language do you like, JavaScript or Vue.js?</p>
07      <p>I like
08      <input type="text" name="language" v-bind:value="language">.
09      </p>
10      <input type="submit" value="Submit" />
11    </form>
12  </div>
13  <script>
14    // Vue Entry
15    var vm = new Vue({
16      el: '#id-div-derectives-prevent',
17      data: {
18        language: 'Vue.js'
19      },
20      methods: {
21        submit_prevent: function() {
22          console.log("submit is prevented by modifier '.prevent'!");
23        }
24      }
25    })
26  </script>
```

【代码说明】

- 在第02～11行代码中，通过<form>元素定义一个表单，具体说明如下：
  - 在第03行代码中，通过v-on指令接收参数submit，并绑定表单的提交操作。同时，在参数submit上定义prevent修饰符，事件方法名称为"submit_prevent"。
  - 在第04行代码中，通过表单的action属性定义提交的服务器端文件为"server.php"。
  - 在第05行代码中，通过表单的method属性定义提交方式为GET。
  - 在第08行代码中，通过<input type="text">元素定义一个文本输入框，并通过v-bind指令接收参数value，初始化为对象（language）的值。
  - 在第08行代码中，通过<input type="submit">元素定义一个表单提交按钮。
- 在第15～25行的脚本代码中，通过new Vue()构造函数实例化Vue对象（vm）。具体说明如下：
  - 在第17～19行代码中，通过data属性进行绑定数据操作。其中，第18行代码定义一个对象（language），并初始化为字符串"Vue.js"。
  - 在第20～24行代码中，通过methods属性进行绑定方法操作。其中，第21～23行代码是事件方法（submit_prevent）的具体实现，通过第22行代码向浏览器控制台输出一行日志信息。

为了测试如何通过 prevent 修饰符，阻止表单<form>的默认提交行为，我们先将第 03 行代码注释掉。然后，通过 Visual Studio Code 开发工具启动 FireFox 浏览器，测试 vuederectives.html 页面，页面效果如图 9.23 所示。

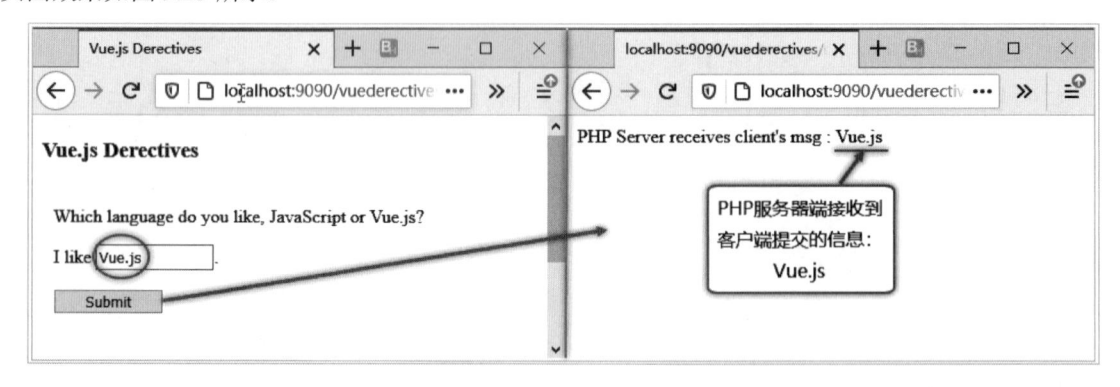

图 9.23　在表单<form>元素上使用 prevent 修饰符（1）

如图 9.23 中的箭头和标识所示，单击页面左侧的 Submit 按钮，可以看到表单中的文本输入框信息被成功提交到服务器页面上去了。

对于图 9.23 所示的页面效果，它是完全符合 HTML 表单提交的操作结果的，如果将被注释的第 03 行代码加入运行后会怎么样呢？下面，再次通过 Visual Studio Code 开发工具启动 FireFox 浏览器，测试 vuederectives.html 页面，页面效果如图 9.24 所示。

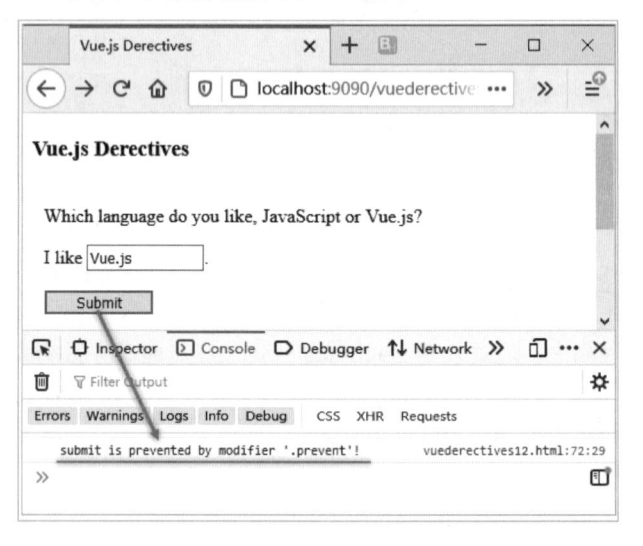

图 9.24　在表单<form>元素上使用 prevent 修饰符（2）

如图 9.24 中的箭头和标识所示，当我们单击页面中的 Submit 按钮后，表单中的文本输入框信息并没有被提交到服务器页面上，而是被 prevent 修饰符阻止，并在浏览器控制台中输出第 22 行代码定义的日志信息。

9.5.2　Vue.js 指令 stop 修饰符

在 Vue.js 指令中使用 stop 修饰符可以阻止事件冒泡，相当于调用了 event.stopPropagation() 方法。关于 JavaScript 事件体系中的冒泡原理，就不深入介绍了，这里主要讲解一下 stop 修饰符的使用方法。

下面介绍一个示例，演示在 Vue.js 指令中使用 stop 修饰符，阻止多层父子关系的<div>元素事件冒泡行为。

【代码 9-17】（详见源代码 vuederectives 目录中的 vuederectives.html 文件）

```
01  <div id="id-div-derectives-stop">
02      <div id="outter" v-on:click="clk_outter">
03          {{ outterTxt }}
04          <div
05              id="inner"
06              v-on:click="clk_inner"
07              v-on:click.stop="clk_stop_inner">
08              {{ innerTxt }}
09          </div>
10      </div>
11  </div>
12  <script>
13      // Vue Entry
14      var vm = new Vue({
15          el: '#id-div-derectives-stop',
16          data: {
17              outterTxt: "JavaScript",
18              innerTxt: "Vue.js"
19          },
20          methods: {
21              clk_outter: function() {
22                  console.log("you have clicked outter div.");
23              },
24              clk_inner: function() {
25                  console.log("you have clicked inner div.");
26              },
27              clk_stop_inner: function() {
28                  console.log("you have stopped inner div click event.");
29              }
30          }
31      })
32  </script>
```

【代码说明】

- 在第 02～10 行代码中，在页面中通过<div>元素定义具有父子关系的两个分区，并分别定义其 id 属性值（id="outter"和 id="inner"）。具体说明如下：
  - 在第 02 行代码定义的父级<div id="outter">分区中，通过 v-on 指令绑定单击（click）事件，事件方法名称为"clk_outter"。
  - 在第 04～09 行代码定义的子级<div id="inner">分区中，第 06 行代码通过 v-on 指令绑定单击（click）事件，事件方法名称为"clk_inner"。第07行代码再次通过v-on指令绑定单击（click）事件，并定义stop修饰符，事件方法名称为"clk_stop_inner"。
- 在第20～30行代码中，通过methods属性进行绑定方法操作。具体说明如下：
  > 第21～23行代码是事件方法（clk_outter）的具体实现，其中第22行代码向浏览器控制台中输出一行日志信息。
  > 第24～26行代码是事件方法（clk_inner）的具体实现，其中第25行代码向浏览器控制台中输出一行日志信息。
  > 第27～29行代码是事件方法（clk_stop_inner）的具体实现，其中第28行代码向浏览器控制台中输出一行日志信息。

为了测试如何通过 stop 修饰符阻止事件的默认冒泡行为，我们先将第 07 行代码注释掉。然后，通过 Visual Studio Code 开发工具启动 FireFox 浏览器，测试 vuederectives.html 页面，页面效果如图 9.25 所示。

如图 9.25 中的箭头和标识所示，单击父级<div id="outter">分区的区域，浏览器控制台中输出第 21～23 行代码中事件方法（clk_outter）定义的日志信息。然后，单击子级<div id="inner">分区的区域，页面效果如图 9.26 所示。

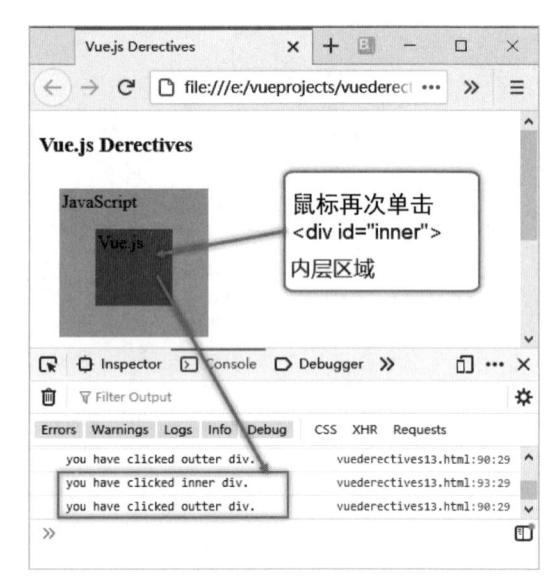

图 9.25　在分区<div>元素上使用 stop 修饰符（1）　　图 9.26　在分区<div>元素上使用 stop 修饰符（2）

如图 9.26 中的箭头和标识所示，单击子级<div id="inner">分区的区域，浏览器控制台中先输出第 24～26 行代码中事件方法（clk_inner）定义的日志信息，然后再次输出第 21～23 行代码中事件方法（clk_outter）定义的日志信息。该效果就是 JavaScript 的事件冒泡原理所产生的，事件会逐级向上"冒泡"传递，直到"根节点"才会结束。

如果将被注释掉的第 07 行代码恢复运行，效果会如何呢？我们再次通过 Visual Studio Code 开发工具启动 FireFox 浏览器，测试 vuederectives.html 页面，页面效果如图 9.27 所示。

如图 9.27 中的箭头和标识所示，单击子级<div id="inner">分区的区域，浏览器控制台中输出第 24～26 行代码中事件方法（clk_inner）定义的日志信息，接着又输出第 27～29 行代码中事件方法

（clk_stop_inner）定义的日志信息。然而，我们发现并没有出现如图 9.26 所示的效果，单击（click）事件并没有传递到父级<div id="outter">分区的区域，说明事件冒泡被 stop 修饰符事件阻止了。

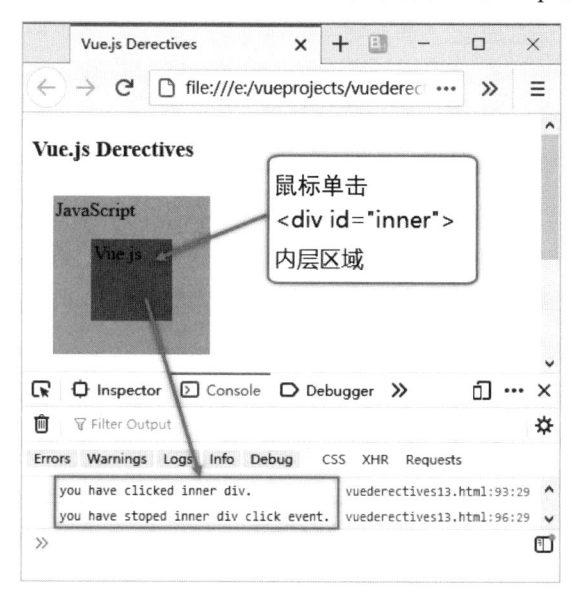

图 9.27　在分区<div>元素上使用 stop 修饰符（3）

9.5.3　Vue.js 指令 once 修饰符

在 Vue.js 指令中使用 once 修饰符，可以强制执行仅一次有效的事件行为，一次之后就不再起作用了。

下面介绍一个通过在 Vue.js 指令中使用 once 修饰符，模拟实现一个网络投票器的代码实例。

【代码 9-18】（详见源代码 vuederectives 目录中的 vuederectives.html 文件）

```
01  <div id="id-div-derectives-once">
02      <span>Please choose your favorite language.</span>
03      <template>
04          <button v-on:click.once="clk_once_js">JavaScript</button>
05          <button v-on:click.once="clk_once_node">Node.js</button>
06          <button v-on:click ="clk_vue">Vue.js</button>
07      </template>
08      <span>Your selected favorite language:<br>
09          <b v-html="language"></b>
10      </span>
11  </div>
12  <script>
13      // Vue Entry
14      var vm = new Vue({
15          el: '#id-div-derectives-once',
16          data: {
17              language: ""
18          },
```

```
19          methods: {
20              clk_once_js: function() {
21                  this.language += "  JavaScript<br>";
22                  console.log("you have clicked JavaScript.");
23              },
24              clk_once_node: function() {
25                  this.language += "  Node.js<br>";
26                  console.log("you have clicked Node.js.");
27              },
28              clk_vue: function() {
29                  this.language += "  Vue.js<br>";
30                  console.log("you have clicked Vue.js.");
31              }
32          }
33      })
34  </script>
```

【代码说明】

- 在第01~11行代码中，在页面中通过<div>元素定义一个分区，并定义其id属性值（id="id-div-derectives-once"）。具体说明如下：
  - 在第03~07行代码定义的<template>元素中，定义一组按钮<button>元素，分别用于用户选择3种脚本语言（JavaScript、Node.js和Vue.js）。在前两个按钮<button>元素中，通过v-on指令绑定单击（click）事件，并定义once修饰符及其对应的事件方法。在第三个按钮<button>元素中，通过v-on指令绑定单击（click）事件，但没有使用once修饰符（这样就可以直观地看到是否使用once修饰符的对比效果）。
  - 在第08~10行代码中，通过v-html指令引用一个对象（language），用于输出用户的选择。
- 在第14~33行的脚本代码中，通过new Vue()构造函数实例化Vue对象（vm）。具体说明如下：
  - 在第15行代码中，通过el属性绑定DOM元素（"id-div-derectives-once"）。
  - 在第16~18行代码中，通过data属性进行绑定数据操作。其中，第17行代码定义一个对象（language），并初始化为空字符串，对应第09行代码引用的对象（language）。
  - 在第19~32行代码中，通过methods属性进行绑定方法操作，定义每个按钮<button>元素中各自单击（click）事件所对应的方法。在每个事件方法内，更新对象（language）的取值，并向浏览器控制台中输出一行日志信息。

下面，通过Visual Studio Code开发工具启动FireFox浏览器，测试vuederectives.html页面，页面效果如图9.28所示。

如图9.28中的箭头和标识所示，当单击JavaScript按钮和Node.js按钮时，浏览器控制台在输出一次日志信息后就再没有任何反馈了。当单击Vue.js按钮时，浏览器控制台中输出每一次操作后的日志信息（数量显示单击了3次）。以上区别说明在使用once修饰符后，事件行为被强制限制为仅一次有效。

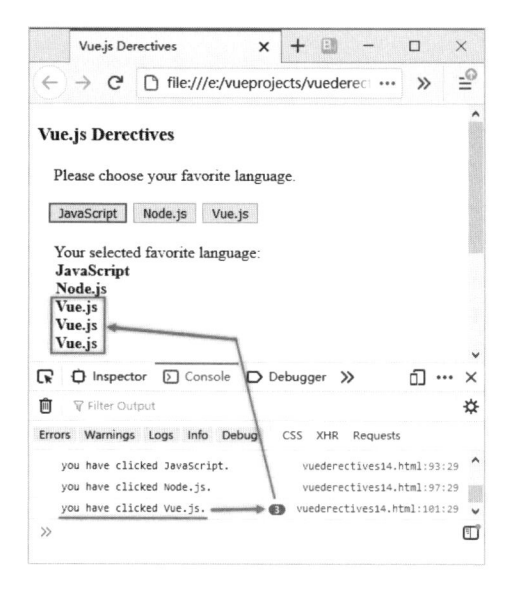

图 9.28　在按钮<button>元素上使用 once 修饰符

9.6　Vue.js 指令缩写

本节介绍 Vue.js 框架中指令缩写方面的内容。设计人员通过指令缩写可以使用更简洁的方式来使用指令，这对于基于 Vue.js 框架构建单页面应用程序（Single Page Application，SPA）有着令人惊喜的效果。

什么是 Vue.js 指令缩写呢？前面介绍的指令均是通过 "v-" 前缀来定义的。使用 "v-" 前缀的作用就是给出识别提示，帮助 Vue.js 框架来解析模板中具有特定行为的属性，而且 "v-" 前缀具有很好的视觉提示效果，设计人员在查看代码时一眼就可以判断出这是 Vue 代码。

然而，虽然 "v-" 前缀的作用多多，但对于一些频繁用到指令的场景就会十分烦琐，尤其在基于 Vue.js 框架所构建的单页面应用程序中，"v-" 前缀是可用可不用的。因此，Vue.js 框架为最常用的 v-bind 和 v-on 指令提供了简写支持，对于 v-bind 指令可以直接省略，而对于 v-on 指令可以用 "@" 符号替代。

下面介绍一个通过 Vue.js 指令缩写接收 href 参数实现超链接的代码实例。

【代码 9-19】（详见源代码 vuederectives 目录中的 vuederectives.html 文件）

```
01  <div id="id-div-derectives-bind-href">
02      <p>Which language do you like, JavaScript or Vue.js?</p>
03      <p>I like <a v-bind:href="url">Vue.js</a>.</p>
04      <p>I like <a :href="url">Vue.js</a>.</p>
05  </div>
06  <script>
07      // Vue Entry
08      var vm = new Vue({
09          el: '#id-div-derectives-bind-href',
```

```
10        data: {
11            url: "https://cn.vuejs.org"
12        }
13    })
14 </script>
```

【代码说明】

- 在第01～05行代码中，在页面中通过<div>元素定义一个分区，具体说明如下：
  - 在第03行代码中，通过<a>元素定义一个超链接。其中，使用v-bind指令接收href参数，并绑定对象（url）。这是一个标准的通过v-bind指令绑定超链接地址的写法。
  - 在第04行代码中，还是通过<a>元素定义一个超链接。注意，这里使用v-bind指令的缩写方式来接收href参数（:href），同样绑定了对象（url）。这样，通过将第04行代码与第03行代码进行对比，来验证v-bind指令缩写是否与标准v-bind指令具有同样的功能。
- 在第08～13行的脚本代码中，通过new Vue()构造函数实例化Vue对象（vm）。具体说明如下：
  - 在第10～12行代码中，通过data属性进行绑定数据操作。其中，第11行代码定义一个对象(url)，并初始化为Vue.js中文官方网址，对应第03、04行代码引用的对象(url)。

下面，通过 Visual Studio Code 开发工具启动 FireFox 浏览器，测试 vuederectives.html 页面，页面效果如图 9.29 所示。

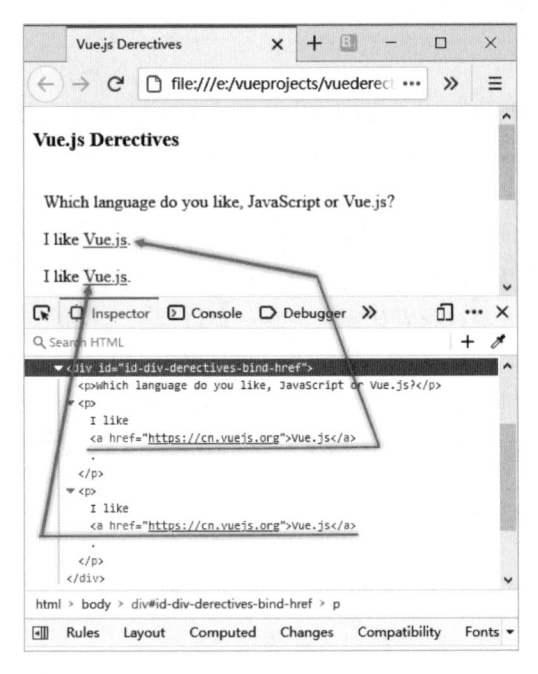

图 9.29　使用 v-bind 指令缩写

如图 9.29 中的箭头和标识所示，第 03 行代码中通过标准 v-bind 指令绑定的超链接地址，与第 04 行代码通过 v-bind 指令缩写绑定的超链接地址是完全相同的，而且 v-bind 指令无论是标准方式还是缩写方式，在最终的页面代码中都不体现出来。

下面介绍一个通过 Vue.js 指令缩写接收 click 参数，实现单击事件处理的代码实例。

【代码9-20】（详见源代码vuederectives目录中的vuederectives.html文件）

```
01  <div id="id-div-derectives-bind-click">
02      <p>Which language do you like, JavaScript or Vue.js?</p>
03      <p>
04          <button v-on:click="clk_event_js">JavaScript</button>
05          <button @click="clk_event_vue">Vue.js</button>
06      </p>
07      <p>I like <a :href="url">{{language}}</a>.</p>
08  </div>
09  <script>
10      // Vue Entry
11      var vm = new Vue({
12          el: '#id-div-derectives-bind-click',
13          data: {
14              url: "",
15              language: ""
16          },
17          methods: {
18              clk_event_js: function() {
19                  console.log("javascript button clicked.");
20                  this.url = "https://www.javascript.com/";
21                  this.language = "JavaScript";
22              },
23              clk_event_vue: function() {
24                  console.log("vue button clicked.");
25                  this.url = "https://cn.vuejs.org";
26                  this.language = "Vue.js";
27              }
28          }
29      })
30  </script>
```

【代码说明】

- 在第01～08行代码中，在页面中通过<div>元素定义一个分区，具体说明如下：
  - 在第04行代码中，通过<button>元素定义一个按钮。其中，使用v-on指令绑定单击（click）事件，并定义事件处理方法（clk_event_js）。这是一个通过标准的v-on指令绑定事件的写法。
  - 在第05行代码中，还是通过<button>元素定义一个按钮。注意，这里使用v-on指令的缩写方式（@符号）来绑定单击（click）事件，同样定义事件处理方法（clk_event_vue）。
  - 在第07行代码中，通过<a>元素定义一个超链接。其中，使用v-bind指令缩写方式接收href参数，并绑定对象（url）。另外，使用文本插值方式引用一个对象（language），用于显示用户通过单击按钮所选择的编程语言名称（JavaScript或Vue.js）。
- 在第11～29行的脚本代码中，通过new Vue()构造函数实例化Vue对象（vm）。具体说明如下：
  - 在第13～16行代码中，通过data属性进行绑定数据操作。其中，第14行代码定义一个对象（url），对应第07行代码引用的对象（url）。第15行代码定义一个对象（language），对应第07行代码引用的对象（language）。
- 在第17~28行代码中，通过methods属性进行绑定方法操作，定义上面两个按钮<button>元素中的单击（click）事件的处理方法（clk_event_js和clk_event_vue）。在每个事件方法内，均更新了各自对象（url和language）的取值，并向浏览器控制台中输出一行日志信息。

下面，通过 Visual Studio Code 开发工具启动 FireFox 浏览器，测试 vuederectives.html 页面，页面初始效果如图 9.30 所示。

如图 9.30 中的箭头和标识所示，单击 JavaScript 按钮，页面效果如图 9.31 所示。

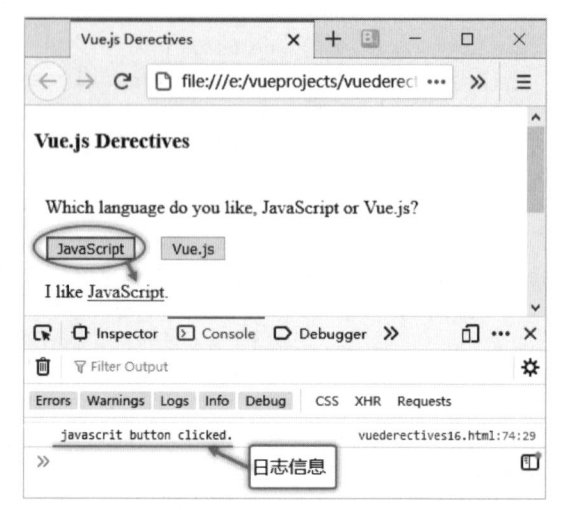

图 9.30　使用 v-on 指令缩写（1）　　图 9.31　使用 v-on 指令缩写（2）

如图 9.31 中的箭头和标识所示，在单击 JavaScript 按钮后，页面更新显示用户选择的 JavaScript 信息。然后，单击 Vue.js 按钮，页面效果如图 9.32 所示。

图 9.32　使用 v-on 指令缩写（3）

如图 9.32 中的箭头和标识所示，在单击 Vue.js 按钮后，页面更新显示用户选择的 Vue.js 信息。这说明，第 05 行代码中使用 v-on 指令的缩写方式（@符号）绑定的单击（click）事件，与第 04 行代码中使用标准 v-on 指令绑定的单击（click）事件，二者在功能上完全一致。

9.7 Vue.js 数据双向绑定

本节介绍 Vue.js 框架中数据双向绑定方面的内容。数据双向绑定功能通过 v-model 指令来实现，Vue.js 框架的该项功能是其能够成为目前优秀的前端框架的重要基础之一。

9.7.1 v-model 指令原理

在 Vue.js 框架的指令系统中，v-model 是最特殊也是最受欢迎的指令之一。相信大部分读者都清楚，Vue.js 框架的核心特性之一就是数据的双向绑定功能，Vue.js 的响应式原理就是实现了"数据→视图"与"数据←视图"的同步更新功能。

Vue.js 的数据双向绑定功能通过 v-model 指令实现，该指令限制在<input>元素、<select>元素、<textarea>元素和 components 组件（后面章节会介绍）中使用。一般会通过修饰符（例如.lazy、.number 和.trim 等）来配合使用。其实，v-model 指令本质上就是一个语法糖。下面这个代码实例就是通过 v-model 指令实现一个非常简单的数据双向绑定功能。

【代码 9-21】（详见源代码 vuederectives 目录中的 vuederectives.html 文件）

```
01  <div id="id-div-derectives-model-msg">
02      <p>Test v-model derectives</p>
03      <p>Please enter
04      <input
05          type="text"
06          v-model="msg"
07          @input="input_msg"
08          placeholder="pls enter..." />.
09      </p>
10      <p>Your enter message: {{msg}}</p>
11  </div>
12  <script>
13      // Vue Entry
14      var vm = new Vue({
15          el: '#id-div-derectives-model-msg',
16          data: {
17              msg: ""
18          },
19          methods: {
20              input_msg: function() {
21                  console.log("msg changed: " + this.msg);
22              }
```

```
23        }
24    });
25 </script>
```

【代码说明】

- 在第01~11行代码中，在页面中通过<div>元素定义一个分区，具体说明如下：
  - 在第04~08行代码中，通过<input type="text">元素定义一个文本输入框，用于测试双向绑定的功能。其中，第06行代码通过v-model指令双向绑定数据对象（msg）。第07行代码通过v-on指令缩写绑定input输入事件方法（input_msg）。
  - 在第10行代码中，使用文本插值方式引用一个对象（msg），用于同步显示用户在第04~08行代码定义的文本输入框中所输入的内容。
- 在第14~24行的脚本代码中，通过new Vue()构造函数实例化Vue对象（vm）。具体说明如下：
  - 在第16~18行代码中，通过data属性进行绑定数据操作。其中，第17行代码定义一个数据对象（msg），对应第06行和第10行代码引用的数据对象（msg）。
  - 第20~22行代码是第07行代码中input输入事件处理方法（input_msg）的具体实现，第21行代码向浏览器控制台中输出一行日志信息。

下面，通过 Visual Studio Code 开发工具启动 FireFox 浏览器，测试 vuederectives.html 页面，页面初始效果如图 9.33 所示。

如图 9.33 中的箭头和标识所示，在文本输入框中输入一些内容（例如 vue.js），页面效果如图 9.34 所示。

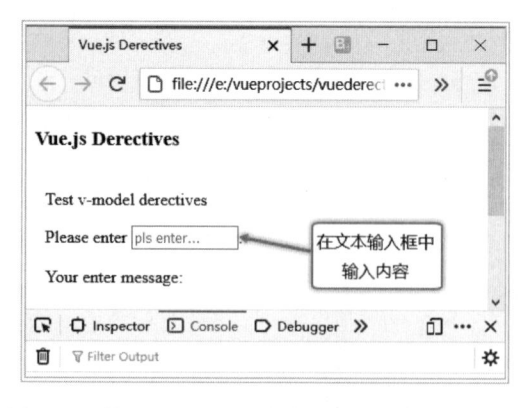

图 9.33　使用 v-model 指令实现数据双向绑定（1） 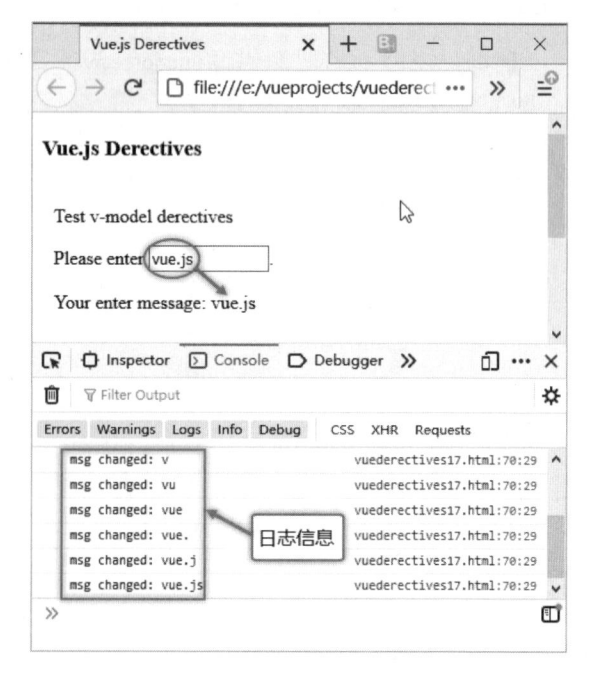　　图 9.34　使用 v-model 指令实现数据双向绑定（2）

如图 9.34 中的箭头和标识所示，当我们在文本输入框中输入字符串"vue.js"后，页面中同步更新了输入的内容，说明 v-model 指令实现了针对数据对象（msg）的双向绑定。同时，在浏览器控制台中输出用户输入过程的日志记录。

那么，v-model 指令实现双向绑定功能的原理是什么呢？v-model 指令的原理非常简单，下面就从数据双向绑定的过程来进行分析，进而阐述 v-model 指令的设计原理。

所谓 v-model 指令数据双向绑定，就是负责在视图中监听用户输入事件，从而更新 Vue 实例中的数据对象。另外，v-model 指令会忽略所有表单<form>元素的 value、checked 和 selected 特性的初始值，将 Vue 实例中的数据对象作为数据来源，然后当输入事件发生时去实时更新 Vue 实例中的数据对象。

下面以文本输入框<input>元素为例，具体描述一下针对 value 属性的数据双向绑定过程。

（1）在 Vue 实例的初始化过程中定义一个数据对象（例如 msg）。

（2）将文本输入框<input>元素中的 value 属性与 Vue 实例的数据对象（例如 msg）进行绑定。

（3）在文本输入框<input>元素中监听用户输入事件，将用户的输入与 Vue 实例的数据对象（例如 msg）进行同步。

下面，将【代码 9-21】按照上述过程修改一下，以印证 v-model 指令的实现原理。

【代码 9-22】（详见源代码 vuederectives 目录中的 vuederectives.html 文件）

```
01  <div id="id-div-derectives-model-msg">
02      <p>Test v-model derectives</p>
03      <p>Please enter
04      <input
05          type="text"
06          @input="msg=$event.target.value"
07          :value="msg"
08          placeholder="pls enter..." />.
09      </p>
10      <p>Please enter
11      <input
12          type="text"
13          @input="input_msg($event)"
14          :value="msg"
15          placeholder="pls enter..." />.
16      </p>
17      <p>Your enter message: {{msg}}</p>
18  </div>
19  <script>
20      // Vue Entry
21      var vm = new Vue({
22          el: '#id-div-derectives-model-msg',
23          data: {
24              msg: ""
25          },
26          methods: {
27              input_msg: function(ev) {
28                  this.msg = ev.target.value;
29              }
30          }
```

```
31      })
32  </script>
```

【代码说明】

- 在第01～18行代码中，在页面中通过<div>元素定义一个分区，具体说明如下：
    - 在第04～08行代码中，通过<input type="text">元素定义第一个文本输入框，用于测试双向绑定功能。其中，第06行代码通过v-on指令缩写绑定用户输入事件（input），将用户输入的数据（$event.target.value）与数据对象（msg）进行同步。第07行代码通过v-bind指令缩写接收文本输入框的value属性参数，并与数据对象（msg）进行绑定。
    - 在第11～15行代码中，通过<input type="text">元素定义第二个文本输入框，用于测试双向绑定功能。该文本输入框与第04～08行代码定义的文本输入框的区别是：第13行代码中定义的用户输入事件（input）是通过事件方法（input_msg）的方式实现的。
    - 在第17行代码中，使用文本插值方式引用一个对象（msg），用于同步显示用户在第04～08行代码定义的文本输入框或第11～15行代码定义的文本输入框中所输入的内容。
- 在第21～31行的脚本代码中，通过new Vue()构造函数实例化Vue对象（vm）。具体说明如下：
    - 在第23～25行代码中，通过data属性进行绑定数据操作。其中，第24行代码定义一个数据对象（msg），对应第06～07行和第13～14行代码引用的数据对象（msg）。
    - 第27～29行代码是第13行代码中"input"输入事件处理方法(input_msg)的具体实现，在第28行代码中将用户输入的内容赋值给数据对象（msg）。

下面，通过 Visual Studio Code 开发工具启动 FireFox 浏览器，测试 vuederectives.html 页面，页面初始效果如图 9.35 所示。

在第一个文本输入框中输入一些内容（例如 vue），页面效果如图 9.36 所示。

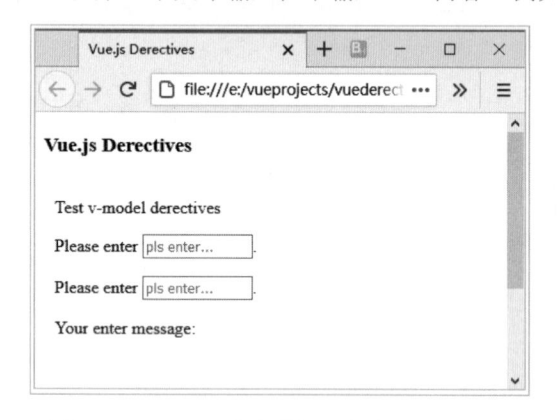

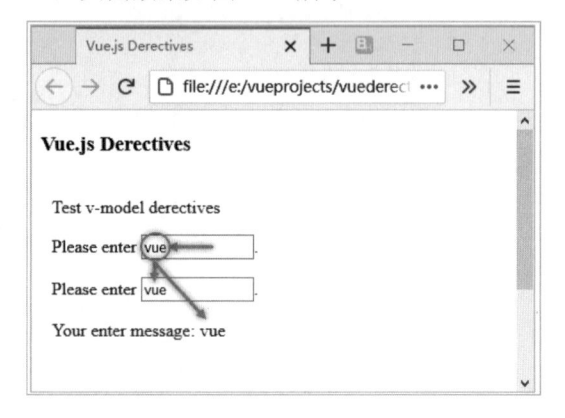

图 9.35 v-model 指令数据双向绑定原理（1）　　图 9.36 v-model 指令数据双向绑定原理（2）

如图 9.36 中的箭头和标识所示，当我们在第一个文本输入框中输入字符串"vue"后，页面中的第二个文本输入框以及文本信息中均同步更新为输入的内容，说明第 06 行代码实现了针对数据对象（msg）的双向绑定功能。

继续在第二个文本输入框中输入一些内容（例如.js），页面效果如图 9.37 所示。

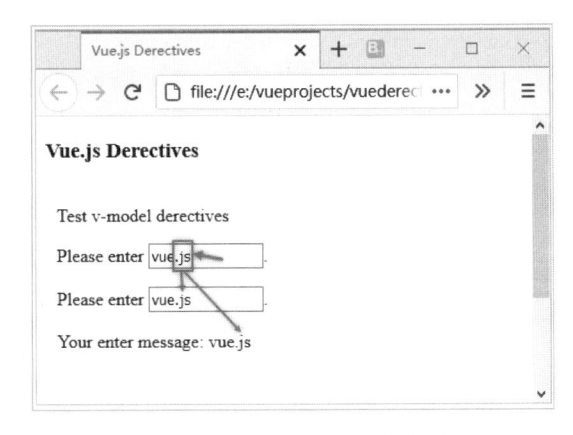

图 9.37 v-model 指令数据双向绑定原理（3）

如图 9.37 中的箭头和标识所示，当我们在第二个文本输入框中输入字符串".js"后，页面中的第一个文本输入框以及文本信息中均同步更新了输入的内容，说明第 27～29 行代码定义的 input 输入事件处理方法（input_msg）同样实现了针对数据对象（msg）的双向绑定功能。

从【代码 9-22】的运行结果来看，【代码 9-22】完全替代了【代码 9-21】中使用 v-model 指令所实现的数据双向绑定功能，进而证实了上述关于 v-model 指令的设计原理过程。

9.7.2 .lazy 修饰符

Vue.js 框架所设计的 v-model 指令固然功能十分强大，但在某些场景下也会有恼人的情况。例如，通过 v-model 指令实现的数据双向绑定功能，会在文本输入框内容改变的同时，同步更新 Vue 数据对象的内容。但有时候我们希望在用户输入完毕、光标离开文本输入框时，才去完成数据更新（类似传统的 change 事件），此时就需要用到".lazy"修饰符了。

Vue.js 框架所设计的.lazy 修饰符，支持在用户光标离开文本输入框后才去更新数据，相当于取代 input 输入事件为 change 事件。下面这个代码实例通过在 v-model 指令上使用.lazy 修饰符，实现一个非常简单的数据更新功能。

【代码 9-23】（详见源代码 vuederectives 目录中的 vuederectives.html 文件）

```
01  <div id="id-div-derectives-model-lazy-msg">
02      <p>Test v-model derectives</p>
03      <p>Please enter
04      <input
05          type="text"
06          v-model.lazy="msg"
07          @input="input_event"
08          @change="change_event"
09          placeholder="pls enter..." />.
10      </p>
11      <p>Your enter message: {{msg}}</p>
12  </div>
13  <script>
14      // Vue Entry
15      var vm = new Vue({
```

```
16            el: '#id-div-derectives-model-lazy-msg',
17            data: {
18                msg: ""
19            },
20            methods: {
21                input_event: function() {
22                    console.log("input event: " + this.msg);
23                },
24                change_event: function() {
25                    console.log("change event: " + this.msg);
26                }
27            }
28        })
29    </script>
```

【代码说明】

- 在第04～09行代码中，通过<input type="text">元素定义一个文本输入框，用于测试.lazy修饰符的功能。具体说明如下：
  - 第06行代码通过v-model指令双向绑定数据对象（msg）。注意，该v-model指令添加了.lazy修饰符。
  - 第07行代码通过v-on指令缩写绑定input输入事件方法（input_msg）。
  - 第08行代码通过v-on指令缩写绑定文本框change事件方法（change_msg）。
  - 第07和08行代码定义的这两个事件，可以清楚地对比出.lazy修饰符对于input事件和change事件的不同作用。
- 在第11行代码中，使用文本插值方式引用了一个对象（msg），用于同步显示用户在第04～09行代码定义的文本输入框中所输入的内容。
- 在第15～28行的脚本代码中，通过new Vue()构造函数实例化Vue对象（vm）。具体说明如下：
  - 在第17～19行代码中，通过data属性进行绑定数据操作。其中，第18行代码定义一个数据对象（msg），对应第06行和第11行代码引用的数据对象（msg）。
  - 第21～23行代码是第07行代码中input输入事件处理方法（input_msg）的具体实现，第22行代码向浏览器控制台中输出一行日志信息。
  - 第24～26行代码是第08行代码中文本框change事件处理方法（change_msg）的具体实现，第25行代码向浏览器控制台中输出一行日志信息。

下面，通过Visual Studio Code开发工具启动FireFox浏览器，测试vuederectives.html页面，页面初始效果如图9.38所示。

如图9.38中的箭头所示，在文本输入框中输入一些内容（例如"vue.js"），页面效果如图9.39所示。

如图9.39中的箭头和标识所示，当我们在文本输入框中输入字符串"vue.js"后（光标焦点没有离开文本输入框），页面中没有同步更新所输入的内容。这说明在v-model指令上使用.lazy修饰符后，数据对象（msg）的双向绑定功能失效了。同时，在浏览器控制台中输出的日志记录也印证了上述结果。

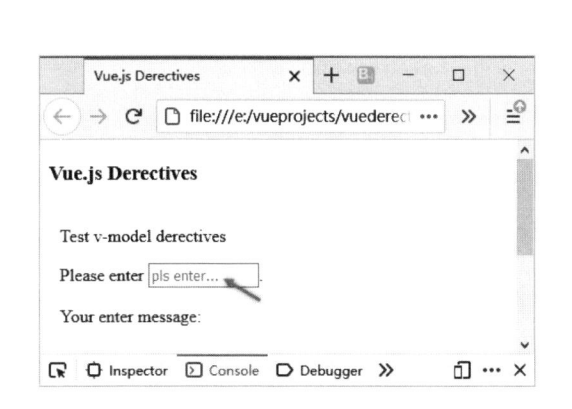

图 9.38　在 v-model 指令上使用.lazy 修饰符（1）　　图 9.39　在 v-model 指令上使用.lazy 修饰符（2）

接下来，将光标输入焦点离开该文本输入框，观察页面内容的更新情况，页面效果如图 9.40 所示。

图 9.40　在 v-model 指令上使用.lazy 修饰符（3）

如图 9.40 中的箭头和标识所示，当我们将光标输入焦点离开该文本输入框后，文本输入框的 change 事件被激活了。页面中的内容做了更新，浏览器控制台中输出的日志记录也印证了上述结果。

通过图 9.39 和图 9.40 的对比可以看到，在 v-model 指令上使用.lazy 修饰符，会屏蔽 input 输入事件，并将该事件替换为 change 事件。

9.7.3　.number 修饰符

Vue.js 框架还设计了一个.number 修饰符。在 v-model 指令上使用.number 修饰符后，如果在文本框中先输入数字，就会限制只能输入数字；如果先输入字符串，就相当于没有加.number 修饰符（恢复为普通文本框）。

下面看一个在 v-model 指令上使用.number 修饰符的代码实例，了解一下.number 修饰符的使用方法。

【代码 9-24】（详见源代码 vuederectives 目录中的 vuederectives.html 文件）

```
01  <div id="id-div-derectives-model-number">
02      <p>Test v-model derectives</p>
03      <p>Please enter number
04      <input
05          type="text"
06          v-model.number="num"
07          @input="input_num"
08          placeholder="pls enter..." />.
09      </p>
10      <p>Your enter number: {{num}}</p>
11  </div>
12  <script>
13      // Vue Entry
14      var vm = new Vue({
15          el: '#id-div-derectives-model-number',
16          data: {
17              num: null
18          },
19          methods: {
20              input_num: function () {
21                  console.log("input event: " + this.num);
22              }
23          }
24      })
25  </script>
```

【代码说明】

- 在第04～08行代码中，通过<input type="text">元素定义一个文本输入框，用于测试.number 修饰符的功能。具体说明说下：
  > 第06行代码通过v-model指令双向绑定数据对象（num）。注意，该v-model指令添加了.number修饰符。
  > 第07行代码通过v-on指令缩写绑定input输入事件方法（input_num）。
- 在第10行代码中，使用文本插值方式引用一个对象（num），用于同步显示用户在第04～08行代码中定义的文本输入框中所输入的内容。
- 在第14～24行的脚本代码中，通过new Vue()构造函数实例化Vue对象（vm）。具体说明如下：
  > 在第16～18行代码中，通过data属性进行绑定数据操作。其中，第17行代码定义一个数据对象（num），对应第06行和第10行代码引用的数据对象（num）。
  > 第20～22行代码是第07行代码中input输入事件处理方法（input_num）的具体实现，第21行代码向浏览器控制台中输出一行日志信息。

下面，通过 Visual Studio Code 开发工具启动 FireFox 浏览器，测试 vuederectives.html 页面，页面初始效果如图 9.41 所示。

如图 9.41 中的箭头所示，在文本输入框中输入数字（例如"123"），页面效果如图 9.42 所示。

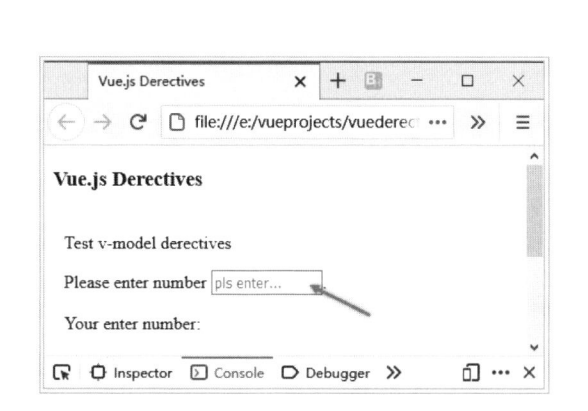

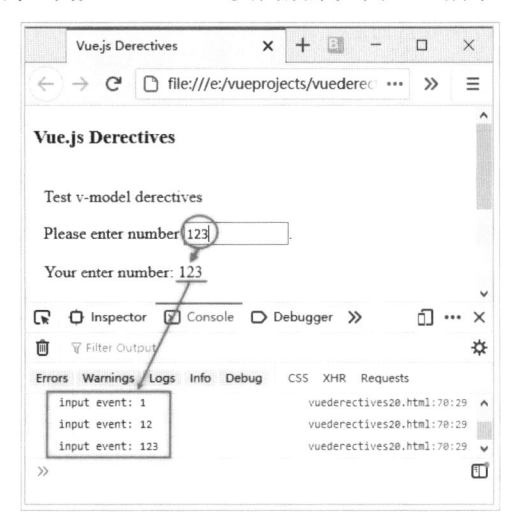

图 9.41　在 v-model 指令上使用.number 修饰符（1）　　图 9.42　在 v-model 指令上使用.number 修饰符（2）

如图 9.42 中的箭头和标识所示，当我们在文本输入框中输入数字"123"后，页面中同步更新所输入的数字。同时，在浏览器控制台中输出的日志记录也印证了上述结果。

继续输入字符串（例如"abc"），观察一下页面内容有无变化，页面效果如图 9.43 所示。

如图 9.43 中的箭头和标识所示，当我们输入字符串"abc"后，页面中的内容没有发生更新，浏览器控制台中输出的日志记录也印证了上述结果。然后，将光标焦点离开文本输入框，观察一下页面内容有无变化，页面效果如图 9.44 所示。

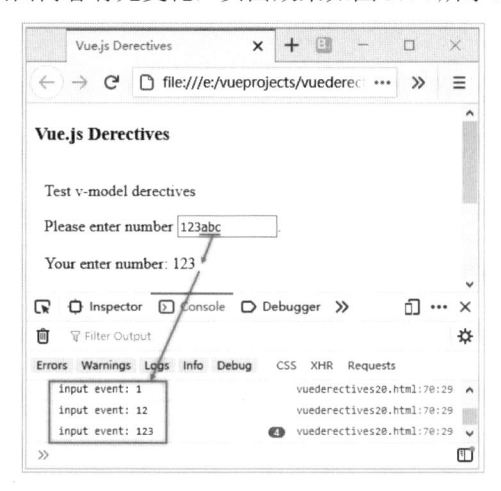

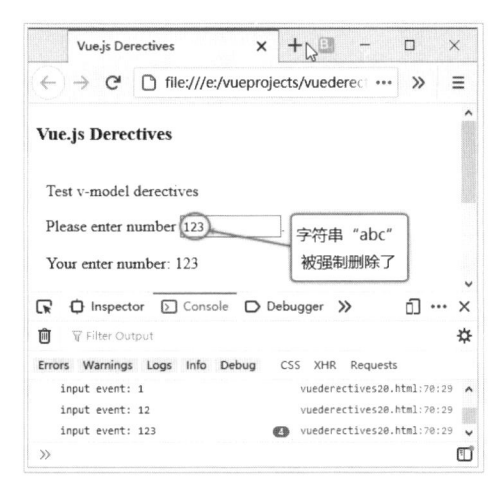

图 9.43　在 v-model 指令上使用.number 修饰符（3）　　图 9.44　在 v-model 指令上使用.number 修饰符（4）

如图 9.44 中的箭头和标识所示，当我们将光标焦点离开文本输入框后，刚刚输入的字符串"abc"被强制删除了。这说明对于使用了".number"修饰符的文本输入框，如果先输入数字，就只能继续输入数字，输入的字符串是不被接收的。

如果用户先输入字符串，数字还会被文本输入框接收吗？我们继续测试一下，页面效果如图 9.45 所示。如图中的箭头和标识所示，当我们在文本输入框中先输入字符串后，再输入数字也不会受到影响。这说明对于使用了.number 修饰符的文本输入框，如果先输入字符串，那该文本输入框就转换成普通的文本输入框了。

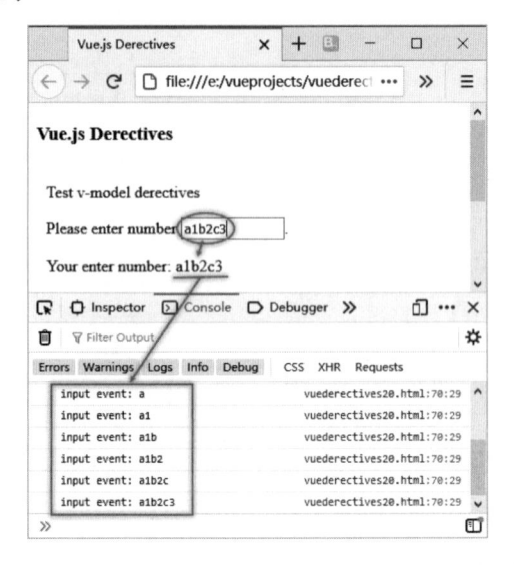

图 9.45　在 v-model 指令上使用.number 修饰符（5）

9.7.4　.trim 修饰符

Vue.js 框架还设计了一个.trim 修饰符。顾名思义，在 v-model 指令上使用.trim 修饰符后，会过滤删除文本输入框中首尾的空格。

下面看一个在 v-model 指令上使用.trim 修饰符的代码实例，了解一下.trim 修饰符的使用方法。

【代码 9-25】（详见源代码 vuederectives 目录中的 vuederectives.html 文件）

```
01  <div id="id-div-derectives-model-trim">
02      <p>Test v-model derectives</p>
03      <p>Please enter
04      <input
05          type="text"
06          v-model.trim="trim"
07          @input="input_trim"
08          placeholder="pls enter..." />.
09      </p>
10      <p>Your enter: {{trim}}</p>
11  </div>
12  <script>
13      // Vue Entry
14      var vm = new Vue({
15          el: '#id-div-derectives-model-trim',
16          data: {
17              trim: null
```

```
18              },
19              methods: {
20                  input_trim: function() {
21                      console.log("input event: " + this.trim);
22                  }
23              }
24          })
25  </script>
```

【代码说明】

- 在第04～08行代码中,通过<input type="text">元素定义一个文本输入框,用于测试.trim修饰符的功能。具体说明说下:
  ➢ 第06行代码通过v-model指令双向绑定一个对象(trim)。注意,该v-model指令添加了.trim修饰符。
  ➢ 第07行代码通过v-on指令缩写绑定input输入事件方法(input_trim)。
- 在第10行代码中,使用文本插值方式引用一个对象(trim),用于同步显示用户在第04～08行代码中定义的文本输入框中所输入的内容。
- 在第14～24行的脚本代码中,通过new Vue()构造函数实例化Vue对象(vm)。具体说明如下:
  ➢ 在第16～18行代码中,通过data属性进行绑定数据操作。其中,第17行代码定义一个对象(trim),对应第06行和第10行代码引用的数据对象(trim)。
  ➢ 第20～22行代码是第07行代码中input输入事件处理方法(input_trim)的具体实现,第21行代码向浏览器控制台中输出一行日志信息。

下面,通过 Visual Studio Code 开发工具启动 FireFox 浏览器,测试 vuederectives.html 页面,页面效果如图 9.46 所示。

图 9.46 在 v-model 指令上使用.trim 修饰符

如图 9.46 中的箭头所示,在文本输入框中输入首尾带空格的字符串" abc "后,页面中更新的内容强制将首尾的空格过滤删除了。这说明对于使用了.trim 修饰符的文本输入框,会将输入内容中的首尾空格强制过滤删除。

9.8　Vue.js 计算属性

本节介绍 Vue.js 框架中计算属性方面的内容。设计人员通过计算属性可以避免在模板内使用太过复杂的逻辑表达式，从而减轻模板维护的工作量。在 Vue.js 框架中，计算属性通过 computed 关键字来声明。

为了详细说明计算属性的使用方法，我们通过一个基本的字符串反序计算的应用来逐步讲解。提到字符串反序计算，大多数读者会想到 String 类的 reverse()方法，直接调用该方法就可以了。于是，就可能会写出下面这样的代码实例。

【代码 9-26】（详见源代码 vuecomputed 目录中的 vuecomputed.html 文件）

```
01  <div id="id-div-computed-msg">
02      <p>This is a vue computed test.</p>
03      <p>Original message: {{msg}}.</p>
04      <p>Reverse message:
05          {{msg.split('').reverse().join('')}}.
06      </p>
07  </div>
08  <script>
09      var vm = new Vue({
10          el: '#id-div-computed-msg',
11          data: {
12              msg: "Hello Vue.js!"
13          }
14      })
15  </script>
```

【代码说明】

- 在第03行代码中，通过文本插值模板引入一个对象（msg）。
- 在第05行代码中，再次通过文本插值模板引入一个表达式。该表达式通过String类的reverse()方法将字符串对象（msg）进行反序计算。
- 在第09～14行的脚本代码中，通过new Vue()构造函数实例化Vue对象（vm）。具体说明如下：
  > 在第11～13行代码中，通过data属性进行绑定数据操作。其中，第12行代码定义一个对象（msg），并进行初始化。该对象对应第03行和第05行代码引用的对象（msg）。

下面，通过 Visual Studio Code 开发工具启动 FireFox 浏览器，测试 vuecomputed.html 页面，页面效果如图 9.47 所示。

如图 9.47 中的箭头所示，第 05 行代码中的计算表达式，将字符串对象（msg）成功进行反序计算。

但是，在 Vue.js 框架应用的文本插值模板中，使用类似第 05 行代码中的计算表达式会带来一些困扰，过于复杂的计算逻辑不利于设计人员维护代码，也会给其他设计人员阅读代码带来困难。因此，在 Vue.js 框架应用的文本插值模板中，不建议使用复杂表达式，应该使用简洁直观的对象名称。于是，计算属性这个概念应运而生了。下面我们看看如何通过使用计算属性改写【代码9-26】。

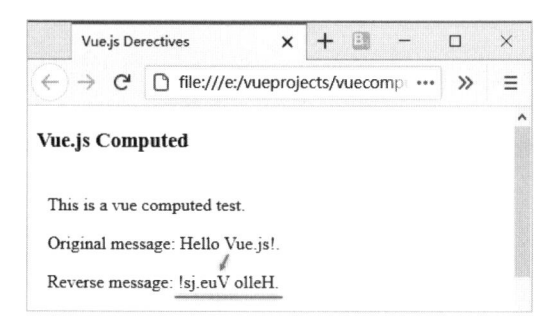

图 9.47　使用 Vue.js 的计算属性（1）

【代码9-27】（详见源代码 vuecomputed 目录中的 vuecomputed.html 文件）

```
01  <div id="id-div-computed-msg">
02      <p>This is a vue computed test.</p>
03      <p>Original message: {{msg}}.</p>
04      <p>Computed reverse message: {{reverseMsg}}.</p>
05  </div>
06  <script>
07      var vm = new Vue({
08          el: '#id-div-computed-msg',
09          data: {
10              msg: "Hello Vue.js!"
11          },
12          computed: {
13              reverseMsg: function() {
14                  return this.msg.split('').reverse().join('');
15              }
16          }
17      })
18  </script>
```

【代码说明】

- 在第03行代码中，通过文本插值模板引入一个对象（msg）。
- 在第04行代码中，再次通过文本插值模板引入一个计算属性（reverseMsg）。
- 在第07～17行的脚本代码中，通过new Vue()构造函数实例化Vue对象（vm）。具体说明如下：
  - 在第09～11行代码中，通过data属性进行绑定数据操作。其中，第12行代码定义一个字符串对象（msg），并进行初始化。该对象对应第03行代码引用的对象（msg）。
  - 在第12～16行代码中，通过computed属性进行绑定计算属性的操作。其中，第13～15行代码定义一个计算属性（reverseMsg），该属性对应第04行代码引用的计算属性（reverseMsg）。在第14行代码中，通过String类的reverse()方法将字符串对象（msg）进行反序计算，并将计算结果返回给计算属性（reverseMsg）。

下面，通过 Visual Studio Code 开发工具启动 FireFox 浏览器，测试 vuecomputed.html 页面，页

面初始效果如图 9.48 所示。

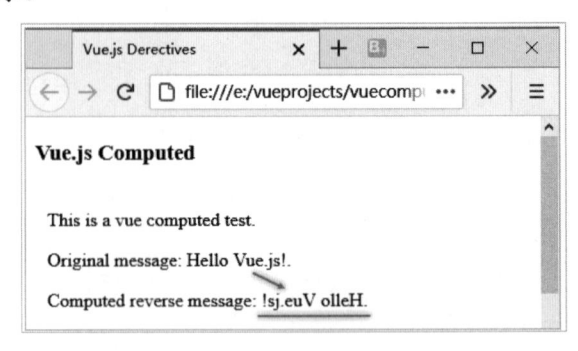

图 9.48　使用 Vue.js 的计算属性（2）

如图 9.48 中的箭头所示，第 04 行代码中的计算属性(reverseMsg)显示了正确的反序计算结果。这说明 Vue.js 框架所设计的计算属性，是可以完美替代在文本插值模板中使用的复杂表达式的。

第 10 章

Vue.js 样式绑定

本章主要介绍 Vue.js 框架中样式（Class 和 Style）绑定的内容。前端代码设计离不开使用样式表，Vue.js 针对样式也同样进行了增强设计。

通过本章的学习可以：

- 掌握使用Vue.js绑定HTML Class的方法。
- 掌握使用Vue.js绑定HTML内联样式（style）的方法。
- 了解Vue.js样式绑定的数组语法。

10.1 Vue.js 绑定 HTML Class

本节介绍 Vue.js 绑定 HTML Class 方面的内容。Vue.js 绑定 Class 仍旧通过 v-bind 指令完成，一般写成标准语法形式为"v-bind:class"，也可以使用 Vue 指令的缩写形式":class"。

10.1.1 绑定静态 Class

对于 Vue.js 框架而言，绑定静态 HTML Class 是最基本的一种方式，等同于直接固定元素的样式类。下面的代码实例中，在页面中定义一组（3 个）段落（<p>）元素，然后通过静态绑定方式为每个<p>元素定义样式类，代码如下：

【代码 10-1】（详见源代码 vuestyle 目录中的 vuestyle.html 文件）

```
01  <style>
02      p.font-small {
03          font-size: 18px;
04      }
05      p.font-medium {
06          font-size: 24px;
```

```
07        }
08        p.font-big {
09            font-size: 32px;
10        }
11    </style>
12    <div id="id-div-class-p">
13        <p>This is a vue class test.</p>
14        <p :class="pBig">{{msg}}</p>
15        <p :class="pMedium">{{msg}}</p>
16        <p :class="pSmall">{{msg}}</p>
17    </div>
18    <script>
19        // Vue Entry
20        var vm = new Vue({
21            el: '#id-div-class-p',
22            data: {
23                msg: "Hello Vue.js!",
24                pSmall: "font-small",
25                pMedium: "font-medium",
26                pBig: "font-big"
27            },
28        })
29    </script>
```

【代码说明】

- 在第01～11行代码中，通过<style>标签定义一组（3个）样式类，分别用于修饰不同字体大小的段落。
- 在第12～17行代码中，通过<div>元素定义一个分区，分区内定义一组（3个）段落<p>元素，每个元素均通过文本插值模板引用一个对象（msg）。同时，这3个段落<p>元素内部通过v-bind指令缩写方式绑定样式参数class，3个class的值分别为第01～11行代码中所定义的3个样式类。
- 在第22～27行代码中，通过data属性绑定数据操作。具体说明如下：
  - 在第23行代码中定义一个属性（msg），并进行初始化。该属性对应第14～16行代码中引用的对象（msg）。
  - 在第24～26行代码中定义3个属性（pSmall、pMedium和pBig），分别初始化为第01～11行代码中所定义的3个样式类。

下面，通过 Visual Studio Code 开发工具启动 FireFox 浏览器，测试 vuestyle.html 页面，效果如图 10.1 所示。

如图 10.1 中的箭头和标识所示，在第 01～11 行代码中定义的 3 个样式类，成功渲染到第 14～16 行代码中定义的段落<p>元素上去了。

图 10.1　Vue.js 绑定静态 Class

10.1.2　绑定动态 Class

对于 Vue.js 框架而言，真正强大之处是绑定动态 HTML Class 的方式，动态绑定方式可以根据用户编程来动态切换样式类。下面的代码实例是在【代码 10-1】的基础上略作修改，通过动态绑定方式为每个段落<p>元素定义样式类。

【代码 10-2】（详见源代码 vuestyle 目录中的 vuestyle.html 文件）

```
01  <style>
02      p.font-small {
03          font-size: 18px;
04      }
05      p.font-medium {
06          font-size: 24px;
07      }
08      p.font-big {
09          font-size: 32px;
10      }
11  </style>
12  <div id="id-div-class-p">
13      <p>This is a vue class test.</p>
14      <p :class="{'font-big':pBigActive}">{{msg}}</p>
15      <p :class="{'font-medium':pMediumActive}">{{msg}}</p>
16      <p :class="{'font-small':pSmallActive}">{{msg}}</p>
17  </div>
18  <script>
19      // Vue Entry
20      var vm = new Vue({
21          el: '#id-div-class-p',
22          data: {
23              msg: "Hello Vue.js!",
24              pSmallActive: true,
25              pMediumActive: false,
26              pBigActive: true
27          }
```

```
28      })
29  </script>
```

【代码说明】

- 在第01～11行代码中，通过<style>标签定义一组（3个）样式类，分别用于修饰不同字体大小的段落。
- 在第12～17行代码中，通过<div>元素定义一个分区，分区内定义一组（3个）段落<p>元素，每个元素均通过文本插值模板引用了一个对象（msg）。同时，这3个段落<p>元素内部通过v-bind指令缩写方式绑定了样式参数class，每个class的值分别指定为一个对象，该对象的名称分别是第01～11行代码中所定义的3个样式类名称，而每个对象的值分别是一个布尔型的属性值（pSmallActive、pMediumActive和pBigActive）。
- 在第22～27行代码中，通过data属性进行绑定数据操作。具体说明如下：
  ➢ 在第23行代码中定义一个属性（msg），并进行初始化。该属性对应第14～16行代码中引用的对象（msg）。
  ➢ 在第24～26行代码中分别定义3个布尔型属性（pSmallActive、pMediumActive和pBigActive），并进行初始化。这3个布尔型属性分别对应第14～16行代码中所引用的3个布尔型属性值，如此定义就实现了绑定动态Class的操作，因为设计人员可以通过编程动态修改这3个布尔型属性的取值。

下面，通过 Visual Studio Code 开发工具启动 FireFox 浏览器，测试 vuestyle.html 页面，效果如图 10.2 所示。

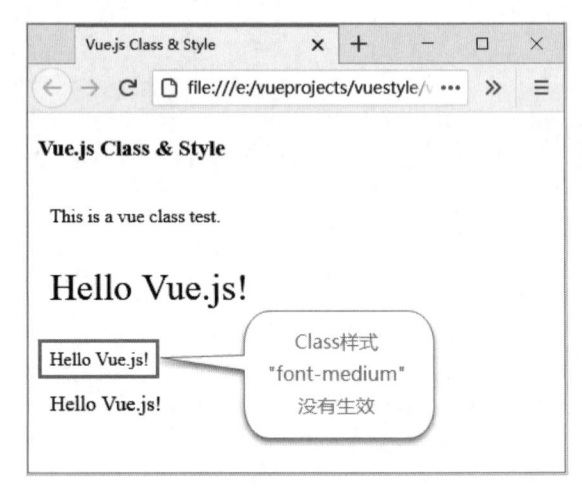

图 10.2　Vue.js 绑定动态 Class

如图 10.2 中的箭头和标识所示，第 15 行代码中引用的样式类 font-medium 没有生效，该段落<p>元素的字体大小还是默认的。这就说明第 25 行代码将布尔型属性（pMediumActive）初始化为 false 后，在第 15 行代码中通过判断布尔型属性（pMediumActive）的逻辑值，将引用的样式类 font-medium 屏蔽了。

这个 Vue.js 框架绑定动态 Class 的功能很实用，例如，在很多的网页界面中都会设置切换页面风格样式的按钮，这个效果通过绑定动态 Class 的操作就很容易实现。下面就是一个通过绑定动态

Class 操作实现切换字体大小的应用实例。

【代码 10-3】（详见源代码 vuestyle 目录中的 vuestyle.html 文件）

```
01  <style>
02      p {
03          font-size: 16px;
04      }
05      p.font-big {
06          font-size: 32px;
07      }
08  </style>
09  <div id="id-div-class-p">
10      <p>This is a vue class test.</p>
11      <p :class="{'font-big':pBigActive}">{{msg}}</p>
12      <button @click="event_click_font">Toggle Class Font</button>
13  </div>
14  <script>
15      // Vue Entry
16      var vm = new Vue({
17          el: '#id-div-class-p',
18          data: {
19              msg: "Hello Vue.js!",
20              pBigActive: false
21          },
22          methods: {
23              event_click_font: function() {
24                  if (this.pBigActive) {
25                      this.pBigActive = false;
26                  } else {
27                      this.pBigActive = true;
28                  }
29                  console.log(this.pBigActive);
30              }
31          }
32      })
33  </script>
```

【代码说明】

- 在第01～08行代码中，通过<style>标签定义一组（共2个）关于段落<p>元素的样式类，分别用于修饰默认字体大小和加大字体大小的段落。
- 在第09～13行代码中，通过<div>元素定义一个分区。具体说明如下：
  > 在第11行代码中定义一个段落<p>元素，通过文本插值模板引用一个对象（msg）。同时，这个段落<p>元素内部通过v-bind指令缩写方式绑定样式参数class，其值定义为一个对象。该对象的名称是第05～07行代码中所定义的样式类名称，其值是一个布尔型的属性值（pBigActive）。
  > 在第12行代码中定义一个按钮<button>元素，通过v-on指令缩写方式绑定单击（click）事件方法（event_click_font）。

- 在第18～21行代码中，通过data属性进行绑定数据操作。具体说明如下：
  - 在第19行代码中定义一个属性（msg），并进行初始化。该属性对应第11行代码中引用的对象（msg）。
  - 在第20行代码中定义一个布尔型属性（pBigActive），并进行初始化（false）。这个布尔型属性对应第11行代码中所引用的布尔型属性值，该定义实现绑定动态Class的操作，用户可以通过单击按钮来动态地修改这个布尔型属性的取值。
- 在第23～30行代码是第12行代码定义的按钮<button>元素中单击（click）事件方法（event_click_font）的具体实现。其中，第24～28行代码通过条件语句判断布尔型属性（pBigActive）的逻辑值，完成动态修改该属性值的操作，进而实现切换页面中段落<p>元素字体大小的效果。

下面，通过 Visual Studio Code 开发工具启动 FireFox 浏览器，测试 vuestyle.html 页面，页面初始效果如图 10.3 所示。

如图 10.3 中的箭头所示，单击页面中的 Toggle Class Font 按钮，页面效果如图 10.4 所示。

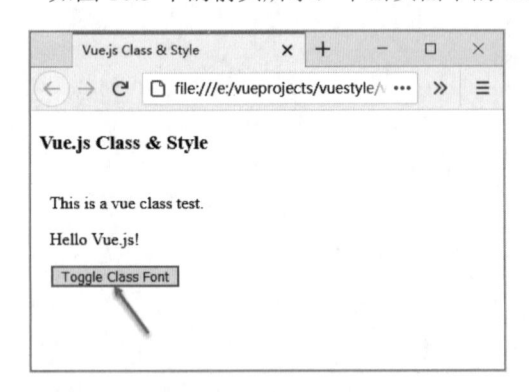

图 10.3　Vue.js 通过绑定动态 Class 实现字体大小切换（1） 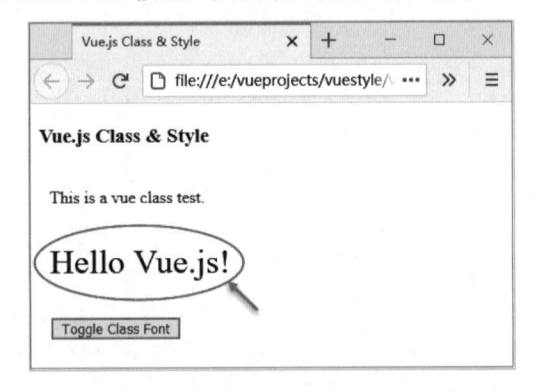　　　图 10.4　Vue.js 通过绑定动态 Class 实现字体大小切换（2）

如图 10.4 中的箭头和标识所示，在单击页面中的 Toggle Class Font 按钮后，段落中的字体成功切换为大字体了。

10.1.3　绑定多个 Class

Vue.js 框架还可以实现同时绑定多个 Class 的操作，该功能在实际开发中经常会用到。下面的代码实例是在【代码 10-1】和【代码 10-2】的基础上略作修改，通过动态绑定多个 Class 方式来定义段落<p>元素的样式类。

【代码 10-4】（详见源代码 vuestyle 目录中的 vuestyle.html 文件）

```
01  <style>
02      p.font-small {
03          font-size: 18px;
04      }
05      p.font-medium {
06          font-size: 24px;
```

```
07      }
08      p.font-big {
09          font-size: 32px;
10      }
11      p.font-normal {
12          font-style: normal;
13      }
14      p.font-italic {
15          font-style: italic;
16      }
17      p.font-weight {
18          font-weight: bold;
19      }
20 </style>
21 <div id="id-div-class-p">
22      <p>This is a vue class test.</p>
23      <p :class="{'font-big':pBigActive, 'font-normal':pNormalActive}">
24          {{msg}}
25      </p>
26      <p :class="{'font-medium':pMediumActive, 'font-italic':pItalicActive}">
27          {{msg}}
28      </p>
29      <p class="font-weight" :class="{'font-small':pSmallActive}">
30          {{msg}}
31      </p>
32 </div>
33 <script>
34      // Vue Entry
35      var vm = new Vue({
36          el: '#id-div-class-p',
37          data: {
38              msg: "Hello Vue.js!",
39              pSmallActive: true,
40              pMediumActive: false,
41              pBigActive: true,
42              pNormalActive: false,
43              pItalicActive: true
44          }
45      })
46 </script>
```

【代码说明】

- 在第01~20行代码中，通过<style>标签定义一组（6个）样式类，分别用于修饰不同字体大小和不同风格样式的段落。
- 在第21~32行代码中，通过<div>元素定义一个分区，分区内定义一组（3个）段落<p>元素。具体说明如下：
  - 在第23~25行代码中定义的第1个段落<p>元素中，通过v-bind指令缩写方式绑定了样式参数class，而该class的值指定两个对象，分别是第08~10行代码中所定义的样式类

font-big 和第11～13行代码中所定义的样式类font-normal，且对象的值分别是两个布尔型的属性值（pBigActive和pNormalActive）。
- 同样地，在第26～28行代码中定义的第2个段落<p>元素中，通过v-bind指令缩写方式绑定样式参数class，而该class的值也指定两个对象，分别是第05～07行代码中所定义的样式类font-medium和第14～16行代码中所定义的样式类font-italic，且对象的值分别是两个布尔型的属性值（pMediumActive和pItalicActive）。
- 在第29～31行代码中定义的第3个段落<p>元素中，先是通过传统的class属性方式引用样式类font-weight，然后通过v-bind指令缩写方式绑定样式类font-small，这其实是在Vue.js框架下使用混合语法引用样式类的方式。
- 在第37～44行代码中，通过data属性进行绑定数据操作。具体说明如下：
  - 在第38行代码中定义一个属性（msg），并进行初始化。该属性对应第24行、第27行和第30行代码中引用的对象（msg）。
  - 在第39～43行代码中定义6个布尔型属性，分别对应第23～31行代码中段落<p>元素所引用的6个布尔型属性值，用于实现绑定动态Class的操作。

下面，通过 Visual Studio Code 开发工具启动 FireFox 浏览器，测试 vuestyle.html 页面，效果如图 10.5 所示。

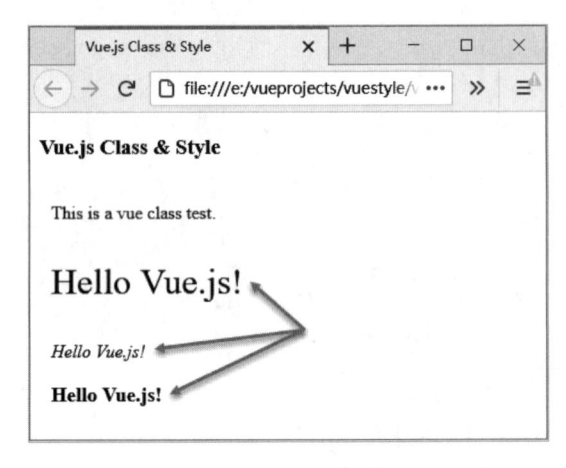

图 10.5　Vue.js 绑定多个 Class

如图 10.5 中的箭头所示，在第 23～31 行代码中，段落<p>元素绑定的多个 Class 操作均得到预期的显示效果。

10.2　通过数组语法绑定 Class

在 Vue.js 框架下绑定多个 Class，还支持一种数组语法的方式，可以进一步简化代码的编写。在下面的代码实例中，在页面中定义一个段落（<p>）元素，然后通过数组语法方式为该段落<p>元素引用多个样式类。

【代码10-5】（详见源代码vuestyle目录中的vuestyle.html文件）

```
01  <style>
02      p.font-medium {
03          font-size: 24px;
04      }
05      p.font-weight {
06          font-weight: bold;
07      }
08      p.font-italic {
09          font-style: italic;
10      }
11  </style>
12  <div id="id-div-class-p">
13      <p>This is a vue class test.</p>
14      <p :class="[pMediumClass,pWeightClass,pItalicClass]">{{msg}}</p>
15  </div>
16  <script>
17      // Vue Entry
18      var vm = new Vue({
19          el: '#id-div-class-p',
20          data: {
21              msg: "Hello Vue.js!",
22              pMediumClass: 'font-medium',
23              pWeightClass: 'font-weight',
24              pItalicClass: 'font-italic'
25          }
26      })
27  </script>
```

【代码说明】

- 在第01～11行代码中，通过<style>标签定义一组（3个）样式类，分别用于修饰不同字体大小、字体粗细和字体风格的段落。
- 在第14行代码中定义一个段落<p>元素，通过文本插值模板引用一个对象（msg）。同时，该段落<p>元素内部通过v-bind指令缩写方式绑定样式参数class，该class的值就是通过数组语法的方式分别引用的第22～24行代码中所定义的3个属性（pMediumClass、pWeightClass和pItalicClass）。
- 在第20～25行代码中，通过data属性进行绑定数据操作。具体说明如下：
  - 在第21行代码中定义一个属性（msg），并进行初始化。该属性对应第14行代码中引用的对象（msg）。
  - 在第22～24行代码定义3个属性（pMediumClass、pWeightClass和pItalicClass），并分别初始化为第01～11行代码中所定义的3个样式类（font-medium、font-weight和font-italic），对应于第14行代码中class所引用的3个属性（pMediumClass、pWeightClass和pItalicClass）。

下面，测试vuestyle.html页面，效果如图10.6所示。

图 10.6　Vue.js 通过数组语法绑定 Class

如图 10.6 中的箭头和标识所示，在浏览器控制台中可以看到，第 01～11 行代码中定义的 3 个样式类成功渲染到第 14 行代码中定义的段落<p>元素中去了。

10.3　Vue.js 绑定 HTML Style

本节介绍 Vue.js 绑定 HTML Style（内联样式）方面的内容。Vue.js 绑定 Style 也是通过 v-bind 指令完成的，标准语法形式为"v-bind:style"，也可以使用 Vue 指令缩写形式":style"。

10.3.1　绑定静态 Style

对于 Vue.js 框架而言，绑定静态 HTML Style 是最基本的一种方式，该方式看上去更加直观。虽然"v-bind:style"语法看上去与"v-bind:class"语法类似，但是"v-bind:class"语法基于 CSS 方式，而"v-bind:style"语法基于最基本的 JavaScript 对象方式。

在下面的代码实例中，在页面中定义一个段落（<p>）元素，然后通过静态绑定方式为该<p>元素定义 Style。

【代码 10-6】（详见源代码 vuestyle 目录中的 vuestyle.html 文件）

```
01  <div id="id-div-class-p">
02      <p>This is a vue class test.</p>
03      <p :style="{
04          fontSize:ftSize,
05          fontWeight:ftWeight,
06          fontStyle:ftStyle}">
07      {{msg}}
08      </p>
```

```
09    </div>
10    <script>
11        // Vue Entry
12        var vm = new Vue({
13            el: '#id-div-class-p',
14            data: {
15                msg: "Hello Vue.js!",
16                ftSize: '32px',
17                ftWeight: 'bold',
18                ftStyle: 'italic'
19            }
20        })
21    </script>
```

【代码说明】

- 在第01~09行代码中,通过<div>元素定义一个分区,分区内定义一个段落<p>元素,通过文本插值模板引用一个对象(msg)。其中,在第03~06行代码中通过v-bind指令缩写方式绑定内联样式参数style,其参数值为一组样式对象(ftSize、ftWeight和ftStyle)。
- 在第14~19行代码中,通过data属性进行绑定数据操作。具体说明如下:
  - 在第15行代码中定义一个属性(msg),并进行初始化。该属性对应第07行代码中引用的对象(msg)。
  - 在第16~18行代码定义3个属性(ftSize、ftWeight和ftStyle),并分别初始化为具体的字体大小、字体粗细和字体风格,对应于第04~06行代码中段落<p>元素引用的样式对象(ftSize、ftWeight和ftStyle)。

下面,测试 vuestyle.html 页面,效果如图 10.7 所示。

图 10.7 Vue.js 绑定静态内联样式 Style

如图 10.7 中的箭头和标识所示,第 16~18 行代码中所定义的 3 个字体内联样式,成功渲染到该段落<p>元素中去了。

10.3.2 绑定 Style 对象

在 10.3.1 节中,【代码 10-6】所使用的绑定静态 Style 虽然看上去很直观,但如果定义的内联样式较多,就会显得 HTML 代码很烦琐。因此,可以使用 Style 对象(内联样式对象)的方式来定义样式,这样 HTML 代码看上去会非常简洁。

下面的代码实例是在【代码 10-6】的基础上修改而成的,将具体的内联样式通过 Style 对象方式进行改写(实现了同样的字体效果)。

【代码 10-7】(详见源代码 vuestyle 目录中的 vuestyle.html 文件)

```
01  <div id="id-div-class-p">
02      <p>This is a vue class test.</p>
03      <p :style="myFontStyle">{{msg}}</p>
04  </div>
05  <script>
06      // Vue Entry
07      var vm = new Vue({
08          el: '#id-div-class-p',
09          data: {
10              msg: "Hello Vue.js!",
11              myFontStyle: {
12                  fontSize: '36px',
13                  fontWeight: 'bolder',
14                  fontStyle: 'italic'
15              }
16          }
17      })
18  </script>
```

【代码说明】

- 在第01~04行代码中,通过<div>元素定义一个分区,分区内定义一个段落<p>元素,通过文本插值模板引用一个对象(msg)。其中,在第03行代码中通过v-bind指令缩写方式绑定内联样式参数style,其参数值为一个样式对象(myFontStyle)。
- 在第09~16行代码中,通过data属性进行绑定数据操作。具体说明如下:
  - 在第10行代码中定义一个属性(msg),并进行初始化。该属性对应第03行代码中引用的对象(msg)。
  - 在第11~15行代码中定义一个对象(myFontStyle),该对象定义3个样式字段,分别为字体大小、字体粗细和字体风格,对应于第03行代码中段落<p>元素引用的样式对象(myFontStyle)。

下面,测试 vuestyle.html 页面,效果如图 10.8 所示。

如图 10.8 中的箭头和标识所示,第 12~14 行代码中所定义的 3 个字体内联样式,成功渲染到该段落<p>元素中去了。

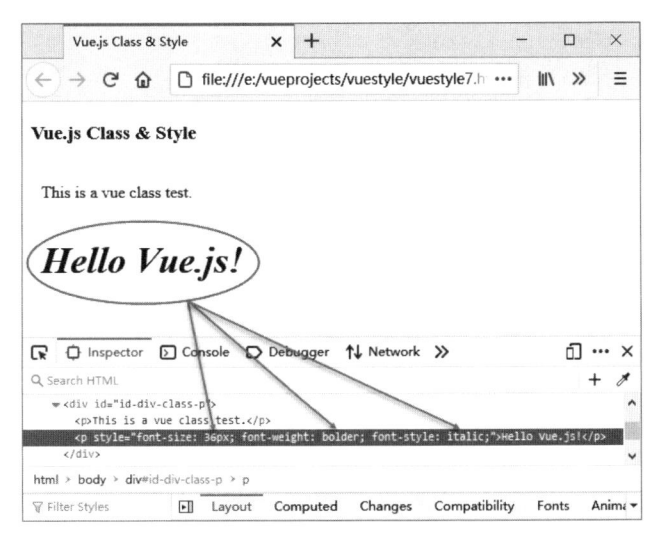

图 10.8　Vue.js 绑定静态内联样式 Style 对象

10.3.3　绑定多重值的 Style

从 Vue.js 框架的 v2.3.0 版本开始，支持设计人员为内联样式 style 绑定一个包含多个值的数组，该方式常用于提供多个带前缀的值。示例代码如下：

```
<div :style="{display: ['-webkit-box', '-ms-flexbox', 'flex']}"></div>
```

按照上面示例代码的写法，浏览器只会渲染数组中最后一个被浏览器支持的值，也就是说，如果浏览器支持不带浏览器前缀的"flexbox"，那就只会按照样式"display: flex"进行渲染。

10.4　通过计算属性绑定样式

前一章介绍过计算属性的使用方法，我们知道 Vue.js 框架提供的计算属性是一个方便而又强大的工具。下面，将介绍如何通过 Vue.js 框架的计算属性实现样式绑定的应用，示例如下：

【代码 10-8】（详见源代码 vuestyle 目录中的 vuestyle.html 文件）

```
01  <style>
02      p.font-medium {
03          font-size: 32px;
04      }
05      p.font-weight {
06          font-weight: bold;
07      }
08      p.font-italic {
09          font-style: italic;
10      }
11  </style>
12  <div id="id-div-class-p">
```

```
13        <p>This is a vue class test.</p>
14        <p :class="myFontComputed1">{{msg}}</p>
15        <p :class="myFontComputed2">{{msg}}</p>
16        <p :class="myFontComputed3">{{msg}}</p>
17  </div>
18  <script>
19      // Vue Entry
20      var vm = new Vue({
21          el: '#id-div-class-p',
22          data: {
23              msg: "Hello Vue.js!"
24          },
25          computed: {
26              myFontComputed1: function() {
27                  return {
28                      'font-medium': true,
29                      'font-weight': true,
30                      'font-italic': true
31                  }
32              },
33              myFontComputed2: function() {
34                  return {
35                      'font-medium': true,
36                      'font-weight': false,
37                      'font-italic': false
38                  }
39              },
40              myFontComputed3: function() {
41                  return {
42                      'font-medium': false,
43                      'font-weight': false,
44                      'font-italic': false
45                  }
46              },
47          }
48      })
49  </script>
```

【代码说明】

- 在第01~11行代码中，通过<style>标签定义一组（3个）样式类，分别用于修饰不同字体大小、字体粗细和字体风格的段落。
- 在第14~16行代码中定义一组（3个）段落<p>元素，通过文本插值模板引用一个对象（msg）。同时，在每个段落<p>元素内部通过v-bind指令缩写方式绑定样式参数class。这3个class的值分别对应引用的3个对象（myFontComputed1、myFontComputed2和myFontComputed3）。
- 在第22~24行代码中，通过data属性进行绑定数据操作。其中，第23行代码中定义一个属性（msg），并进行初始化，该属性对应第14~16行代码中段落<p>元素引用的对象（msg）。
- 在第25~47行代码中，通过computed属性定义一组（共3个）计算属性（myFontComputed1、

myFontComputed2 和 myFontComputed3），分别对应第 14～16 行代码 3 个段落 <p> 元素引用的样式对象（myFontComputed1、myFontComputed2 和 myFontComputed3）。

测试 vuestyle.html 页面，效果如图 10.9 所示。

图 10.9　Vue.js 通过计算属性绑定样式

如图 10.9 中框线所示，在浏览器控制台中可以看到，第 25～47 行代码定义的 3 个计算属性的样式，成功渲染进第 14～16 行代码中定义的段落 <p> 元素中去了。

第 11 章

Vue.js 组件基础

本章主要介绍 Vue.js 框架中组件（component）方面的内容。目前，优秀的前端框架（例如 Angular、React 和 Vue.js）均支持组件的设计，这一点也正是 Vue.js 框架设计理念先进的主要原因所在。

通过本章的学习可以：

- 学会Vue.js框架设计基本组件的基础知识。
- 掌握Vue.js框架组件复用的设计方法。
- 了解Vue.js框架组件传递参数的方式。

11.1 Vue.js 全局组件

本节主要介绍 Vue.js 全局组件基本构成方面的内容，以及如何设计一个简单的、功能完整的 Vue 组件。

Vue.js 框架的全局组件是通过 Vue.Component 命令来定义的，具体语法如下：

```
Vue.component(tagName, options)
```

在 Vue.Component 代码内，一般先通过 tagName 来定义组件名称，然后通过 options 来配置组件内容（例如，通过 template 属性来定义 HTML 模板）。另外，Vue 组件还支持通过 data 属性来定义数据对象，然后将这些属性提供给 template 模板来使用。

下面通过一个简单的代码实例，介绍一下如何设计一个最基本的Vue全局组件，以及Vue组件的基本构成。

【代码 11-1】（详见源代码 vuecomp 目录中的 vuecomp.html 文件）

```
01   <div id="id-div-comp">
02       <comp-title></comp-title>
03       <comp-content></comp-content>
```

```
04      <comp-counter></comp-counter>
05   </div>
06   <script>
07      // Vue Global Component - title
08      Vue.component('comp-title', {
09          template: '<h3>Title - Vue.js Global Component</h3>'
10      });
11      // Vue 全局组件——content
12      Vue.component('comp-content', {
13          template: '<p>This is a Vue.js component paragraph.</p>'
14      });
15      // Vue 全局组件——button
16      Vue.component('comp-counter', {
17          data: function() {
18              return {
19                  count: 0
20              }
21          },
22          template: '<button v-on:click="count++">
23                      You clicked me {{ count }} times.
24                    </button>'
25      });
26      // Vue Entry
27      var vm = new Vue({
28          el: '#id-div-comp'
29      });
30   </script>
```

【代码说明】

- 在第01~05行代码中，通过<div>元素定义一个分区，分区内定义3个Vue组件。另外，这3个Vue组件分别模拟表示页面中3个比较常用的功能模块（标题、内容和按钮）。
- 在第08~10行代码中定义的是标题Vue组件，组件名称定义为"comp-title"。其中，在第09行代码中通过template属性定义组件的具体内容。
- 在第12~14行代码中定义的是内容Vue组件，组件名称定义为"comp-content"。其中，在第13行代码中通过template属性定义组件的具体内容。
- 在第16~25行代码中定义的是按钮Vue组件，组件名称定义为"comp-counter"。具体说明如下：
  - 在第17~21行代码中，通过data属性进行绑定数据操作。在第19行代码中，通过函数方式返回一个属性（count），用于表示用户单击该按钮的次数。这里特别提醒一下，data属性一般建议写成函数形式（不建议写成对象形式），这样可以避免组件之间产生不必要的相互影响。
  - 在第22~24行代码中，通过template属性定义组件的文本。这里是一个按钮<button>组件，在代码中通过对属性（count）执行累加操作，实现记录用户单击按钮次数的操作。

下面测试一下 vuecomp.html 页面，页面初始效果如图 11.1 所示。

如图 11.1 中的箭头和标识所示，页面中成功渲染了第 08~10 行代码、第 12~14 行代码和第

16~25 行代码定义的 3 个 Vue 组件。我们可以继续单击页面中的按钮，观察通过 Vue 组件定义的按钮所实现的功能，效果如图 11.2 所示。

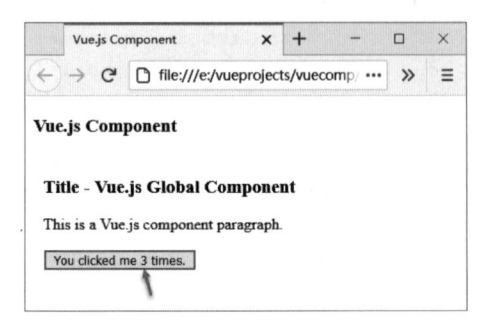

图 11.1　Vue.js 全局组件（1）　　　　　图 11.2　Vue.js 全局组件（2）

如图 11.2 中的箭头所示，在用户单击 3 次按钮后，按钮标题内容中的次数也随之更新（从 0 次到 3 次）。

11.2　Vue.js 局部组件

在 Vue.js 组件设计中，除了支持全局组件的设计之外，还支持局部组件的设计。二者的主要区别是，全局组件对于全部 Vue 实例均可用，而局部组件只能在注册该组件的 Vue 实例中使用。此外，二者在功能上基本一致。

在 11.1 节中，我们知道 Vue 全局组件是通过"Vue.Component"命令来定义的。而定义 Vue 局部组件的方式类似于定义对象，具体语法如下：

```
var tagName = { options: values }
```

这里的变量 tagName 定义的是组件名称，然后通过 options 对象来配置组件内容（例如，通过 data 属性来定义数据对象，通过 template 属性来定义 HTML 模板）。

我们将【代码 11-1】通过局部组件的方式进行改写，来实现一个相同的页面效果，示例如下：

【代码 11-2】（详见源代码 vuecomp 目录中的 vuecomp.html 文件）

```
01  <div id="id-div-comp">
02      <comp-title></comp-title>
03      <comp-content></comp-content>
04      <comp-counter></comp-counter>
05  </div>
06  <script>
07      // Vue Local Component - title
08      var CompTitle = {
09          template: '<h3>Title - Vue.js Local Component</h3>'
10      };
11      // Vue Local Component - content
12      var CompContent = {
13          template: '<p>This is a Vue.js component paragraph.</p>'
```

```
14        };
15        // Vue Local Component - button
16        var CompCounter = {
17            data: function() {
18                return {
19                    count: 0
20                }
21            },
22            template: '<button v-on:click="count++">
23                       You clicked me {{ count }} times.
24                       </button>'
25        };
26        // Vue Entry
27        var vm = new Vue({
28            el: '#id-div-comp',
29            components: {
30                'comp-title': CompTitle,
31                'comp-content': CompContent,
32                'comp-counter': CompCounter
33            }
34        });
35    </script>
```

【代码说明】

- 在第01～05行代码中，通过<div>元素定义一个分区，分区内定义3个Vue组件。另外，这3个Vue组件分别模拟表示页面中3个比较常用的功能模块（标题、内容和按钮）。
- 在第08～10行代码中定义的是标题Vue组件，组件名称定义为"CompTitle"，注意这是通过局部组件方式实现的。其中，在第09行代码中通过template属性定义组件的具体内容。
- 在第12～14行代码中定义的是内容Vue组件，组件名称定义为"CompContent"，这也是一个局部组件。其中，在第13行代码中通过template属性定义组件的具体内容。
- 在第16～25行代码中定义的是按钮Vue组件，组件名称定义为"CompCounter"，这同样是一个局部组件，与【代码11-1】中全局组件的定义形式是类似的。
- 在第29～33行代码中，在Vue构造函数中通过components属性引入自定义的局部组件。具体说明如下：
  - 在第30行代码中，定义一个comp-title属性，其属性值为自定义局部组件CompTitle。
  - 在第31行代码中，定义一个comp-content属性，其属性值为自定义局部组件CompContent。
  - 在第32行代码中，定义一个comp-counter属性，其属性值为自定义局部组件CompContent。

下面，测试vuecomp.html页面，页面初始效果如图11.3所示。【代码11-2】通过Vue局部组件实现与【代码11-1】的全局组件相同的页面效果。

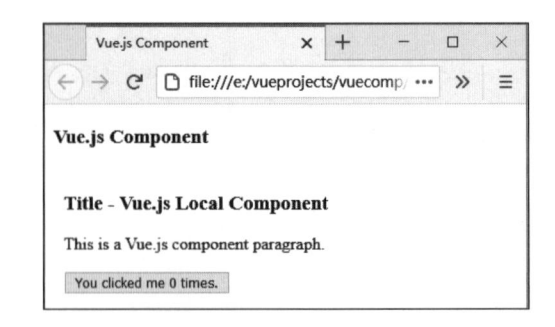

图 11.3　Vue.js 局部组件

11.3　通过 Prop 向子组件传递数据

　　Vue.js 组件提供了一个 Prop 属性，用来支持向子组件传递数据的功能。这是一个非常实用的设计，设计人员可以在组件的 Prop 属性中注册一些自定义属性（attribute），当一个值传递给一个"Prop"的属性（attribute）时，它就转变成了该组件实例的一个属性对象，从而也就实现了传递数据的功能。

　　Prop 属性的语法格式相对比较灵活，大致可以遵循下面的书写形式：

```
Vue.component(tagName, {
  props: [props]
  options…
})
```

　　注意，定义 Prop 属性时要写成 props 数组或对象的格式。

　　下面通过 Prop 的方式设计一个组件，以实现一个新闻标题的页面效果，示例如下：

【代码 11-3】（详见源代码 vuecomp 目录中的 vuecomp.html 文件）

```
01  <div id="id-div-comp-news">
02      <news-title title="News Title"></news-title>
03      <news-content content="Hello, Vue.js!"></news-content>
04      <news-author author="King"></news-author>
05  </div>
06  <script>
07      // Vue Global Component - title
08      Vue.component('news-title', {
09          props: ['title'],
10          template: '<h3>{{ title }}</h3>'
11      });
12      // Vue Global Component - content
13      Vue.component('news-content', {
14          props: ['content'],
15          template: '<p>This is news content : {{ content }}.</p>'
16      });
17      // Vue Global Component - author
```

```
18    Vue.component('news-author', {
19        props: ['author'],
20        template: '<p class="p-right">Edit by {{ author }}.</p>'
21    });
22    // Vue Entry
23    var vm = new Vue({
24        el: '#id-div-comp-news'
25    });
26  </script>
```

【代码说明】

- 在第01～05行代码中，通过<div>元素定义一个分区，分区内定义3个Vue组件（分别模拟了新闻标题、新闻内容和新闻作者）。需要注意，在每个组件内都增加了一个属性（title、content和author）的定义，这个增加的属性就是使用Prop传递数据的关键。
- 在第08～11行代码中定义的是新闻标题Vue组件，组件名称定义为"news-title"。具体说明如下：
  - 在第09行代码中通过props属性注册一个自定义属性（title）。
  - 在第10行代码中通过template属性定义组件的具体内容，这里引用自定义属性(title)。
- 在第13～16行代码中定义的是新闻内容Vue组件，组件名称定义为"news-content"。具体说明如下：
  - 在第14行代码中通过props属性注册一个自定义属性（content）。
  - 在第15行代码中通过template属性定义组件的具体内容，这里引用自定义属性（content）。
- 在第18～21行代码中定义的是新闻作者Vue组件，组件名称定义为"news-author"。具体说明如下：
  - 在第19行代码中通过props属性注册一个自定义属性（author）。
  - 在第20行代码中通过template属性定义组件的具体内容，这里引用自定义属性（author）。

下面，测试vuecomp.html页面，页面初始效果如图11.4所示。

图11.4　通过Prop向子组件传递数据

如图11.4中的标识所示，从页面渲染的内容可以看出，在第02～04行代码中定义的属性（title、

content 和 author）值，已经成功传递给每一个新闻子组件（news-title、news-content 和 news-author）。

在【代码11-3】中，使用静态的 Prop 属性设计新闻组件。下面示例，通过使用动态的 Prop 属性来设计一个逆序字符串的组件，以增强一些互动的效果，代码如下：

【代码11-4】（详见源代码 vuecomp 目录中的 vuecomp.html 文件）

```
01  <div id="id-div-comp-reverse">
02      Enter: <input v-model="instr">
03      <reverse-string v-bind:msg="instr"></reverse-string>
04  </div>
05  <script>
06      // Vue Global Component - reverse string
07      Vue.component('reverse-string', {
08          props: ['msg'],
09          computed: {
10              revstr: function() {
11                  return this.msg.split('').reverse().join('');
12              }
13          },
14          template: '<p>Reverse string: {{ revstr }}.</p>'
15      });
16      // Vue Entry
17      var vm = new Vue({
18          el: '#id-div-comp-reverse',
19          data: {
20              instr: "Pls enter string to reverse..."
21          }
22      });
23  </script>
```

【代码说明】

- 在第01～04行代码中，通过<div>元素定义一个分区，分区内定义一个文本输入框和一个用于显示逆序字符串的Vue组件。具体说明如下：
  - 在第02行代码中，通过<input>元素定义一个文本输入框，并通过v-model指令双向绑定一个对象（instr）。
  - 在第03行代码中，通过Vue组件reverse-string定义一个用于显示逆序字符串的段落，并通过v-bind指令绑定一个参数属性（msg），其参数值为第02行代码中引用的对象（instr）。
- 在第07～15行代码中定义的是逆序字符串Vue组件，组件名称定义为"reverse-string"。具体说明如下：
  - 在第08行代码中通过props属性注册一个自定义属性（msg），对应第03行代码绑定的参数属性（msg）。
  - 在第09～13行代码中通过computed属性定义一个计算属性（revstr），实现逆序字符串的操作。
  - 在第14行代码中通过template属性定义组件的具体内容，这里通过引用计算属性（revstr）

来显示逆序的字符串内容。
- 在第17～22行代码的Vue构造函数中，通过data属性进行绑定数据操作。其中，在第20行代码中定义一个属性（instr），并进行初始化，该属性对应第02行代码中文本输入框<input>元素双向绑定的对象（instr）。

下面，测试 vuecomp.html 页面，页面初始效果如图 11.5 所示。

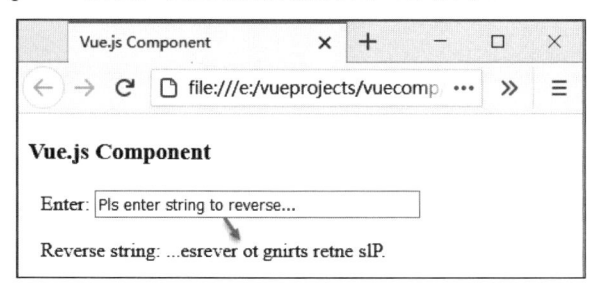

图 11.5　通过动态 Prop 实现逆序字符串组件（1）

如图 11.5 中的箭头所示，从页面中显示的内容可以看出，文本输入框中的默认数据已经被逆序显示了。在文本输入框中键入一些随意的字符串，页面效果如图 11.6 所示。

图 11.6　通过动态 Prop 实现逆序字符串组件（2）

如图 11.6 中的箭头和标识所示，在文本输入框中输入的字符（"abcdefghijklmn"）已经被自动逆序显示在页面中了。

第 12 章

Vue.js 路由

本章主要介绍 Vue.js 框架中路由的内容。路由允许设计人员通过不同的 URL 访问不同的内容，使用 Vue.js 路由需要载入 vue-router 库。使用 Vue.js 路由最大的好处就是，可以实现多视图的单页面应用（SPA）。

通过本章的学习可以：

- 掌握Vue.js路由库vue-router的安装与使用。
- 掌握基于vue-router路由的导航设计。
- 掌握vue-router路由配置的详细信息。

12.1 安装 vue-router 库的方法

目前，要在 Vue.js 框架下使用路由功能，主要推荐使用 vue-router 库，该库实现了完整且强大的路由功能。本节主要介绍安装 vue-router 库的基本方式，以及使用该路由库的基本方法。

在 Vue.js 框架下安装 vue-router 库，主要有 CDN 和 npm 两种常用的方式。

对于 CDN 方式，可以直接下载 vue-router 库文件，也可以直接应用 URL 地址。具体地址如下：

https://unpkg.com/vue-router/dist/vue-router.js

对于 npm 方式，直接使用包管理工具命令安装即可，这里推荐使用国内镜像（如淘宝镜像）。具体命令如下：

```
npm install vue-router
或者
cnpm install vue-router         // 淘宝镜像方式
```

通过上面的方法安装好 vue-router 路由库后，就可以在 Vue.js 框架使用该库进行路由应用的开发了。

12.2 基于 vue-router 库开发单页面应用

基于 Vue.js 框架和 vue-router 库可以设计出简单的单页面应用，这里主要通过使用一个<router-link>组件进行操作。这个<router-link>组件用于设置一个导航链接，可以实现切换不同 HTML 内容或页面的功能。在<router-link>组件中，通过一个 to 属性可以设定目标地址，也就是要显示的内容。

下面通过在 Vue.js 框架下使用 vue-router 库来配置组件和路由映射，实现一个单页面应用。

【代码 12-1】（详见源代码 vuerouter 目录中的 vuerouter.html 文件）

```
01  <div id="id-div-vue-router">
02     <p>
03        <!-- 使用 router-link 组件来导航. -->
04        <router-link to="/home" active-class="active">Home</router-link>
05        <router-link to="/news" active-class="active">News</router-link>
06        <router-link to="/about" active-class="active">About</router-link>
07     </p>
08     <!-- 路由出口 -->
09     <router-view></router-view>
10  </div>
11  <script>
12     // 路由组件
13     const Home = {
14        template: '<div>This is home page.</div>'
15     };
16     const News = {
17        template: '<div>This is news page.</div>'
18     };
19     const About = {
20        template: '<div>About us.</div>'
21     };
22     // 定义路由配置
23     const routes = [{
24       path: '/home',
25       component: Home
26     }, {
27       path: '/news',
28       component: News
29     }, {
30       path: '/about',
31       component: About
32     }, {
33       path: '*',
34       redirect: '/home'
35     }];
36     // 创建 router 实例
37     const router = new VueRouter({
38        routes: routes
39     });
```

```
40      // Vue Enter
41      const app = new Vue({
42          router
43      }).$mount('#id-div-vue-router');
44  </script>
```

【代码说明】

- 在第01~10行代码中，通过<div>元素定义一个分区，分区内定义一组（3个）路由链接<router-link>组件，在每个<router-link>组件内部通过to属性指定具体的路由目标地址。在第09行代码中通过<router-view>组件定义路由出口，用于显示路由匹配到此处的组件。
- 在第23~35行代码中，定义一组路由组件的配置对象（routers）。其中，通过path属性定义匹配组件的路径，通过component属性指定匹配组件的名称，通过redirect属性指定默认路由的组件名称。
- 在第37~39行代码中，通过new VueRouter()构造函数创建路由实例（router）。其中，第38行代码定义的内容负责将路由组件的配置对象（routers）传递给路由实例（router）。
- 在第41~43行代码中，通过new Vue()构造函数创建Vue实例（app）。其中，第42行代码定义的内容负责将路由实例（router）传递给Vue实例（app），然后第43行代码负责挂载页面组件到Vue实例（app）。

下面，运行测试vuerouter.html页面，页面初始效果如图12.1所示。

如图12.1中的标识所示，页面中显示的是第33和34行代码定义的默认路由组件。单击News链接，页面效果如图12.2所示。

图12.1　vue-router路由实例（1）　　　　图12.2　vue-router路由实例（2）

如图12.2中的箭头和标识所示，当单击News链接后，页面切换到了News路由组件界面，在这个过程中页面是没有刷新操作的。读者可以继续单击About链接进行测试，效果是一样的。这就是通过vue-router库设计开发一个单页面应用的最基本过程。

12.3　基于vue-router库实现动态路由

在前一节中，我们设计的单页面应用只具有静态路由的功能。本节介绍一下如何基于Vue.js框架和vue-router库，设计一个具有动态路由功能的单页面应用。

下面的示例是在【代码12-1】的基础上修改而成的，主要添加了动态路由功能。

【代码12-2】（详见源代码vuerouter目录中的vuerouter.html文件）

```html
01  <div id="id-div-vue-router">
02      <p>
03      <!-- 使用 router-link 组件来导航. -->
04      <router-link to="/home" active-class="active">Home</router-link>
05      <router-link to="/user/king" active-class="active">King</router-link>
06      <router-link to="/user/tina" active-class="active">Tina</router-link>
07      <router-link to="/user/cici" active-class="active">Cici</router-link>
08      </p>
09      <!-- 路由出口 -->
10      <router-view></router-view>
11  </div>
12  <script>
13      // 路由组件
14      const Home = {
15          template: '<div>This is home page.</div>'
16      };
17      const User = {
18          template: '<div>This is {{ $route.params.name }} page.</div>'
19      };
20      // 定义路由配置
21      const routes = [{
22          path: '/home',
23          component: Home
24      }, {
25          path: '/user/:name',
26          component: User
27      }, {
28          path: '*',
29          redirect: '/home'
30      }];
31      // 创建 router 实例
32      const router = new VueRouter({
33          //routes // （缩写）相当于 routes: routes
34          routes: routes
35      });
36      // Vue Enter
37      const app = new Vue({
38          router
39      }).$mount('#id-div-vue-router');
40  </script>
```

【代码说明】

- 这段代码与【代码12-1】的主要区别是第21～30行代码中定义的路由组件配置对象（routers）。其中，第25和26行代码定义的User组件中，path属性配置的就是动态路径参数name（注意要以":"开头）。

- 在第01～11行代码中，通过<div>元素定义一个分区，分区内定义一组（4个）路由链接<router-link>组件，在每个<router-link>组件内部通过to属性指定具体的路由目标地址。注意，在第01～11行代码中定义的to属性，先是指定相同的路径（/user），再是配置不同的动态路径参数（/king、/tina和/cici），这就是动态路由的关键之处。然后，在第09行代码中通过<router-view>组件定义路由出口，用于显示路由匹配到此处的组件。
- 再看一下第17～19行代码定义的路由组件（User），它通过"$route.params"对象获取name参数属性。

下面，测试 vuerouter.html 页面，页面初始效果如图 12.3 所示。

如图 12.3 中的标识所示，页面中显示的是第 28、29 行代码定义的默认路由组件。单击 King 链接，页面效果如图 12.4 所示。

图 12.3　vue-router 动态路由实例（1）　　　　图 12.4　vue-router 动态路由实例（2）

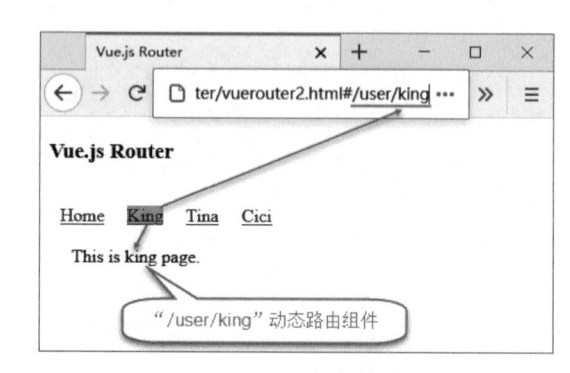

如图 12.4 中的箭头和标识所示，当单击 King 链接后，页面切换到"/user/king"动态路由组件界面。同样地，在这个过程中页面是没有刷新操作的。读者可以继续单击 Tina 链接和 Cici 链接进行测试，效果是一样的。

第13章

项目实战：基于 Vue.js+Node.js+MySQL 实现学生成绩管理系统

本章介绍一个基于 Vue.js 框架和 Node.js 框架实现的学生成绩管理系统。该学生成绩管理系统设计了最基本的功能模块，包括学生成绩主页模块、展示模块、新增模块、编辑模块和删除模块。我们设计该实战项目的目标就是，帮助读者快速掌握基于 Vue.js 框架的开发流程，并体会 Vue.js 框架在前端 Web 开发中的优势所在。

通过本章的学习可以：

- 掌握基于Vue.js框架构建项目应用的方法。
- 掌握Vue.js框架中基于组件的设计模式。
- 掌握基于vue-router路由的路径导航。
- 了解基于Express框架的router路由中间件的使用方法。
- 了解基于axios模块的异步Web请求方式。
- 了解通过Node.js框架操作MySQL数据库的方法。

13.1 学生成绩管理系统组织架构设计

基于 Vue.js 框架设计的学生成绩管理系统，其前端主要包括基于 Vue 组件设计的学生成绩主页模块、展示模块、新增模块、编辑模块和删除模块，功能模块之间的导航由 vue-router 路由进行操作，前端与后端通过 express 模块和 axios 模块进行关联；后台数据库则使用 MySQL 实现本地存储。

关于本系统的组织架构，如图 13.1 所示。

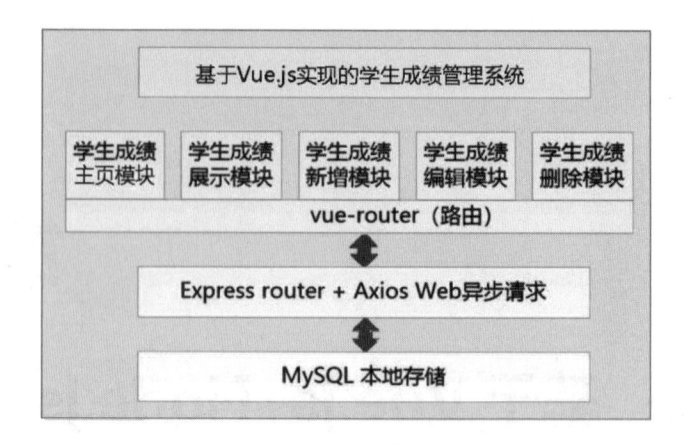

图 13.1 学生成绩管理系统组织架构图

13.2 构建项目应用框架

（1）安装最新的稳定版 Vue.js 框架、npm 管理工具和 Webpack 构建工具。

安装的具体方法在前面的章节中已经介绍过，必要时可以参考相关工具在官网上的文档说明，这里不再赘述。在上述框架和工具安装完毕后，一定要检查操作系统的环境，以查看是否已经正确安装，具体命令如下：

```
node -v           // check node environment
npm -v            // check npm environment
webpack -v        // check webpack environment
```

如果上述框架和工具安装成功，那么在命令行中运行上述命令后，会显示正确的框架和工具的版本号，如图 13.2 所示。

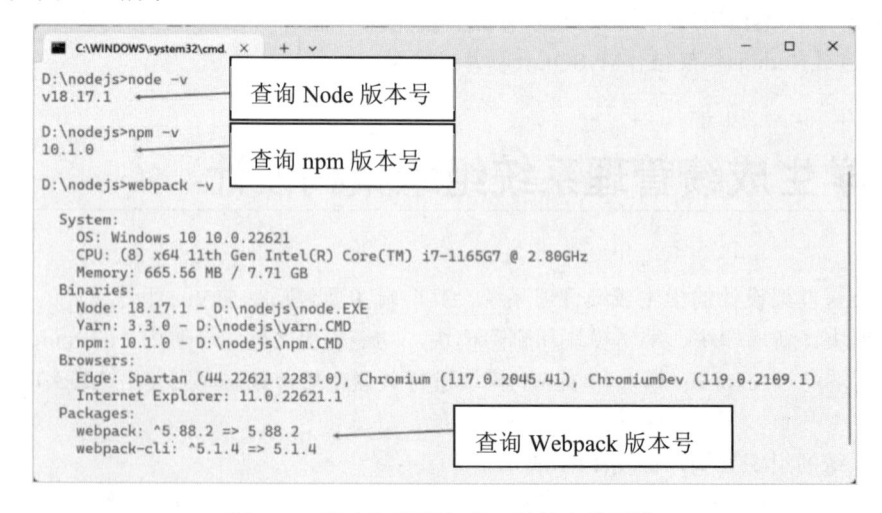

图 13.2 检查相关框架和工具的安装环境

如图 13.2 中的箭头和标识所示，查询后如果能够显示正确的版本号，就表示 Node、npm 和

Webpack 工具在操作系统环境中是正确可用的。

（2）创建 Vue 单页应用。

通过 Vue.js 框架的脚手架工具 create-vue，创建一个 Vue 单页应用。具体命令如下：

`npm create vue@latest`

如果脚手架工具 create-vue 安装正常，那么在命令行中就会显示一组功能列表，如图 13.3 所示。

图 13.3　创建 Vue 单页应用

如图 13.3 中的箭头和标识所示，创建了一个名称为"vuestu"的单页应用，并选择添加了对 Vue 路由功能的支持。

（3）Vue 应用程序架构。

如果 Vue 应用框架构建成功，就可以在本地项目目录中查看到该应用的整体架构。下面通过 Visual Studio Code 工具查看一下应用架构，如图 13.4 所示。

如图 13.4 中的箭头和标识所示，脚手架工具 create-vue 自动构建好了整个项目应用架构（包含 Vue 组件和 Vue 路由等），为设计人员免去了大量重复的烦琐工作。

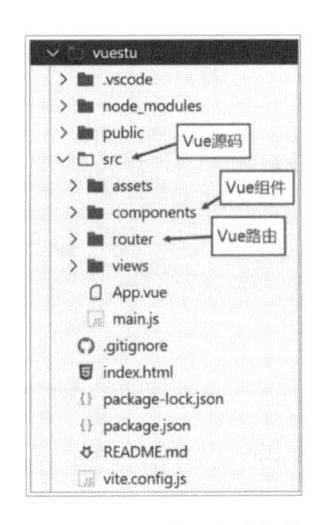

图 13.4　Vue 应用程序架构

13.3　后台数据结构

这里，我们在后台数据结构上选择使用 MySQL 数据库本地存储方式。另外，关于 MySQL 数据库的使用方法，读者可以参看相关文档，这里就不具体展开了。

首先,创建一个名称为"stu"的数据库,具体 SQL 命令如下:

```
CREATE DATABASE stu;
```

然后,创建一个用于描述学生信息和成绩信息的表"stu_info",该表的数据字段也尽量精简,只包括了 id(学生 id)、name(学生姓名)、gender(学生性别)、chinese(语文成绩)、math(数学成绩)和 english(英语成绩)字段,具体 SQL 命令如下:

```
CREATE TABLE IF NOT EXISTS `stu_info` (
`id` INT UNSIGNED AUTO_INCREMENT,          // 学生 id,唯一项
`name` VARCHAR(45) NOT NULL,               // 生姓名
`gender` VARCHAR(45) NOT NULL,             // 学生性别
`chinese` INT NULL,                        // 语文成绩
`math` INT NULL,                           // 数学成绩
`english` INT NULL,                        // 英语成绩
PRIMARY KEY (`id`)
)ENGINE=InnoDB DEFAULT CHARSET=utf8;
```

MySQL 数据库的操作方式也很简单,可以通过 MySQL 安装包自带的 Workbench 工具实现,如图 13.5 所示。

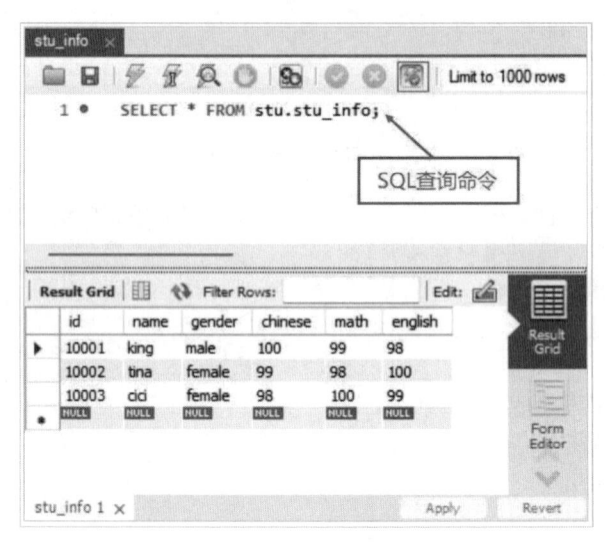

图 13.5 查看 MySQL 本地存储数据

如图 13.5 中的箭头和标识所示,通过 MySQL Workbench 工具就可以查询到数据库中存储的学生信息数据。

13.4 功能模块组件设计

前面已经介绍了,该学生成绩管理系统应用主要包括基于 Vue 组件设计的学生成绩展示模块、新增模块、编辑模块和删除模块。下面,分别介绍这几个基于 Vue.js 框架设计的组件模块。

首先,介绍一下学生成绩管理系统应用的主页模块,代码如下:

【代码13-1】(详见源代码vuestu目录中的src\App.vue文件)

```
01  <script setup>
02  import { RouterLink, RouterView } from 'vue-router'
03  import HelloWorld from './components/helloworld.vue'
04  </script>
05
06  <template>
07
08    <header>
09      <div class="wrapper">
10        <HelloWorld msg="欢迎访问学生信息管理系统!" />
11        <nav>
12          <RouterLink to="/">首页</RouterLink>
13          <RouterLink to="/info">学生信息浏览</RouterLink>
14          <RouterLink to="/insert">新增学生信息</RouterLink>
15        </nav>
16      </div>
17    </header>
18
19    <RouterView />
20  </template>
```

【代码说明】

- 在第01~04行代码中,<script setup>元素分别通过import命令引入vue-router路由组件(RouterLink和RouterView)和用户自定义的HelloWorld组件。
- 在第06~20行代码中,通过<template>元素定义一个虚拟模板,其内部包含一个基于路由组件(RouterLink和RouterView)的导航菜单。

其次,介绍一下关于学生成绩信息的展示模块,代码如下:

【代码13-2】(详见源代码vuestu目录中的src\components\StudentInfo.vue文件)

```
01  <script setup>
02  import { RouterLink, RouterView } from 'vue-router'
03  </script>
04
05  <template>
06    <div class="divCen">
07      <h3>{{ msg }}</h3>
08      <table>
09        <caption>学生信息浏览</caption>
10        <tr>
11          <th>No</th>
12          <th>Id</th>
13          <th>Name</th>
14          <th>Gender</th>
15          <th>Chinese</th>
```

```
16            <th>Math</th>
17            <th>English</th>
18            <th>Admin</th>
19         </tr>
20         <tr v-for="(s, index) in info" :key="index">
21            <td>{{ index+1 }}</td>
22            <td>{{ s.id }}</td>
23            <td>{{ s.name }}</td>
24            <td>{{ s.gender }}</td>
25            <td>{{ s.chinese }}</td>
26            <td>{{ s.math }}</td>
27            <td>{{ s.english }}</td>
28            <td>
29              <RouterLink :to="{
30                path:'/edit',
31                query:{
32                   id:s.id,
33                   name:s.name,
34                   gender:s.gender,
35                   chinese:s.chinese,
36                   math:s.math,
37                   english:s.english
38                }
39              }">编辑</RouterLink>  
40              <RouterLink :to="{
41                path:'/remove',
42                query:{
43                   id:s.id,
44                   name:s.name,
45                   gender:s.gender,
46                   chinese:s.chinese,
47                   math:s.math,
48                   english:s.english
49                }
50              }">删除</RouterLink>  
51            </td>
52         </tr>
53      </table>
54   </div>
55 </template>
56
57 <script>
58 import axios from "axios"
59
60 export default {
61   data() {
62     axios.get('http://127.0.0.1:3308/all').then(res => {
63       console.log(res.data);
64       this.info = res.data;
65     }).catch(err => {
```

```
66            console.log("fetch data err: " + err);
67          })
68
69        return {
70          info: [],
71        };
72      }
73    }
74  </script>
```

【代码说明】

- 在第01～03行代码中的<script setup>元素内，分别通过import命令引入vue-router路由组件（RouterLink和RouterView）。
- 在第05～55行代码中，通过<template>元素定义一个虚拟模板，内部包含一个用于显示学生成绩信息的表格<table>元素。在该表格中，通过v-for指令遍历学生信息数据并依次输出到表格中，还通过路由组件（RouterLink）定义一组用于编辑学生信息和删除学生信息的路由和链接。
- 在第57～74行代码中的<script>元素内，通过import命令引入了axios异步Web请求组件。然后，通过axios组件以GET方式请求数据库中的全部学生信息，再将其保存到info对象中并返回给Vue模板组件。

再次，介绍一下学生成绩信息新增模块，代码如下：

【代码13-3】（详见源代码 vuestu 目录中的 src\components\StudentInsert.vue 文件）

```
01  <script setup>
02  import { RouterLink, RouterView } from 'vue-router'
03  </script>
04
05  <template>
06    <div class="divCen">
07      <h3>{{ msg }}</h3>
08      <table>
09        <caption>新增学生信息</caption>
10        <tr>
11          <th>Name</th>
12          <input type="text" v-model="name" />
13        </tr>
14        <tr>
15          <th>Gender</th>
16          <input type="text" v-model="gender" />
17        </tr>
18        <tr>
19          <th>Chinese</th>
20          <input type="text" v-model="chinese" />
21        </tr>
22        <tr>
23          <th>Math</th>
```

```
24          <input type="text" v-model="math" />
25        </tr>
26        <tr>
27          <th>English</th>
28          <input type="text" v-model="english" />
29        </tr>
30        <tr>
31          <th></th>
32          <button @click="insertStuInfo()">新增学生信息</button>
33        </tr>
34      </table>
35    </div>
36  </template>
37
38  <script>
39  import axios from "axios"
40  import Qs from "qs"
41
42  export default {
43    data() {
44      return {
45      };
46    },
47
48    methods: {
49      insertStuInfo() {
50        const param = {
51          name: this.name,
52          gender: this.gender || null,
53          chinese: this.chinese || null,
54          math: this.math || null,
55          english: this.english || null
56        };
57        const options = {
58          method: 'POST',
59          headers: {
60            'content-type': 'application/x-www-form-urlencoded'
61          },
62          transformRequest: [function (data) {
63            return Qs.stringify(data)
64          }],
65          url: 'http://127.0.0.1:3308/add',
66          data: param,
67        };
68        axios(options).then(response => {
69          console.log(response.data)
70          if (response.status == 200) {
71            console.log("MySQL Insert Ok!")
72            this.$router.push('/info')
73          } else {
```

```
74         console.log("MySQL Insert Err!")
75       }
76    }).catch(err => {
77       console.log(err)
78    });
79   }
80  }
81 }
82 </script>
```

【代码说明】

- 在第01~03行代码中的\<script setup\>元素内，通过import命令引入了vue-router路由组件（RouterLink和RouterView）。
- 在第05~36行代码中，通过\<template\>元素定义一个虚拟模板，内部包含一个用于输入学生成绩信息的空白表格\<table\>元素。在该表格中，定义一组文本输入框\<input\>元素，用于输入各项学生信息，并通过v-model指令完成了各项学生信息属性的双向绑定功能。其中，第32行代码中定义一个按钮\<button\>元素，并定义单击事件处理方法（insertStuInfo()），用于提交学生信息。
- 在第38~82行代码中的\<script\>元素内，分别通过import命令引入了axios异步Web请求组件和qs字符串对象转换组件。在生命周期方法（methods）中，第49~79行代码实现了单击事件处理方法（insertStuInfo()），该方法通过axios组件以POST方式完成提交全部学生信息到后台数据库的操作。

然后，介绍学生成绩信息编辑模块，代码如下：

【代码13-4】（详见源代码vuestu目录中的src\components\StudentEdit.vue文件）

```
01 <script setup>
02 import { RouterLink, RouterView } from 'vue-router'
03 </script>
04 <template>
05   <div class="divCen">
06     <h3>{{ msg }}</h3>
07     <table>
08       <caption>更新学生信息</caption>
09       <tr>
10         <th>Id</th>
11         <td>
12           <input type="text" :value="id" readonly />
13         </td>
14       </tr>
15       <tr>
16         <th>Name</th>
17         <input type="text" v-model="name" />
18       </tr>
19       <tr>
20         <th>Gender</th>
21         <input type="text" v-model="gender" />
```

```
22        </tr>
23        <tr>
24          <th>Chinese</th>
25          <input type="text" v-model="chinese" />
26        </tr>
27        <tr>
28          <th>Math</th>
29          <input type="text" v-model="math" />
30        </tr>
31        <tr>
32          <th>English</th>
33          <input type="text" v-model="english" />
34        </tr>
35        <tr>
36          <th></th>
37          <button @click="editStuInfo()">更新学生信息</button>
38        </tr>
39      </table>
40    </div>
41 </template>
42 <script>
43 import axios from "axios"
44 import Qs from "qs"
45 export default {
46   data() {
47     return {
48       id: "",
49       name: "",
50       gender: "",
51       chinese: "",
52       math: "",
53       english: ""
54     }
55   },
56   mounted() {
57     this.id = this.$route.query.id;
58     this.name = this.$route.query.name;
59     this.gender = this.$route.query.gender;
60     this.chinese = this.$route.query.chinese;
61     this.math = this.$route.query.math;
62     this.english = this.$route.query.english;
63   },
64   methods: {
65     editStuInfo() {
66       const param = {
67         id: this.id,
68         name: this.name,
69         gender: this.gender || null,
70         chinese: this.chinese || null,
71         math: this.math || null,
```

```
72        english: this.english || null
73      };
74      const options = {
75        method: 'POST',
76        headers: {
77          'content-type': 'application/x-www-form-urlencoded'
78        },
79        transformRequest: [function (data) {
80          return Qs.stringify(data)
81        }],
82        url: 'http://127.0.0.1:3308/update',
83        data: param,
84      };
85      axios(options).then(response => {
86        console.log(response.data)
87        if (response.status == 200) {
88          console.log("MySQL Update Ok!")
89          this.$router.push('/info')
90        } else {
91          console.log("MySQL Update Err!")
92        }
93      }).catch(err => {
94        console.log(err)
95      });
96    },
97  },
98 };
99 </script>
```

【代码说明】

- 在第01～03行代码中，<script setup>元素通过import命令引入vue-router路由组件（RouterLink和RouterView）。
- 在第04～41行代码中，通过<template>元素定义一个虚拟模板，内部包含一个用于编辑学生成绩信息的表格<table>元素。在该表格中，定义一组文本输入框<input>元素，用于输入各项学生信息，并通过v-model指令完成各项学生信息属性的双向绑定功能。其中，在第37行代码定义一个按钮<button>元素，并定义单击事件处理方法（editStuInfo()），用于提交更新后的学生信息。
- 在第42～99行代码中，<script>元素分别通过import命令引入axios异步Web请求组件和qs字符串对象转换组件。在生命周期方法mounted中，实现学生信息表格的初始化操作。在生命周期方法methods中，第65～96行代码实现单击事件处理方法（editStuInfo()），该方法通过axios组件以POST方式完成编辑，并提交学生信息到后台数据库。

最后，介绍学生成绩信息删除模块，代码如下：

【代码13-5】（详见源代码 vuestu 目录中的 src\components\StudentRemove.vue 文件）

```
01 <script setup>
02 import { RouterLink, RouterView } from 'vue-router'
```

```
03    </script>
04
05  <template>
06    <div class="divCen">
07      <h3>{{ msg }}</h3>
08      <table>
09        <caption>删除学生信息</caption>
10        <tr>
11          <th>Id</th>
12          <td>
13            <input type="text" :value="id" readonly />
14          </td>
15        </tr>
16        <tr>
17          <th>Name</th>
18          <input type="text" v-model="name" readonly />
19        </tr>
20        <tr>
21          <th>Gender</th>
22          <input type="text" v-model="gender" readonly />
23        </tr>
24        <tr>
25          <th>Chinese</th>
26          <input type="text" v-model="chinese" readonly />
27        </tr>
28        <tr>
29          <th>Math</th>
30          <input type="text" v-model="math" readonly />
31        </tr>
32        <tr>
33          <th>English</th>
34          <input type="text" v-model="english" readonly />
35        </tr>
36        <tr>
37          <th></th>
38          <button @click="deleteStuInfo()">删除学生信息</button>
39        </tr>
40      </table>
41    </div>
42  </template>
43
44  <script>
45  import axios from "axios"
46  import Qs from "qs"
47
48  export default {
49    data() {
50      // console.log(this.$route.query.id);
51      return {
52        id: "",
```

```
53        name: "",
54        gender: "",
55        chinese: "",
56        math: "",
57        english: ""
58      }
59    },
60
61    mounted() {
62      this.id = this.$route.query.id;
63      this.name = this.$route.query.name;
64      this.gender = this.$route.query.gender;
65      this.chinese = this.$route.query.chinese;
66      this.math = this.$route.query.math;
67      this.english = this.$route.query.english;
68    },
69
70    methods: {
71      deleteStuInfo() {
72        let url = 'http://127.0.0.1:3308/del?id=' + this.id;
73        axios.get(url).then(response => {
74          console.log(response.data)
75          if (response.status == 200) {
76            console.log("MySQL Delete Ok!")
77            this.$router.push('/info')
78          } else {
79            console.log("MySQL Delete Err!")
80          }
81        }).catch(err => {
82          console.log(err)
83        });
84      },
85    },
86  };
87  </script>
```

【代码说明】

- 在第01～03行代码中，<script setup>元素通过import命令引入vue-router路由组件（RouterLink和RouterView）。

- 在第05～42行代码中，通过<template>元素定义一个虚拟模板，内部包含一个用于编辑学生成绩信息的表格<table>元素。在该表格中，定义一组文本输入框<input>元素，用于输入各项学生信息，并通过v-model指令完成各项学生信息属性的双向绑定功能。其中，在第38行代码定义一个按钮<button>元素，并定义单击事件处理方法（deleteStuInfo()），用于实现删除学生信息的操作。

- 在第44～87行代码中，<script>元素分别通过import命令引入axios异步Web请求组件和qs字符串对象转换组件。在生命周期方法mounted中，实现学生信息表格的初始化操作。在生命周期方法methods中，第71～84行代码实现单击事件处理方法（deleteStuInfo()），第72行代码定义一个包含学生id属性值的URL链接，第73行代码通过axios组件以GET方式将该URL链接提交到后台，从而完成在数据库中删除指定（学生id属性值）学生信息的操作。

13.5 功能模块路由设计

功能模块之间的导航可以利用vue-router路由完成。下面介绍一下本应用基于vue-router的路由设计，代码如下：

【代码13-6】（详见源代码vuestu目录中的src\router\index.js文件）

```
01  import { createRouter, createWebHistory } from 'vue-router'
02  import HomeView from '../views/HomeView.vue'
03
04  const router = createRouter({
05    history: createWebHistory(import.meta.env.BASE_URL),
06    routes: [
07      {
08        path: '/',
09        name: 'home',
10        component: HomeView
11      },
12      {
13        path: '/info',
14        name: 'info',
15        component: () => import('../views/InfoView.vue')
16      },
17      {
18        path: '/insert',
19        name: 'insert',
20        component: () => import('../views/InsertView.vue')
21      },
22      {
23        path: '/edit',
24        name: 'edit',
25        component: () => import('../views/EditView.vue')
26      },
27      {
28        path: '/remove',
29        name: 'remove',
30        component: () => import('../views/RemoveView.vue')
31      }
32    ]
33  })
34
35  export default router
```

【代码说明】

- 在第01和02行代码中,分别通过import命令导入路由组件(vue-router)和主页视图组件(HomeView)。
- 在第04~33行代码中,通过路由组件(vue-router)的创建路由方法(createRouter)定义一个路由对象(router),该对象中定义一组指向各个视图组件的路由规则信息。
- 在第35行代码中,通过export命令导出上面定义的路由对象(router)。

13.6 功能模块后台服务设计

在前面已经介绍了,前端功能模块与后端数据库是通过express模块和axios模块进行关联的,本节将具体介绍一下后台服务的设计代码。

首先,介绍一下关于连接MySQL数据库配置信息的代码,具体如下:

【代码13-7】(详见源代码vuestu目录中的src\server\db\mysql.js文件)

```
01  let mysql = require('mysql')
02
03  let db = mysql.createPool({
04      host: '127.0.0.1',          //数据库IP地址
05      user: 'root',                //数据库登录账号
06      password: '********',       //数据库登录密码
07      port: '3306',                //数据库访问端口
08      database: 'stu'              //要操作的数据库
09  })
10
11  module.exports = db
```

【代码说明】

- 在第01行代码中,通过require命令引入了Node.js框架的MySQL数据库组件对象(mysql)。
- 在第03~09行代码中,通过数据库组件对象(mysql)的创建连接池方法(createPool)定义MySQL数据库的连接配置信息,并保存到对象db中。
- 在第11行代码中,通过exports命令导出数据库连接对象(db)。

其次,介绍关于浏览全部学生成绩信息的数据库操作代码,具体如下:

【代码13-8】(详见源代码vuestu目录中的src\server\api\all.js文件)

```
01  let db = require('../db/mysql')
02
03  exports.all = (req, res) => {
04      var sql = 'select * from stu_info'
05      db.query(sql, (err, data) => {
06          if(err) {
07              return res.send('错误: ' + err.message)
```

```
08          }
09          res.send(data)
10      })
11  }
```

【代码说明】

- 在第01行代码中,通过require命令引入了【代码13-7】中定义的mysql数据库组件对象,并保存在对象db中。
- 在第03~11行代码中,通过exports命令定义并导出浏览全部学生成绩信息的数据库操作方法(all)。第04行代码定义查询全部学生成绩信息SQL语句的字符串变量(sql)。在第05~10行代码中,通过对象db调用数据库查询方法query,将上面的SQL语句(sql)发送给后台MySQL数据库,执行查询操作,并通过对象res调用方法(send)将查询到学生成绩信息(data)返回到前台模块。

再次,介绍关于新增学生成绩信息的数据库操作代码,具体如下:

【代码 13-9】(详见源代码 vuestu 目录中的 src\server\api\add.js 文件)

```
01  let db = require('../db/mysql')
02
03  exports.add = (req, res) => {
04      var sql = 'insert into stu_info (
05      name,
06      gender,
07      chinese,
08      math,
09      english
10      ) values (?,?,?,?,?)'
11      db.query(sql, [
12          req.body.name,
13          req.body.gender,
14          req.body.chinese,
15          req.body.math,
16          req.body.english
17      ], (err, data) => {
18          if (err) {
19              return res.send({
20                  state: 400,
21                  message: err.message
22              })
23          }
24          else if (data.affectedRows > 0) {
25              res.send({
26                  state: 200,
27                  message: 'success'
28              })
29          } else {
30              res.send({
31                  state: 202,
```

```
32              message: 'error'
33            })
34        }
35    })
36 }
```

【代码说明】

- 在第01行代码中,通过require命令引入【代码13-7】中定义的MySQL数据库组件对象,并保存在对象db中。
- 在第03~36行代码中,通过exports命令定义并导出新增学生成绩信息的数据库操作方法add。在第04~10行代码中,定义新增学生信息SQL语句的字符串变量(sql)。在第11~35行代码中,通过对象db调用数据库查询方法(query),将上面的SQL语句(sql)发送给后台MySQL数据库,执行新增数据项的操作。

然后,介绍关于编辑学生成绩信息的数据库操作代码,具体如下:

【代码13-10】(详见源代码 vuestu 目录中的 src\server\api\update.js 文件)

```
01 let db = require('../db/mysql')
02
03 exports.update = (req, res) => {
04     var sql='update stu_info
05      set name=?,gender=?,chinese=?,math=?,english=? where id=?'
06     db.query(sql, [
07           req.body.name,
08           req.body.gender,
09           req.body.chinese,
10           req.body.math,
11           req.body.english,
12           req.body.id
13        ], (err, data) => {
14        if (err) {
15            return res.send({
16            state: 400,
17            message: err.message
18            })
19        }
20        else if (data.affectedRows > 0) {
21            res.send({
22            state: 200,
23            message: 'success'
24            })
25        } else {
26            res.send({
27            state: 202,
28            message: 'error'
29            })
30        }
31    })
```

```
32  }
```

【代码说明】

- 在第01行代码中，通过require命令引入【代码13-7】中定义的mysql数据库组件对象，并保存在对象db中。
- 在第03~32行代码中，通过exports命令定义并导出编辑学生成绩信息的数据库操作方法update。在第04~05行代码中，定义编辑学生信息SQL语句的字符串变量（sql）。在第06~31行代码中，通过对象db调用数据库查询方法（query），将上面的SQL语句（sql）发送给后台MySQL数据库，执行编辑数据项的操作。

接下来，介绍关于删除学生成绩信息的数据库操作代码，具体如下：

【代码 13-11】（详见源代码 vuestu 目录中的 src\server\api\del.js 文件）

```
01  let db = require('../db/mysql')
02
03  exports.del = (req, res) => {
04      var sql = 'delete from stu_info where id = ?'
05      db.query(sql, [req.query.id], (err, data) => {
06          if (err) {
07              return res.send({
08                  state: 400,
09                  message: err.message
10              })
11          }
12          else if (data.affectedRows > 0) {
13              res.send({
14                  state: 200,
15                  message: 'success'
16              })
17          } else {
18              res.send({
19                  state: 202,
20                  message: 'error'
21              })
22          }
23      })
24  }
```

【代码说明】

- 在第01行代码中，通过require命令引入【代码13-7】中定义的mysql数据库组件对象，并保存在对象db中。
- 在第03~24行代码中，通过exports命令定义并导出删除学生成绩信息的数据库操作方法del。在第04行代码中，定义删除学生信息SQL语句的字符串变量（sql）。在第05~23行代码中，通过对象db调用数据库查询方法（query），将上面的SQL语句（sql）发送给后台MySQL数据库，执行删除数据项的操作。

最后，介绍关于启动后台服务器的配置代码，具体如下：

【代码 13-12】（详见源代码 vuestu 目录中的 src\server\app.js 文件）

```
01  let express = require('express')
02  let app = express()
03  let cors = require('cors')
04  let bodyParser = require('body-parser')
05  let router = require('./router')
06
07  //配置解析，用于解析 JSON 和 urlencoded 格式的数据
08  app.use(bodyParser.json());
09  app.use(bodyParser.urlencoded({extended: false}));
10  app.use(cors({
11      origin: (origin, callback) => callback(null, true),
12      credentials: true, // if using cookie sessions.
13   })
14  )   //配置跨域，必须在路由之前
15  app.use(router)    //配置路由
16  app.listen(3308, () => {
17      console.log('服务器在端口 3308 启动成功...');
18  })
```

【代码说明】

- 在第01和02行代码中，通过require命令引入Express开发框架，并创建express对象（app）。
- 在第03行代码中，通过require命令引入cors模块，用于实现浏览器跨域操作。
- 在第04行代码中，通过require命令引入body-parser模块，用于解析传入的HTTP对象请求主体（body）。
- 在第05行代码中，通过require命令引入路由模块（router）。
- 在第08~15行代码中，通过调用对象app的use方法，依次定义用于解析JSON和urlencoded格式的数据、跨域配置信息以及路由信息。
- 在第16~18行代码中，通过调用对象app的listen方法，定义数据库服务器的监听端口。

13.7 测试学生信息管理系统

我们测试一下学生成绩管理系统，首页效果如图 13.6 所示。单击"学生信息浏览"导航链接，页面会跳转到学生信息浏览模块，具体效果如图 13.7 所示。之前在 MySQL 数据库（stu）中录入的学生成绩信息（见图 13.5），已经全部显示出来了。

图 13.6　测试学生成绩管理系统（1）　　　　图 13.7　测试学生成绩管理系统（2）

下面，我们尝试新增一条学生成绩信息。单击导航菜单最右侧的"新增学生信息"链接，导航路由到新增学生信息页面，具体效果如图 13.8 所示。

在表单中录入一条新增的学生成绩信息，然后单击"新增学生信息"按钮进行提交操作，具体效果如图 13.9 所示，新增的学生成绩信息已经显示出来了。

图 13.8　测试学生成绩管理系统（3）　　　　图 13.9　测试学生成绩管理系统（4）

我们可以单击"编辑"链接去修改一下该条信息，具体效果如图 13.10 所示。

如图 13.10 中的箭头所示，修改了该新增学生的成绩信息。然后单击"更新学生信息"按钮进行提交操作，具体效果如图 13.11 所示。

如图 13.11 中的箭头所示，刚刚修改的学生成绩信息已经更新成功了。

最后，单击新增学生成绩信息表项中最右侧的"删除"链接，测试一下删除学生成绩信息的功能，具体效果如图 13.12 所示。

页面中显示了将要删除的学生成绩信息表（不可编辑），系统需要用户再次确认一下是否真的要删除，确认无误后单击"删除学生信息"按钮进行操作，具体效果如图 13.13 所示。

页面中已经不再显示刚刚新增的学生成绩信息项了，说明删除操作成功。

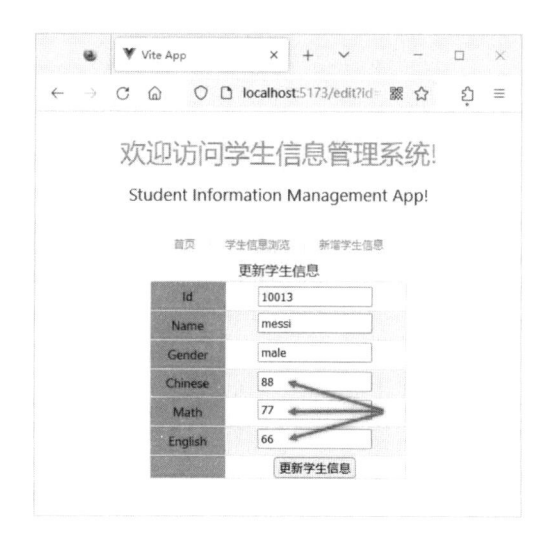

图 13.10　测试学生成绩管理系统（5）

图 13.11　测试学生成绩管理系统（6）

图 13.12　测试学生成绩管理系统（7）

图 13.13　测试学生成绩管理系统（8）

第 14 章

项目实战：基于 Vue.js+Node.js+jsonp 实现城市信息查询系统

本章介绍一个基于 Vue.js 框架和 Node.js 框架实现的单页面应用——全国城市信息查询系统。该城市信息查询系统包括省份信息模块和重点城市信息模块。这些功能模块利用 Vue.js 框架的组件功能来实现，功能模块之间的交互利用 vue-router 路由操作来完成，而后台数据则使用 jsonp 方式获取由免费的公共 API 接口所提供的全国省市信息。

通过本章的学习可以：

- 掌握基于Vue.js框架组件设计单页面应用的方式。
- 掌握在Vue.js框架中处理JSON格式数据的方法。
- 掌握基于jsonp方式进行跨域请求的方法。

14.1 全国城市信息查询系统组织架构设计

基于 Vue.js 框架设计的全国城市信息查询系统是一个纯粹的单页面应用，本系统架构如图 14.1 所示。

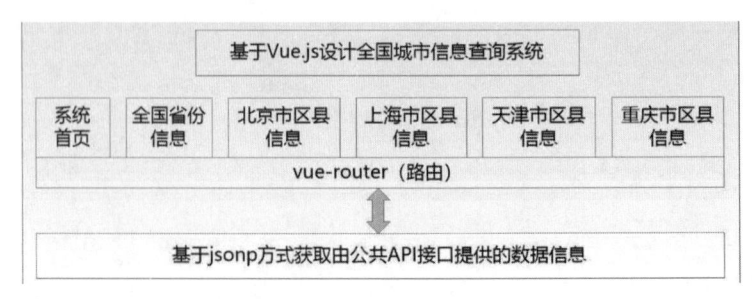

图 14.1 全国城市信息查询系统架构图

从图 14.1 中可以看到,本系统主要包括基于 Vue 组件设计的省份信息模块和重点城市信息模块,模块之间的导航由 vue-router 路由进行操作(设计单页面的关键),后台数据则通过 jsonp 方式获取由免费的公共 API 接口提供的全国城市数据信息。

14.2 构建项目应用框架

构建项目应用框架与第 13 章中的步骤基本相同(参见图 13.3),通过 Vue.js 框架的脚手架工具 create-vue 创建一个 Vue 单页应用,具体命令如下:

```
npm create vue@latest
```

注意,项目名称定义为"vuespa",在创建项目的步骤中,记得要勾选上 vue-router 路由模块,其他均为默认选择项。如果 Vue 应用框架构建成功,就可以在本地项目目录中查看到该应用的整体架构。下面通过 Visual Studio Code 工具查看一下应用架构,具体如图 14.2 所示。

如图 14.2 中的箭头和标识所示,create-vue 工具自动构建好整个项目应用的架构,在组件(components)目录中包含定义全国及重点城市信息的组件。

图 14.2 Vue 应用程序架构

14.3 后台数据获取方式

在后台数据获取的方式上,我们可以通过 jsonp 方式,从免费的公共 API 接口中取得全国城市的数据信息。使用 jsonp 方式的基本语法如下:

```
$http.jsonp({
    url: ""
    params: {}
    callback: function(data) {}
    error: function(err) {}
    complete: function() {}
})
```

其中,url 表示请求地址;params 表示请求地址中参数对象;callback 表示回调函数,返回的请求数据在该函数中进行处理;error 表示错误返回;complete 表示请求结束返回。另外,上面关于

jsonp 方式的基本语法，只描述了常用的参数，还有一些不常用的参数没有列进去，读者可以自行查阅官方文档了解一下。

通过 jsonp 方式，从免费的公共 API 接口中跨域请求数据也很简单，使用浏览器就可以进行测试，如图 14.3 所示。

图 14.3 通过 jsonp 方式跨域请求数据

通过浏览器输入免费的公共 API 接口地址，就可以返回全国省份和城市的主要数据信息。如果想获取比较重要或更详细的数据信息，一般都需要为这些公共 API 接口支付一定的服务费，读者可以根据项目实际需要进行选择。

14.4 功能模块组件设计

全国城市信息查询系统主要包括全国省份信息模块和几个重点城市信息模块。

首先，介绍一下全国城市信息查询系统的主页导航模块，代码如下：

【代码14-1】（详见源代码 vuespa 目录中的 src\App.vue 文件）

```
01  <script setup>
02  import { RouterLink, RouterView } from 'vue-router'
03  import HelloWorld from './components/HelloWorld.vue'
04  </script>
05
06  <template>
07    <header>
08      <div class="wrapper">
09        <HelloWorld msg="基于 Vue.js + Node.js + jsonp 实现城市信息查询系统" />
10        <nav>
11          <RouterLink to="/">Home</RouterLink>
12          <RouterLink to="/city">全国城市</RouterLink>
13          <RouterLink to="/beijing">北京市</RouterLink>
14          <RouterLink to="/tianjin">天津市</RouterLink>
15          <RouterLink to="/shanghai">上海市</RouterLink>
16          <RouterLink to="/chongqing">重庆市</RouterLink>
17        </nav>
18      </div>
19    </header>
20
21    <RouterView />
22  </template>
```

【代码说明】

- 在第01~04行代码中的<script setup>元素内，分别通过import命令引入了vue-router路由组件（RouterLink和RouterView）和用户自定义的HelloWorld组件。
- 在第06~22行代码中，通过<template>元素定义一个虚拟模板，其内部包含一个基于路由组件（RouterLink和RouterView）的导航菜单。

其次，介绍全国省份和直辖市信息的组件模块，代码如下：

【代码14-2】（详见源代码 vuespa 目录中的 src\components\CityComp.vue 文件）

```
01  <template>
02    <div class="home">
03      <table>
04        <caption>{{ msg }}</caption>
05        <tr>
06          <th>No</th>
07          <th>City Id</th>
08          <th>City Name</th>
09          <th>Area Code</th>
10          <th>Total Area</th>
11          <th>ZIP Code</th>
12        </tr>
```

```
13        <tr v-for="(rs, index) in results" :key="index">
14          <td>{{ index+1 }}</td>
15          <td>{{ rs.id }}</td>
16          <td>{{ rs.name }}</td>
17          <td>{{ rs.areacode }}</td>
18          <td>{{ rs.totalarea }}</td>
19          <td>{{ rs.zipcode }}</td>
20        </tr>
21      </table>
22    </div>
23  </template>
24
25  <script>
26  import jsonp from 'jsonp'
27
28  export default {
29    data() {
30      return {
31        msg: "全国城市列表",
32        results: []
33      };
34    },
35    created() {
36      let url = "https://api.jisuapi.com/area/province?appkey=";
37      let myappkey = "8db15f4d5a5370da";
38      let json_url = url + myappkey;
39      // 请求api
40      jsonp(json_url, null, (err, data) => {
41        if (err) {
42          console.log(err);
43        } else {
44          this.results = data.result;
45          console.log(data);
46        }
47      });
48    }
49  };
50  </script>
```

【代码说明】

- 在第01~23行代码中，通过<template>元素定义一个虚拟模板，内部包含一个用于查询全国省份和直辖市信息的表格<table>元素。在该表格中，通过v-for指令遍历全国省份和直辖市信息数据（results），并依次输出到表格中。

- 在第25~50行代码中的<script>元素内，通过import命令引入了jsonp跨域网络数据请求组件。在第36~38行代码中，通过字符串拼接方式定义公共网络API资源的请求接口链接

（json_url）。在第40～47行代码中，通过jsonp组件调用方法（jsonp()）请求公共网络API资源中的全国省份和直辖市信息数据，将其保存到JSON格式对象（results）中并返回给Vue模板组件。

再次，介绍一下北京市区县信息的组件模块，代码如下：

【代码 14-3】（详见源代码 vuespa 目录中的 src\components\BeijingComp.vue 文件）

```
01  <template>
02    <div class="home">
03     <table>
04       <caption>{{ msg }}</caption>
05       <tr>
06         <th>No</th>
07         <th>City Id</th>
08         <th>City Name</th>
09         <th>Area Code</th>
10         <th>Total Area</th>
11         <th>ZIP Code</th>
12       </tr>
13       <tr v-for="(rs, index) in results" :key="index">
14         <td>{{ index+1 }}</td>
15         <td>{{ rs.id }}</td>
16         <td>{{ rs.name }}</td>
17         <td>{{ rs.areacode }}</td>
18         <td>{{ rs.totalarea }}</td>
19         <td>{{ rs.zipcode }}</td>
20       </tr>
21     </table>
22    </div>
23  </template>
24
25  <script>
26  import jsonp from 'jsonp'
27
28  export default {
29    data() {
30      return {
31        msg: "北京市区县列表",
32        results: []
33      };
34    },
35    created() {
36      let url = "https://api.jisuapi.com/area/city?parentid=1&appkey=";
37      let myappkey = "8db15f4d5a5370da";
38      let json_url = url + myappkey;
39      // 请求 api
```

```
40      jsonp(json_url, null, (err, data) => {
41        if (err) {
42          console.log(err);
43        } else {
44          this.results = data.result;
45          console.log(data);
46        }
47      });
48    }
49  };
50 </script>
```

【代码说明】

- 在第01~23行代码中，通过<template>元素定义一个虚拟模板，内部包含一个用于查询北京市区县信息的表格<table>元素。在该表格中，通过v-for指令遍历北京市区县信息数据（results），并依次输出到表格中。
- 在第25~50行代码中的<script>元素内，通过import命令引入了jsonp跨域网络数据请求组件。在第36~38行代码中，通过字符串拼接方式定义公共网络API资源的请求接口链接（json_url）。在第40~47行代码中，通过jsonp组件调用方法（jsonp()）请求公共网络API资源中的北京市区县信息数据，将其保存到JSON格式对象（results）中，并返回给Vue模板组件。

最后，关于其他省市信息的组件模块的设计方法，与上述北京市区县信息的组件模块基本类似，在此就不再赘述了。读者可以参考本书配套的源码文件。

14.5 功能模块路由设计

在14.1节已经介绍了，功能模块之间的导航可以利用vue-router路由完成。下面介绍一下本查询系统基于vue-router的路由设计，代码如下：

【代码14-4】（详见源代码vuespa目录中的src\router\index.js文件）

```
01 import { createRouter, createWebHistory } from 'vue-router'
02 import HomeView from '../views/HomeView.vue'
03
04 const router = createRouter({
05   history: createWebHistory(import.meta.env.BASE_URL),
06   routes: [
07     {
08       path: '/',
09       name: 'home',
10       component: HomeView
11     },
```

```
12    {
13      path: '/city',
14      name: 'city',
15      // route level code-splitting
16      // this generates a separate chunk (About.[hash].js) for this route
17      // which is lazy-loaded when the route is visited.
18      component: () => import('../views/CityView.vue')
19    },
20    {
21      path: '/beijing',
22      name: 'beijing',
23      component: () => import('../views/BeijingView.vue')
24    },
25    {
26      path: '/tianjin',
27      name: 'tianjin',
28      component: () => import('../views/TianjinView.vue')
29    },
30    {
31      path: '/shanghai',
32      name: 'shanghai',
33      component: () => import('../views/ShanghaiView.vue')
34    },
35    {
36      path: '/chongqing',
37      name: 'chongqing',
38      component: () => import('../views/ChongqingView.vue')
39    }
40   ]
41  })
42
43  export default router
```

【代码说明】

- 在第01、02行代码中，分别通过import命令导入路由组件（vue-router）和主页视图组件（HomeView）。
- 在第04～41行代码中，通过路由组件（vue-router）的创建路由方法（createRouter）定义一个路由对象（router），该对象中定义一组指向各个视图组件的路由规则信息。
- 在第43行代码中，通过export命令导出定义的路由对象（router）。

14.6　测试全国城市信息查询系统

我们测试一下全国城市信息查询系统，主页效果如图14.4所示。

图 14.4　测试全国城市信息查询系统（1）

单击导航菜单中"全国城市"链接，页面会跳转到全国城市信息查询页面，具体效果如图 14.5 所示。

图 14.5　测试全国城市信息查询系统（2）

继续单击图 14.4 所示页面的导航菜单中"北京市"链接，页面会跳转到北京市区县信息查询页面，具体效果如图 14.6 所示。读者可以自行测试其他重点城市的列表，或者通过 Vue.js 框架提供的功能进一步完善该全国城市信息查询系统。

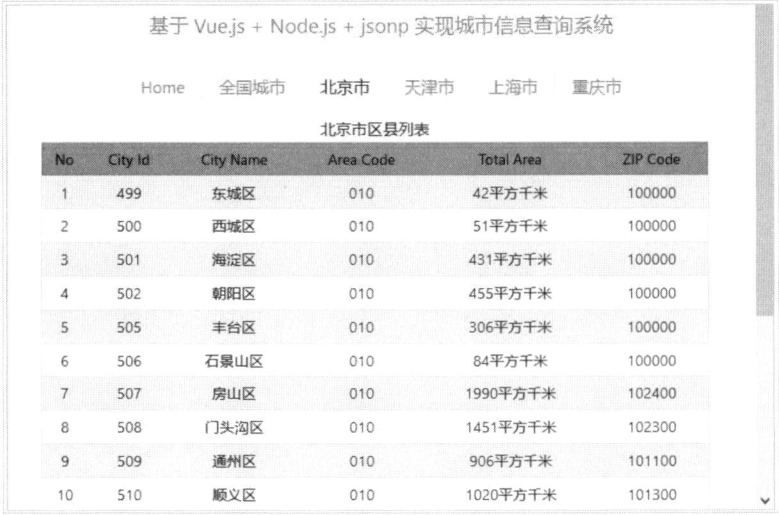
基于 Vue.js + Node.js + jsonp 实现城市信息查询系统

Home　全国城市　北京市　天津市　上海市　重庆市

北京市区县列表

No	City Id	City Name	Area Code	Total Area	ZIP Code
1	499	东城区	010	42平方千米	100000
2	500	西城区	010	51平方千米	100000
3	501	海淀区	010	431平方千米	100000
4	502	朝阳区	010	455平方千米	100000
5	505	丰台区	010	306平方千米	100000
6	506	石景山区	010	84平方千米	100000
7	507	房山区	010	1990平方千米	102400
8	508	门头沟区	010	1451平方千米	102300
9	509	通州区	010	906平方千米	101100
10	510	顺义区	010	1020平方千米	101300

图 14.6　测试全国城市信息查询系统（3）